线性代数

主　编　陈　芸
副主编　李长伟　宋　翌
主　审　侯秀梅

内容简介

编者结合多年从事线性代数课程教学的体会，并根据高等教育本科线性代数课程的教学基本要求，编写了这本书. 本书共分六章，主要内容有行列式、矩阵、向量的线性相关性、线性方程组、特征值与特征向量及二次型，章节之间既紧密联系又相互独立. 本书根据非数学专业学生使用的需要，以矩阵作为贯穿全书的主线，让线性方法得以充分体现，同时有利于学生理解线性代数课程的基本概念和基本原理.

本书可作为普通高等学校非数学专业的教材，也可供广大数学爱好者自学参考.

图书在版编目(CIP)数据

线性代数/陈芸主编. —西安：西安交通大学出版社，
2015.3(2019.1 重印)
ISBN 978-7-5605-7083-9

Ⅰ. ①线… Ⅱ. ①陈… Ⅲ. ①线性代数-高等学校-
教材 Ⅳ. ①O151.2

中国版本图书馆 CIP 数据核字(2015)第 029009 号

书　　名　线性代数
主　　编　陈　芸
策　　划　刘　晨　张　梁
责任编辑　张　梁

出版发行　西安交通大学出版社
(西安市兴庆南路 10 号　邮政编码 710049)
网　　址　http://www.xjtupress.com
电　　话　(029)82668357　82667874(发行中心)
(029)82668315(总编办)
传　　真　(029)82668280
印　　刷　西安日报社印务中心

开　　本　727mm×960mm　1/16　**印张** 13.125　**字数** 240 千字
版次印次　2015 年 6 月第 1 版　2019 年 1 月第 3 次印刷
书　　号　ISBN 978-7-5605-7083-9
定　　价　26.50 元

读者购书、书店添货、如发现印装质量问题，请与本社发行中心联系、调换。
订购热线：(029)82665248　(029)82665249
投稿热线：(029)82665127
读者信箱：lg_book@163.com

前　言

线性代数是一门重要的基础课，在大学数学中占有重要地位.该课程在自然科学、工程技术和经济管理等很多领域有着广泛的应用，尤其随着计算机技术的发展，更促进了线性代数在实际问题中的应用. 编者结合多年从事线性代数课程教学的体会，并根据高等教育本科线性代数课程的教学基本要求，编写了这本书，目的是为普通高等学校非数学专业的学生提供一本适用面较宽的线性代数教材.

传统的线性代数教学偏重自身的理论体系，强调线性代数的基本定义、定理及其证明，对线性代数的方法和应用不够重视. 本书编者在线性代数的长期教学过程中，不断探索更利于学生理解的新教学方法. 在编写过程中，借鉴了国内外许多优秀教材的思想，在内容选择和应用举例等方面，努力体现基础课为专业课服务的思想及培养技术应用型人才知识能力的要求，力求贯彻精而够用的原则，注意学生基本应用能力和运算方法的训练，并通过应用实例的讲解，注重培养学生理论联系实际的能力.在表达上力求通俗易懂，便于学生理解.本书共分六章，主要内容有行列式、矩阵、向量的线性相关性、线性方程组、特征值与特征向量及二次型，章节之间既紧密联系又相互独立. 本书根据非数学专业学生使用的需要，以矩阵作为贯穿全书的主线，让线性方法得以充分体现，同时有利于学生理解线性代数课程的基本概念和基本原理.

本书由武汉生物工程学院的老师编写，第 1～4 章由陈芸老师编写，第 5、6 章分别由宋翌老师和李长伟老师编写. 全书由陈芸老师完成最后统稿. 在编写过程中，武汉轻工大学的侯秀梅副教授对本书的编写提出了许多宝贵的意见，在此表示衷心的感谢.

由于编者水平有限，书中存在的不足之处，敬请各位专家、学者不吝赐教，欢迎读者批评指正.

编　者

2014 年 10 月

目 录

第1章　行列式

行列式的理论是从解线性方程组的需要中建立和发展起来的，它在线性代数以及其他数学分支上都有着广泛的应用.在本章，我们主要讨论行列式的定义，行列式的基本性质及计算方法，利用行列式求解线性方程组(克莱姆法则).

1.1　排列

在 n 阶行列式的定义中，要用到全排列、逆序数等概念，为此，先介绍排列的一些基本知识.

定义 1.1.1　由数 $1,2,\cdots,n$ 组成的一个有序数组称为 n 个元素的全排列，或称一个 **n 级排列**，简称**排列**.

例如，3412 是一个 4 级排列，52341 是一个 5 级排列.

n 个不同元素的所有不同排列的个数，称为排列数.

由数 1,2,3 组成的所有 3 级排列为 123,132,213,231,312,321，排列数为 3! 等于 6.

n 级排列的排列数等于 $n!$.

按数字从小到大的顺序构成的 n 级排列 $1234\cdots n$ 称为一个标准排列或自然排列.

定义 1.1.2　在一个 n 级排列 $i_1 i_2\cdots i_t\cdots i_s\cdots i_n$ 中，如果有较大的数 i_t 排在较小的数 i_s 的前面($i_t>i_s$)，则称 i_t 与 i_s 构成一个逆序.一个 n 级排列中逆序的总数称为这个排列的**逆序数**，记做 $\tau(i_1 i_2\cdots i_n)$.

容易看出，自然排列的逆序数为 0.

逆序数的求法：从第二个元素起开始数，该元素前有几个数比它大，这个元素的逆序就是几，将一个排列所有元素的逆序相加，即得到这个排列的逆序数，即

$\tau(i_1 i_2\cdots i_n)=$(i_2 前面比 i_2 大的数的个数)$+$(i_3 前面比 i_3 大的数的个数)$+\cdots$ $+$(i_n 前面比 i_n 大的数的个数)

如 $\tau(421365)=1+2+1+0+1=5$.

例 1.1.1　求下列排列的逆序数.

(1)6372451；

(2)$n(n-1)\cdots321$.

解 (1)$\tau=1+0+3+2+2+6=14$

(2)$\tau[n(n-1)\cdots321]=1+2+\cdots+(n-2)+(n-1)=\frac{1}{2}n(n-1)$

一个排列的逆序数如何计算很重要，这关系到 1.2 节中 n 阶行列式的展开项前的正负号问题，所以大家要学会计算逆序数。

定义 1.1.3 若排列 $i_1i_2\cdots i_n$ 的逆序数 $\tau(i_1i_2\cdots i_n)$ 是奇数，则称此排列为**奇排列**；若是偶数，则称此为**偶排列**.

例如，排列 52341(逆序数为 7)是奇排列，自然排列 $123\cdots n$ 是偶排列.

定义 1.1.4 在一个 n 级排列 $i_1\cdots i_s\cdots i_t\cdots i_n$ 中，如果其中某两个数 i_s 与 i_t 对调位置，其余各数位置不变，就得到另一个新的 n 级排列 $i_1\cdots i_t\cdots i_s\cdots i_n$，这样的变换称为一个**对换**，记做$(i_s,i_t)$. 将相邻两个元素对调，叫做相邻对换，简称**邻换**.

如在偶排列 3412 中，将 4 与 2 对换，得到新的排列 3214，变成了奇排列. 一般地，有以下结论.

定理 1.1.1 任一排列经过一次对换后，排列的奇偶性会发生改变.

定理 1.1.2 在所有的 n 级排列中($n\geqslant2$)，奇排列与偶排列的个数相等，各为 $\frac{n!}{2}$ 个.

定理 1.1.3 任一 n 级排列 $i_1i_2\cdots i_n$ 都可以通过一系列对换调成标准排列 $123\cdots n$，且奇排列调成标准排列的对换次数为奇数，偶排列调成标准排列的对换次数为偶数.

习题 1.1

1. 一个全排列的逆序数除了书中提到的计算方法，是否还有其它求法？

2. 求下列排列的逆序数：

(1)586924317；

(2)$135\cdots(2n-1)24\cdots(2n)$.

3. 试求 i,j 的值，使

(1) $1245i6j97$ 为奇排列；

(2) $3972i15j4$ 为偶排列.

4. 排列 $n(n-1)(n-2)\cdots321$ 经过多少次相邻两数对换变成自然排列？

1.2　行列式

行列式的概念起源于解线性方程组，下面我们利用线性方程组的求解引入行列式的概念.

1.2.1　二阶行列式

设二元线性方程组为

$$\begin{cases} a_{11}x_1 + a_{12}x_2 = b_1 \\ a_{21}x_1 + a_{22}x_2 = b_2 \end{cases} \tag{1-2-1}$$

用加减消元法知，当 $a_{11}a_{22}-a_{12}a_{21}\neq 0$ 时，有

$$x_1 = \frac{b_1a_{22}-a_{12}b_2}{a_{11}a_{22}-a_{12}a_{21}}, x_2 = \frac{a_{11}b_2-b_1a_{21}}{a_{11}a_{22}-a_{12}a_{21}} \tag{1-2-2}$$

这是一般二元线性方程组的公式解. 人们为了方便记忆，引进行列式符号来表示结果，即式(1-2-2).

定义 1.2.1　将 2×2 个数排成两行两列，并在左右两侧各加一竖线，得到算式

$$\begin{vmatrix} a_{11} & a_{12} \\ a_{21} & a_{22} \end{vmatrix} = a_{11}a_{22}-a_{12}a_{21} \tag{1-2-3}$$

称为**二阶行列式**，记为 D 或 $\det(a_{ij})$. 其中数 a_{ij} 称为行列式的元素，元素 a_{ij} 的第一个下标 i 称为行标，表示这个元素所在的行数；第二个下标 j 称为列标，表示这个元素所在的列数.

二阶行列式的值可用对角线法则帮助记忆：主对角线上元素的乘积减去次对角线上元素的乘积.

注：从左上角到右下角的对角线叫行列式的主对角线；从右上角到左下角的对角线叫次对角线.

二元线性方程组的解，式(1-2-2)可简单表示为

$$x_1 = \frac{D_1}{D}, x_2 = \frac{D_2}{D} (D\neq 0) \tag{1-2-4}$$

其中，$D=\begin{vmatrix} a_{11} & a_{12} \\ a_{21} & a_{22} \end{vmatrix}$ 为方程组未知数的系数所组成的行列式，称为方程组的系数行列式；$D_1=\begin{vmatrix} b_1 & a_{12} \\ b_2 & a_{22} \end{vmatrix}$（用方程组的常数项代替系数行列式的第 1 列）；$D_2=$

$\begin{vmatrix} a_{11} & b_1 \\ a_{21} & b_2 \end{vmatrix}$（用方程组的常数项代替系数行列式的第 2 列）.

例 1.2.1 求解二元线性方程组$\begin{cases} 3x_1-2x_2=1 \\ 2x_1+x_2=3 \end{cases}$.

解 因为 $D=\begin{vmatrix} 3 & -2 \\ 2 & 1 \end{vmatrix}=3\times1-(-2)\times2=7\neq0$，且

$$D_1=\begin{vmatrix} 1 & -2 \\ 3 & 1 \end{vmatrix}=7, D_2=\begin{vmatrix} 3 & 1 \\ 2 & 3 \end{vmatrix}=7$$

所以 $x_1=\frac{D_1}{D}=1, x_2=\frac{D_2}{D}=1$.

例 1.2.2 计算下列各行列式的值：

(1) $\begin{vmatrix} 3 & 1 \\ -2 & 4 \end{vmatrix}$；(2) $\begin{vmatrix} 1 & -\tan x \\ \cot x & 1 \end{vmatrix}$.

解 (1) $\begin{vmatrix} 3 & 1 \\ -2 & 4 \end{vmatrix}=3\times4-1\times(-2)=14$；

(2) $\begin{vmatrix} 1 & -\tan x \\ \cot x & 1 \end{vmatrix}=1-(-\tan x)\times\cot x=2$.

1.2.2 三阶行列式

对于三元一次线性方程组：

$$\begin{cases} a_{11}x_1+a_{12}x_2+a_{13}x_3=b_1 \\ a_{21}x_1+a_{22}x_2+a_{23}x_3=b_2 \\ a_{31}x_1+a_{32}x_2+a_{33}x_3=b_3 \end{cases} \tag{1-2-5}$$

利用消元法，可以求出类似于二元线性方程组的解 x_1, x_2, x_3. 为了方便记忆，给出三阶行列式的定义.

定义 1.2.2 将 3×3 个数排成三行三列，并在左右两侧各加一竖线，得到算式

$$\begin{vmatrix} a_{11} & a_{12} & a_{13} \\ a_{21} & a_{22} & a_{23} \\ a_{31} & a_{32} & a_{33} \end{vmatrix}=a_{11}a_{22}a_{33}+a_{12}a_{23}a_{31}+a_{13}a_{21}a_{32}-a_{13}a_{22}a_{31}-a_{11}a_{23}a_{32}-a_{12}a_{21}a_{33} \tag{1-2-6}$$

称为**三阶行列式**，记为 D.

三阶行列式的值也可用对角线法则来记忆：从左上角到右下角三个元素的乘

积取正号,从右上角到左下角三个元素的乘积取负号.有两种记忆方式:

(1)对角线展开法:实线上三个元素相乘所得到的项带正号,虚线上三个元素相乘所得到的项带负号,如图 1.2.1 所示.

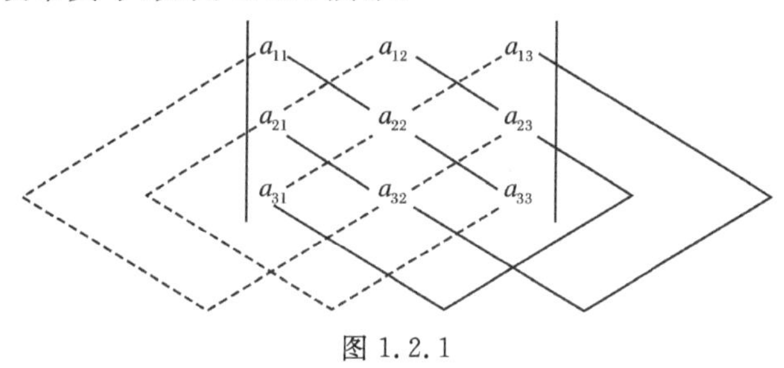

图 1.2.1

(2)将第一、二列放在行列式右边,同样是实线为正,虚线为负,如图 1.2.2 所示.

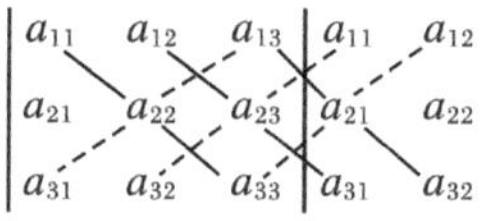

$$\left|\begin{array}{ccc|cc} a_{11} & a_{12} & a_{13} & a_{11} & a_{12} \\ a_{21} & a_{22} & a_{23} & a_{21} & a_{22} \\ a_{31} & a_{32} & a_{33} & a_{31} & a_{32} \end{array}\right.$$

图 1.2.2

若令

$$D=\begin{vmatrix} a_{11} & a_{12} & a_{13} \\ a_{21} & a_{22} & a_{23} \\ a_{31} & a_{32} & a_{33} \end{vmatrix},$$

$$D_1=\begin{vmatrix} b_1 & a_{12} & a_{13} \\ b_2 & a_{22} & a_{23} \\ b_3 & a_{32} & a_{33} \end{vmatrix},D_2=\begin{vmatrix} a_{11} & b_1 & a_{13} \\ a_{21} & b_2 & a_{23} \\ a_{31} & b_3 & a_{33} \end{vmatrix},D_3=\begin{vmatrix} a_{11} & a_{12} & b_1 \\ a_{21} & a_{22} & b_2 \\ a_{31} & a_{32} & b_3 \end{vmatrix}$$

当 $D\neq 0$ 时,式(1-2-5)的解可简单地表示成

$$x_1=\frac{D_1}{D},x_2=\frac{D_2}{D},x_3=\frac{D_3}{D} \tag{1-2-7}$$

它的结构与前面二元一次方程组的解,式(1-2-4)类似.

例 1.2.3　计算三阶行列式 $D=\begin{vmatrix} 2 & 1 & 2 \\ -4 & 3 & 1 \\ 2 & 3 & 5 \end{vmatrix}$.

解　$D=2\times3\times5+1\times1\times2+(-4)\times3\times2-2\times3\times2-1\times(-4)\times5-2\times3\times1=10$.

例 1.2.4 求解方程$\begin{vmatrix} 1 & 1 & 1 \\ 2 & 3 & x \\ 4 & 9 & x^2 \end{vmatrix}=0$.

解 方程左端 $D=3x^2+4x+18-9x-2x^2-12=x^2-5x+6$,解方程 $x^2-5x+6=0$,得 $x=2$ 或 $x=3$.

例 1.2.5 已知$\begin{vmatrix} a & b & 0 \\ -b & a & 0 \\ 1 & 0 & 1 \end{vmatrix}=0$,其中 a,b 均为实数. 问 a,b 应满足什么条件?

解 若要$\begin{vmatrix} a & b & 0 \\ -b & a & 0 \\ 1 & 0 & 1 \end{vmatrix}=a^2+b^2=0$,则 a 与 b 须同时等于零. 因此,当 $a=0$ 且 $b=0$ 时行列式等于零.

下面我们不加证明地给出行列式在平面几何中的两个结论.

已知平面上有三点 $A(x_1, y_1)$,$B(x_2, y_2)$,$C(x_3, y_3)$,若这三点共线,则 $\begin{vmatrix} 1 & x_1 & y_1 \\ 1 & x_2 & y_2 \\ 1 & x_3 & y_3 \end{vmatrix}=0$;若这三点不共线,则 ΔABC 的面积等于行列式$\dfrac{1}{2}\begin{vmatrix} 1 & x_1 & y_1 \\ 1 & x_2 & y_2 \\ 1 & x_3 & y_3 \end{vmatrix}$的绝对值.

1.2.3 n阶行列式

我们从观察二阶、三阶行列式的特征入手,引出 n 阶行列式的定义. 已知二阶与三阶行列式分别为

$$\begin{vmatrix} a_{11} & a_{12} \\ a_{21} & a_{22} \end{vmatrix}=a_{11}a_{22}-a_{12}a_{21}$$

$$\begin{vmatrix} a_{11} & a_{12} & a_{13} \\ a_{21} & a_{22} & a_{23} \\ a_{31} & a_{32} & a_{33} \end{vmatrix}=a_{11}a_{22}a_{33}+a_{12}a_{23}a_{31}+a_{13}a_{21}a_{32}-a_{13}a_{22}a_{31}-a_{11}a_{23}a_{32}-a_{12}a_{21}a_{33}$$

我们可以从中发现以下规律:

(1)二阶行列式是 2! 项的代数和,三阶行列式是 3! 项的代数和.

(2)二阶行列式中每一项是两个元素的乘积,它们分别取自不同的行和不同的列,三阶行列式中的每一项是三个元素的乘积,它们也是取自不同的行和不同的列.

(3)每一项的符号是:当这一项中元素的行标是按自然排列时,如果元素的列标为偶排列,则取正号;如果为奇排列,则取负号.

通过以上分析,二、三阶行列式可按以下方式定义:

$$\begin{vmatrix} a_{11} & a_{12} \\ a_{21} & a_{22} \end{vmatrix} = \sum_{(p_1p_2)} (-1)^{\tau} a_{1p_1} a_{2p_2} \text{(其中 } \tau \text{ 为排列 } p_1p_2 \text{ 的逆序数)},$$

$$\begin{vmatrix} a_{11} & a_{12} & a_{13} \\ a_{21} & a_{22} & a_{23} \\ a_{31} & a_{32} & a_{33} \end{vmatrix} = \sum_{(p_1p_2p_3)} (-1)^{\tau} a_{1p_1} a_{2p_2} a_{3p_3} \text{(其中 } \tau \text{ 为排列 } p_1p_2p_3 \text{ 的逆序数)}.$$

推广到一般,我们可得到 n 阶行列式的定义.

定义 1.2.3 将 $n\times n$ 个数排成 n 行 n 列,并在左右两侧各加一竖线,得到算式

$$\begin{vmatrix} a_{11} & a_{12} & \cdots & a_{1n} \\ a_{21} & a_{22} & \cdots & a_{2n} \\ \cdots & \cdots & \cdots & \cdots \\ a_{n1} & a_{n2} & \cdots & a_{nn} \end{vmatrix} = \sum_{(p_1p_2\cdots p_n)} (-1)^{\tau} a_{1p_1} a_{2p_2} \cdots a_{np_n} \qquad (1-2-8)$$

称为 n **阶行列式**,记为 D. 其中,$p_1\cdots p_n$ 为自然数 $1,2,3\cdots n$ 的一个排列;$\tau=\tau(p_1\cdots p_n)$;$\sum\limits_{(p_1p_2\cdots p_n)}$ 是对所有 n 元排列 $p_1\cdots p_n$ 求和.

当 $n=1$ 时,一阶行列为 $|a_{11}|=a_{11}$,注意不要将其与绝对值概念混淆.

为了熟悉 n 阶行列式的定义,我们来看下面几个问题.

例 1.2.6 在5阶行列式中,$a_{12}a_{23}a_{35}a_{41}a_{54}$ 这一项应取什么符号?

解 这一项各元素的行标是按自然排列,而列标的排列为23514. 因 $\tau(23514)=4$,故该项取正号.

例 1.2.7 计算四阶行列式 $D=\begin{vmatrix} a & b & 0 & 0 \\ c & d & 0 & 0 \\ x & y & e & f \\ u & v & g & h \end{vmatrix}$.

解 按行列式的定义,它应有 $4!=24$ 项. 但只有以下四项:$adeh$,$adfg$,$bceh$,$bcfg$ 不为零. 与这四项相对应的列标的排列分别为1234,1243,2134和2143,而它们的逆序数分别为0,1,1,2,所以第一、四项应取正号,第二、三项应取负号,即

$$D=adeh-adfg-bceh+bcfg$$

例 1.2.8　利用行列式定义计算 $D_n=\begin{vmatrix} 0 & 1 & 0 & \cdots & 0 \\ 0 & 0 & 2 & \cdots & 0 \\ \vdots & \vdots & \vdots & & \vdots \\ 0 & 0 & 0 & \cdots & n-1 \\ n & 0 & 0 & \cdots & 0 \end{vmatrix}$.

解　$D_n=\sum\limits_{(p_1p_2\cdots p_n)}(-1)^{\tau}a_{1p_1}a_{2p_2}\cdots a_{np_n}$

从行列式的构成可知,不为 0 的项只有

$$p_1=2,p_2=3,\cdots,p_{n-1}=n,p_n=1$$

所以

$$D_n=(-1)^{\tau}a_{12}a_{23}\cdots a_{(n-1)n}a_{n1}=(-1)^{\tau(23\cdots n1)}n!\ =(-1)^{n-1}n!$$

定理 1.2.1　n 阶行列式也可定义为

$$D=\sum_{(p_1p_2\cdots p_n)}(-1)^{\tau}a_{p_11}a_{p_22}\cdots a_{p_nn} \tag{1-2-9}$$

其中,$\sum\limits_{(p_1p_2\cdots p_n)}$ 是对所有 n 元排列 $p_1\cdots p_n$ 求和,$\tau=\tau(p_1\cdots p_n)$.

1.2.4　几种特殊的行列式

下面给出经常会碰到的一些特殊的行列式,它们的值可以由 n 阶行列式定义得到.

(1)上三角行列式,主对角线以下的元素全为 0:

$$D=\begin{vmatrix} a_{11} & a_{12} & \cdots & a_{1n} \\ 0 & a_{22} & \cdots & a_{2n} \\ 0 & 0 & & \vdots \\ 0 & 0 & 0 & a_{nn} \end{vmatrix}=a_{11}a_{22}\cdots a_{nn}$$

(2)下三角行列式,主对角线以上的元素全为 0:

$$\begin{vmatrix} a_{11} & 0 & \cdots & 0 \\ a_{21} & a_{22} & \cdots & 0 \\ \vdots & \vdots & & \vdots \\ a_{n1} & a_{n2} & \cdots & a_{nn} \end{vmatrix}=a_{11}a_{22}\cdots a_{nn}$$

(3)对角行列式:

$$\begin{vmatrix} a_{11} & 0 & \cdots & 0 \\ 0 & a_{22} & \cdots & 0 \\ \vdots & \vdots & & \vdots \\ 0 & 0 & \cdots & a_{nn} \end{vmatrix} = a_{11}a_{22}\cdots a_{nn}$$

上(下)三角形行列式及对角行列式的值,均等于主对角线上元素的乘积.

除了以上三种特殊行列式外,还有以下对角行列式和三角行列式:

$$\begin{vmatrix} & & & a_{1n} \\ & & a_{2,n-1} & \\ & \iddots & & \\ a_{n1} & & & \end{vmatrix} = \begin{vmatrix} & & & a_{1n} \\ & & a_{2,n-1} & a_{2n} \\ & \iddots & & \vdots \\ a_{n1} & a_{n2} & \cdots & a_{nn} \end{vmatrix} = \begin{vmatrix} a_{11} & a_{12} & \cdots & a_{1n} \\ a_{21} & a_{22} & \cdots & \\ \vdots & \iddots & & \\ a_{n1} & & & \end{vmatrix}$$

$$= (-1)^{\frac{n(n-1)}{2}} a_{1n}a_{2,n-1}\cdots a_{n1}$$(其中未写出的元素均为零)

(4)对称行列式,如果行列式 D 中元素满足 $a_{ij}=a_{ji}$,称行列式 D 为对称行列式,例如 $\begin{vmatrix} a & 2 & 3 \\ 2 & b & 4 \\ 3 & 4 & c \end{vmatrix}$.

(5)反对称行列式,如果行列式 D 中元素满足 $a_{ij}=-a_{ji}$,称行列式 D 为反对称行列式,例如 $\begin{vmatrix} 0 & a & b \\ -a & 0 & c \\ -b & -c & 0 \end{vmatrix}$.

习题 1.2

1. 当 a,b 为何值时,行列式 $D=\begin{vmatrix} a & b \\ a^2 & b^2 \end{vmatrix}=0$.

2. 用二阶行列式解线性方程组:

(1)$\begin{cases} 2x_1+4x_2=1 \\ x_1+3x_2=2 \end{cases}$;　(2)$\begin{cases} x_1+2x_2=1 \\ 3x_1+x_2=0 \end{cases}$.

3. 计算二阶行列式 $\begin{vmatrix} x+y & y \\ -y & x-y \end{vmatrix}$.

4. 解线性方程组 $\begin{cases} 2x_1-x_2+x_3=0 \\ 3x_1+2x_2-5x_3=1 \\ x_1+3x_2-2x_3=4 \end{cases}$.

5. 已知三点 $A(a,3)$,$B(3,1)$,$C(-1,0)$共线,求实数 a 的值.

6. 若一个 n 阶行列式中元素为零的个数大于 n^2-n,求此行列式的值.

7. 利用对角线法则展开下列行列式,并化简

(1) $\begin{vmatrix} 2 & 1 & -1 \\ 0 & 3 & 4 \\ -2 & 5 & 4 \end{vmatrix}$;(2) $\begin{vmatrix} 0 & 1 & 0 \\ 1 & 1+a & 1 \\ 1 & 1 & 1-a \end{vmatrix}$;(3) $\begin{vmatrix} a & c & b \\ b & a & c \\ c & b & a \end{vmatrix}$.

8. 用行列式的定义计算 $D_n=\begin{vmatrix} 0 & 0 & \cdots & 0 & 1 & 0 \\ 0 & 0 & \cdots & 2 & 0 & 0 \\ \vdots & \vdots & & \vdots & \vdots & \vdots \\ n-1 & 0 & \cdots & 0 & 0 & 0 \\ 0 & 0 & \cdots & 0 & 0 & n \end{vmatrix}$.

9. 已知 $f(x)=\begin{vmatrix} x & 1 & 1 & 2 \\ 1 & x & 1 & -1 \\ 3 & 2 & x & 1 \\ 1 & 1 & 2x & 1 \end{vmatrix}$,求 x^3 的系数.

10. 写出 4 阶行列式中,带负号且包含因子 $a_{11}a_{23}$ 的项.

11. 求函数 $f(x)=\lg\begin{vmatrix} x & 1 \\ 2 & x+1 \end{vmatrix}$ 的定义域.

1.3 行列式的性质

当行列式的阶数较高时,直接根据定义计算 n 阶行列式的值会很困难. 本节将介绍行列式的性质,利用这些性质可以将复杂的行列式转化为较简单的行列式(如上三角形行列式等)来计算.

定义 1.3.1 将行列式 D 的行列互换后得到的新行列式称为行列式 D 的**转置行列式**,记做 D^{T},即若

$$D=\begin{vmatrix} a_{11} & a_{12} & \cdots & a_{1n} \\ a_{21} & a_{22} & \cdots & a_{2n} \\ \vdots & \vdots & & \vdots \\ a_{n1} & a_{n2} & \cdots & a_{nn} \end{vmatrix},\text{ 则 } D^{\mathrm{T}}=\begin{vmatrix} a_{11} & a_{21} & \cdots & a_{n1} \\ a_{12} & a_{22} & \cdots & a_{n2} \\ \vdots & \vdots & & \vdots \\ a_{1n} & a_{2n} & \cdots & a_{nn} \end{vmatrix}$$

注:行列式 D 也是行列式 D^{T} 的转置行列式,即行列式 D 与行列式 D^{T} 互为转置行列式.

性质 1.3.1 行列式 D 与它的转置行列式 D^{T} 的值相等.

注:此性质表明行列式中的行、列的地位是对称的,即对于行成立的性质,对于列也同样成立,反之亦然.

性质 1.3.2　交换行列式的两行(列),行列式变号.

推论　如果行列式中有两行(列)的对应元素相同,则此行列式的值等于零.

性质 1.3.3　行列式中某一行(列)所有元素的公因子可以提到行列式符号的外面,即

$$\begin{vmatrix} a_{11} & a_{12} & \cdots & a_{1n} \\ \vdots & \vdots & & \vdots \\ ka_{i1} & ka_{i1} & \cdots & ka_{in} \\ \vdots & \vdots & & \vdots \\ a_{n1} & a_{n2} & \cdots & a_{nn} \end{vmatrix} = k \begin{vmatrix} a_{11} & a_{12} & \cdots & a_{1n} \\ \vdots & \vdots & & \vdots \\ a_{i1} & a_{i1} & \cdots & a_{in} \\ \vdots & \vdots & & \vdots \\ a_{n1} & a_{n2} & \cdots & a_{nn} \end{vmatrix}$$

注:此性质也可表述为:用数 k 乘行列式的某一行(列)的所有元素,等于用数 k 乘此行列式.

推论　如果行列式中有两行(列)的对应元素成比例,则此行列式的值等于零.

例 1.3.1　试证明奇数阶反对称行列式 $D=\begin{vmatrix} 0 & a_{12} & \cdots & a_{1n} \\ -a_{12} & 0 & \cdots & a_{2n} \\ \vdots & \vdots & & \vdots \\ -a_{1n} & -a_{2n} & \cdots & 0 \end{vmatrix}=0.$

证明:D 的转置行列式为 $D^{\mathrm{T}}=\begin{vmatrix} 0 & -a_{12} & \cdots & -a_{1n} \\ a_{12} & 0 & \cdots & -a_{2n} \\ \vdots & \vdots & & \vdots \\ a_{1n} & a_{2n} & \cdots & 0 \end{vmatrix}$,从 D^{T} 中每一行提出一个公因子(-1),于是有

$$D^{\mathrm{T}}=(-1)^n \begin{vmatrix} 0 & a_{12} & \cdots & a_{1n} \\ -a_{12} & 0 & \cdots & a_{2n} \\ \vdots & \vdots & & \vdots \\ -a_{1n} & -a_{2n} & \cdots & 0 \end{vmatrix}=(-1)^n D$$

由性质 1.3.1 知 $D^{\mathrm{T}}=D$,故有 $D=(-1)^n D$,又由 n 为奇数,所以有 $D=-D$,因此 $D=0$.

性质 1.3.4　如果行列式的某一行(列)的各元素都是两个数的和,则此行列式等于两个相应的行列式的和,即

$$\begin{vmatrix} a_{11} & a_{12} & \cdots & a_{1n} \\ \vdots & \vdots & & \vdots \\ b_{i1}+c_{i1} & b_{i2}+c_{i2} & \cdots & b_{in}+c_{in} \\ \vdots & \vdots & & \vdots \\ a_{n1} & a_{n2} & \cdots & a_{nn} \end{vmatrix} = \begin{vmatrix} a_{11} & a_{12} & \cdots & a_{1n} \\ \vdots & \vdots & & \vdots \\ b_{i1} & b_{i2} & \cdots & b_{in} \\ \vdots & \vdots & & \vdots \\ a_{n1} & a_{n2} & \cdots & a_{nn} \end{vmatrix} + \begin{vmatrix} a_{11} & a_{12} & \cdots & a_{1n} \\ \vdots & \vdots & & \vdots \\ c_{i1} & c_{i2} & \cdots & c_{in} \\ \vdots & \vdots & & \vdots \\ a_{n1} & a_{n2} & \cdots & a_{nn} \end{vmatrix}$$

注:一般情况下,有下式

$$\begin{vmatrix} a_{11}+b_{11} & a_{12}+b_{12} \\ a_{21}+b_{21} & a_{22}+b_{22} \end{vmatrix} \neq \begin{vmatrix} a_{11} & a_{12} \\ a_{21} & a_{22} \end{vmatrix} + \begin{vmatrix} b_{11} & b_{12} \\ b_{21} & b_{22} \end{vmatrix}$$

性质 1.3.5 把行列式的某一行(列)的所有元素乘以数 k 加到另一行(列)的相应元素上,行列式的值不变.即

$$D=\begin{vmatrix} a_{11} & a_{12} & \cdots & a_{1n} \\ \vdots & \vdots & & \vdots \\ a_{i1} & a_{i2} & \cdots & a_{in} \\ \vdots & \vdots & & \vdots \\ a_{j1} & a_{j2} & \cdots & a_{jn} \\ \vdots & \vdots & & \vdots \\ a_{n1} & a_{n2} & \cdots & a_{nn} \end{vmatrix} \xlongequal{r_i+kr_j} \begin{vmatrix} a_{11} & a_{12} & \cdots & a_{1n} \\ \vdots & \vdots & & \vdots \\ a_{i1}+ka_{j1} & a_{i2}+ka_{j2} & \cdots & a_{in}+ka_{jn} \\ \vdots & \vdots & & \vdots \\ a_{j1} & a_{j2} & \cdots & a_{jn} \\ \vdots & \vdots & & \vdots \\ a_{n1} & a_{n2} & \cdots & a_{nn} \end{vmatrix}$$

注:性质 1.3.5 是最为重要的一条性质,它与性质 1.3.2 和性质 1.3.3 一起常用于计算行列式,将它们分别记为:

(1)互换 i,j 两行(列):$r_i \leftrightarrow r_j$ ($c_i \leftrightarrow c_j$);

(2)第 i 行(列)乘以某常数 k:$r_i \times k$ ($c_i \times k$);

(3)将第 j 行(列)的 k 倍加到第 i 行(列)上去:r_i+kr_j (c_i+kc_j).

行列式的性质和推论主要用于计算行列式.利用性质,可以使行列式中更多的元素变为0,或化为特殊的行列式(对角、上三角行列式),从而将行列式化简,方便计算.

例 1.3.2 求证 $\begin{vmatrix} 1 & x^2 & a^2+x^2 \\ 1 & y^2 & a^2+y^2 \\ 1 & z^2 & a^2+z^2 \end{vmatrix}=0$.

证明 $\begin{vmatrix} 1 & x^2 & a^2+x^2 \\ 1 & y^2 & a^2+y^2 \\ 1 & z^2 & a^2+z^2 \end{vmatrix} = \begin{vmatrix} 1 & x^2 & a^2 \\ 1 & y^2 & a^2 \\ 1 & z^2 & a^2 \end{vmatrix} + \begin{vmatrix} 1 & x^2 & x^2 \\ 1 & y^2 & y^2 \\ 1 & z^2 & z^2 \end{vmatrix} = 0$

例 1.3.3 计算 $D=\begin{vmatrix} 3 & 1 & -1 & 2 \\ -5 & 1 & 3 & -4 \\ 2 & 0 & 1 & -1 \\ 1 & -5 & 3 & -3 \end{vmatrix}$.

解 $D \xlongequal{c_1 \leftrightarrow c_2} -\begin{vmatrix} 1 & 3 & -1 & 2 \\ 1 & -5 & 3 & -4 \\ 0 & 2 & 1 & -1 \\ -5 & 1 & 3 & -3 \end{vmatrix} \xlongequal[r_4+5r_1]{r_2-r_1} -\begin{vmatrix} 1 & 3 & -1 & 2 \\ 0 & -8 & 4 & -6 \\ 0 & 2 & 1 & -1 \\ 0 & 16 & -2 & 7 \end{vmatrix}$

$$\xlongequal{r_2\leftrightarrow r_3}\begin{vmatrix}1&3&-1&2\\0&2&1&-1\\0&-8&4&-6\\0&16&-2&7\end{vmatrix}\xlongequal[r_4-8r_2]{r_3+4r_2}\begin{vmatrix}1&3&-1&2\\0&2&1&-1\\0&0&8&-10\\0&0&-10&15\end{vmatrix}$$

$$\xlongequal{r_4+\frac{5}{4}r_3}\begin{vmatrix}1&3&-1&2\\0&2&1&-1\\0&0&8&-10\\0&0&0&5/2\end{vmatrix}=40$$

注：为避免麻烦的分数运算，首先利用互换行(列)使得 a_{11} 变成 1，这是常用技巧.

例 1.3.4　计算行列式 $D=\begin{vmatrix}3&1&1&1\\1&3&1&1\\1&1&3&1\\1&1&1&3\end{vmatrix}$.

解　D 的各行(列)之和相等，将各列都加到第 1 列上，再提出公因数 6，

$$D=6\begin{vmatrix}1&1&1&1\\1&3&1&1\\1&1&3&1\\1&1&1&3\end{vmatrix}\xlongequal[r_4-r_1]{\substack{r_2-r_1\\r_3-r_1}}6\begin{vmatrix}1&1&1&1\\0&2&0&0\\0&0&2&0\\0&0&0&2\end{vmatrix}=48$$

注：当行列式的特点是各行(列)对应元素相加为同一个数时，就采用与此题相同的做法，请牢记！

例 1.3.5　计算行列式 $D=\begin{vmatrix}a&b&c&d\\a&a+b&a+b+c&a+b+c+d\\a&2a+b&3a+2b+c&4a+3b+2c+d\\a&3a+b&6a+3b+c&10a+6b+3c+d\end{vmatrix}$.

解　将 D 化为上三角行列式：

$$D\xlongequal[r_2-r_1]{\substack{r_4-r_3\\r_3-r_2}}\begin{vmatrix}a&b&c&d\\0&a&a+b&a+b+c\\0&a&2a+b&3a+2b+c\\0&a&3a+b&6a+3b+c\end{vmatrix}\xlongequal[r_3-r_2]{r_4-r_3}\begin{vmatrix}a&b&c&d\\0&a&a+b&a+b+c\\0&0&a&2a+b\\0&0&a&3a+b\end{vmatrix}$$

$$\xlongequal{r_4-r_3}\begin{vmatrix}a&b&c&d\\0&a&a+b&a+b+c\\0&0&a&2a+b\\0&0&0&a\end{vmatrix}=a^4$$

注:(1)利用行列式性质,可以把任何一个行列式变为一个上三角行列式或下三角行列式.

(2)一般计算行列式的方法不唯一.

(3)r_i+r_j 与 r_j+r_i 作用不同,r_i+r_j 是将第 j 行加到第 i 行上去;r_j+r_i 是将第 i 行加到第 j 行上去.

习题 1.3

1. 证明 $\begin{vmatrix} ax+by & ay+bz & az+bx \\ ay+bz & az+bx & ax+by \\ az+bx & ax+by & ay+bz \end{vmatrix}=(a^3+b^3)\begin{vmatrix} x & y & z \\ y & z & x \\ z & x & y \end{vmatrix}$.

2. 计算下列四阶行列式:

(1) $\begin{vmatrix} 1+a & 1 & 1 & 1 \\ 1 & 1-a & 1 & 1 \\ 1 & 1 & 1+b & 1 \\ 1 & 1 & 1 & 1-b \end{vmatrix}$;

(2) $\begin{vmatrix} a & b & c & d \\ p & q & r & s \\ t & u & v & w \\ la+mp & lb+mq & lc+mr & ld+ms \end{vmatrix}$;

(3) $\begin{vmatrix} a_1 & -a_1 & 0 & 0 \\ 0 & a_2 & -a_2 & 0 \\ 0 & 0 & a_3 & -a_3 \\ 1 & 1 & 1 & 1 \end{vmatrix}$;

(4) $D=\begin{vmatrix} a & b & b & b \\ b & a & b & b \\ b & b & a & b \\ b & b & b & a \end{vmatrix}$.

3. 计算行列式 $D=\begin{vmatrix} a_0 & 1 & 1 & \cdots & 1 \\ 1 & a_1 & 0 & \cdots & 0 \\ 1 & 0 & a_2 & \cdots & 0 \\ \vdots & \vdots & \vdots & & \vdots \\ 1 & 0 & 0 & \cdots & a_n \end{vmatrix}(a_1\cdot a_2\cdots a_n\neq 0)$.

4. 计算行列式 $D=\begin{vmatrix} x-a & a & a & \cdots & a \\ a & x-a & a & \cdots & a \\ \vdots & \vdots & \vdots & & \vdots \\ a & a & a & \cdots & x-a \end{vmatrix}$.

1.4　行列式的展开定理

本节将研究如何把较高阶的行列式转化为较低阶行列式的问题. 一般情况下,低阶行列式比高阶行列式容易计算,因此我们希望用低阶行列式来表示高阶行列式,这就是行列式的展开定理. 为此,先介绍余子式和代数余子式的概念.

1.4.1　余子式及代数余子式

定义 1.4.1　在 n 阶行列式 D 中,把元素 a_{ij} 所在的第 i 行与第 j 列划去后,余下的元素按原来的位置构成的 $n-1$ 阶行列式称为元素 a_{ij} 的**余子式**,记做 M_{ij}. 而 $A_{ij}=(-1)^{i+j}M_{ij}$ 称为 a_{ij} 的**代数余子式**. 例如,

$$D=\begin{vmatrix} 3 & 2 & 0 \\ 1 & 3 & 5 \\ 2 & 2 & 3 \end{vmatrix},\quad M_{21}=\begin{vmatrix} 2 & 0 \\ 2 & 3 \end{vmatrix}=6,\quad A_{21}=(-1)^{2+1}M_{21}=-6$$

例 1.4.1　已知三阶行列式 $D=\begin{vmatrix} 1 & x & 1 \\ 2 & 3 & -3 \\ -3 & y & 4 \end{vmatrix}$,求元素 x 与 y 的代数余子式的和.

解　元素 x,y 的代数余子式分别为

$$A_{12}=(-1)^{1+2}\begin{vmatrix} 2 & -3 \\ -3 & 4 \end{vmatrix}=1,\quad A_{32}=(-1)^{3+2}\begin{vmatrix} 1 & 1 \\ 2 & -3 \end{vmatrix}=5$$

所以 $A_{12}+A_{32}=6$.

1.4.2　行列式的展开定理

对三阶行列式作如下变形:

$$\begin{vmatrix} a_{11} & a_{12} & a_{13} \\ a_{21} & a_{22} & a_{23} \\ a_{31} & a_{32} & a_{33} \end{vmatrix}=a_{11}a_{22}a_{33}+a_{12}a_{23}a_{31}+a_{13}a_{21}a_{32}-a_{11}a_{23}a_{32}-a_{12}a_{21}a_{33}-a_{13}a_{22}a_{31}$$

$$=(a_{11}a_{22}a_{33}-a_{11}a_{23}a_{32})+(a_{12}a_{23}a_{31}-a_{12}a_{21}a_{33})+(a_{13}a_{21}a_{32}-a_{13}a_{22}a_{31})$$
$$=a_{11}(a_{22}a_{33}-a_{23}a_{32})-a_{12}(a_{21}a_{33}-a_{23}a_{31})+a_{13}(a_{21}a_{32}-a_{22}a_{31})$$
$$=a_{11}\begin{vmatrix} a_{22} & a_{23} \\ a_{32} & a_{33} \end{vmatrix}+a_{12}\cdot(-1)^{1+2}\begin{vmatrix} a_{21} & a_{23} \\ a_{31} & a_{33} \end{vmatrix}+a_{13}\begin{vmatrix} a_{21} & a_{22} \\ a_{31} & a_{32} \end{vmatrix}$$
$$=a_{11}A_{11}+a_{12}A_{12}+a_{13}A_{13}$$

即行列式的值等于它的第一行各元素与其对应的代数余子式乘积之和. 实际上，用同样的方法可得

$$D=a_{21}A_{21}+a_{22}A_{22}+a_{23}A_{23}=\cdots$$
$$=a_{11}A_{11}+a_{21}A_{21}+a_{31}A_{31}=\cdots$$

即三阶行列式 D 等于它的任一行(列)各元素与其对应的代数余子式乘积之和. 这一结论可以推广到 n 阶行列式的情形.

定理 1.4.1(展开定理) n 阶行列式 D 等于它的任一行(列)的各元素与其对应的代数余子式的乘积之和，即

$$D=a_{i1}A_{i1}+a_{i2}A_{i2}+\cdots+a_{in}A_{in}=\sum_{k=1}^{n}a_{ik}A_{ik}\text{(行列式按第 }i\text{ 行展开)} \tag{1-4-1}$$

或

$$D=a_{1j}A_{1j}+a_{2j}A_{2j}+\cdots+a_{nj}A_{nj}=\sum_{k=1}^{n}a_{kj}A_{kj}\text{(行列式按第 }j\text{ 列展开)} \tag{1-4-2}$$

推论 行列式某一行(列)的元素与另一行(列)元素对应的代数余子式乘积之和等于 0，即

$$a_{i1}A_{j1}+a_{i2}A_{j2}+\cdots+a_{in}A_{jn}=0,i\neq j \tag{1-4-3}$$

或

$$a_{1i}A_{1j}+a_{2i}A_{2j}+\cdots+a_{ni}A_{nj}=0,i\neq j \tag{1-4-4}$$

定理 1.4.1 及其推论可归结为

$$\sum_{k=1}^{n}a_{ik}A_{jk}=\begin{cases} D & i=j \\ 0 & i\neq j \end{cases} \quad \text{或} \quad \sum_{k=1}^{n}a_{ki}A_{kj}=\begin{cases} D & i=j \\ 0 & i\neq j \end{cases} \tag{1-4-5}$$

定理 1.4.1 表明，n 阶行列式可以用 $n-1$ 阶行列式来表示，利用它并结合行列式的性质，可以大大简化行列式的计算. 在计算行列式时，将某一行(列)尽量多的元素化为 0，再按此行或列展开，变为低一阶行列式，如此继续下去，直到将行列式化为三阶或二阶. 这在行列式的计算中是一种常用的方法.

1.4.3 行列式的计算

例 1.4.1 计算行列式 $D=\begin{vmatrix} 2 & 1 & -3 & -1 \\ 3 & 1 & 0 & 7 \\ -1 & 2 & 4 & -2 \\ 1 & 0 & -1 & 5 \end{vmatrix}$.

解 D 的第四行已有一个元素是零，

$$D=\begin{vmatrix} 2 & 1 & -3 & -1 \\ 3 & 1 & 0 & 7 \\ -1 & 2 & 4 & -2 \\ 1 & 0 & -1 & 5 \end{vmatrix} \xlongequal[c_2+(-5)c_1]{c_3+c_1} \begin{vmatrix} 2 & 1 & -1 & -11 \\ 3 & 1 & 3 & -8 \\ -1 & 2 & 3 & 3 \\ 1 & 0 & 0 & 0 \end{vmatrix}$$

$$=(-1)^{4+1}\begin{vmatrix} 1 & -1 & -11 \\ 1 & 3 & -8 \\ 2 & 3 & 3 \end{vmatrix}$$

$$\xlongequal[r_2-2r_1]{r_2-r_1} -\begin{vmatrix} 1 & -1 & -11 \\ 0 & 4 & 3 \\ 0 & 5 & 25 \end{vmatrix} = -(-1)^{1+1}\begin{vmatrix} 4 & 3 \\ 5 & 25 \end{vmatrix} = -85$$

例 1.4.2 设 $D=\begin{vmatrix} -1 & 5 & 7 & -8 \\ 1 & 1 & 1 & 1 \\ 2 & 0 & -9 & 6 \\ -3 & 4 & 3 & 7 \end{vmatrix}$，试证 $A_{41}+A_{42}+A_{43}+A_{44}=0$.

解 若用求出每个 A_{4i} 的方法来证明它们之和为 0，计算量非常大，不可取.

$$\begin{vmatrix} -1 & 5 & 7 & -8 \\ 1 & 1 & 1 & 1 \\ 2 & 0 & -9 & 6 \\ a_{41} & a_{42} & a_{43} & a_{44} \end{vmatrix} = a_{41}A_{41}+a_{42}A_{42}+a_{43}A_{43}+a_{44}A_{44}$$

观察所求的表达式，只需取 $a_{41}=a_{42}=a_{43}=a_{44}=1$，而此行列式为零.

注：行列式中某元素的代数余子式与该元素的大小无关，只与元素的位置有关.

例 1.4.3 计算 n 阶行列式 $D=\begin{vmatrix} a & b & 0 & \cdots & 0 & 0 \\ 0 & a & b & \cdots & 0 & 0 \\ 0 & 0 & a & \cdots & 0 & 0 \\ \vdots & \vdots & \vdots & & \vdots & \vdots \\ 0 & 0 & 0 & \cdots & a & b \\ b & 0 & 0 & \cdots & 0 & a \end{vmatrix}$.

解 按第一列展开得

$$D=(-1)^{1+1}a\begin{vmatrix} a & b & \cdots & 0 & 0 \\ 0 & a & \cdots & 0 & 0 \\ \vdots & \vdots & & \vdots & \vdots \\ 0 & 0 & \cdots & a & b \\ 0 & 0 & \cdots & 0 & a \end{vmatrix}+(-1)^{n+1}b\begin{vmatrix} b & 0 & \cdots & 0 & 0 \\ a & b & \cdots & 0 & 0 \\ \vdots & \vdots & & \vdots & \vdots \\ 0 & 0 & \cdots & b & 0 \\ 0 & 0 & \cdots & a & b \end{vmatrix}$$

$$=aa^{n-1}+(-1)^{n+1}bb^{n-1}=a^n+(-1)^{n+1}b^n$$

例 1.4.4 计算 $D_5=\begin{vmatrix} 2 & 1 & 0 & 0 & 0 \\ 1 & 2 & 1 & 0 & 0 \\ 0 & 1 & 2 & 1 & 0 \\ 0 & 0 & 1 & 2 & 1 \\ 0 & 0 & 0 & 1 & 2 \end{vmatrix}$.

解 按第一行或第一列展开，得递推公式

$$D_5=2\begin{vmatrix} 2 & 1 & 0 & 0 \\ 1 & 2 & 1 & 0 \\ 0 & 1 & 2 & 1 \\ 0 & 0 & 1 & 2 \end{vmatrix}-\begin{vmatrix} 2 & 1 & 0 \\ 1 & 2 & 1 \\ 0 & 1 & 2 \end{vmatrix}=2D_4-D_3$$

则

$$D_5=2(2D_3-D_2)-D_3=3D_3-2D_2=3(2D_2-D_1)-2D_2=4D_2-3D_1$$

又 $D_2=\begin{vmatrix} 2 & 1 \\ 1 & 2 \end{vmatrix}=3, D_1=2$，所以 $D_5=6$.

思考：n 阶行列式 $D_n=\begin{vmatrix} 2 & 1 & 0 & \cdots & 0 & 0 \\ 1 & 2 & 1 & \cdots & 0 & 0 \\ 0 & 1 & 2 & \cdots & 0 & 0 \\ \vdots & \vdots & \vdots & & \vdots & \vdots \\ 0 & 0 & 0 & \cdots & 2 & 1 \\ 0 & 0 & 0 & \cdots & 1 & 2 \end{vmatrix}$ 的值为多少？

例 1.4.5 证明范德蒙行列式：

$$D_n = \begin{vmatrix} 1 & 1 & \cdots & 1 \\ a_1 & a_2 & \cdots & a_n \\ a_1^2 & a_2^2 & \cdots & a_n^2 \\ \vdots & \vdots & & \vdots \\ a_1^{n-1} & a_2^{n-1} & \cdots & a_n^{n-1} \end{vmatrix} = \prod_{1 \leqslant j < i \leqslant n} (a_i - a_j)$$

证明　用数学归纳法.

(1)当 $n=2$ 时,二阶范德蒙行列式的值 $\begin{vmatrix} 1 & 1 \\ a_1 & a_2 \end{vmatrix} = a_2 - a_1$. 故 $n=2$ 时,结论成立.

(2)假设对于 $n-1$ 阶范德蒙行列式,结论成立.

现计算 n 阶范德蒙行列式:把第 $n-1$ 行的 $-a_1$ 倍加到第 n 行上,再把第 $n-2$ 行的 $-a_1$ 倍加到第 $n-1$ 行上,以此类推,最后把第 1 行的 $-a_1$ 倍加到第 2 行上,得到

$$D_n = \begin{vmatrix} 1 & 1 & 1 & \cdots & 1 \\ 0 & a_2 - a_1 & a_3 - a_1 & \cdots & a_n - a_1 \\ 0 & a_2^2 - a_1 a_2 & a_3^2 - a_1 a_3 & \cdots & a_n^2 - a_1 a_n \\ \vdots & \vdots & \vdots & & \vdots \\ 0 & a_2^{n-1} - a_1 a_2^{n-2} & a_3^{n-1} - a_1 a_3^{n-2} & \cdots & a_n^{n-1} - a_1 a_n^{n-2} \end{vmatrix}$$

$$= \begin{vmatrix} a_2 - a_1 & a_3 - a_1 & \cdots & a_n - a_1 \\ a_2(a_2 - a_1) & a_3(a_3 - a_1) & \cdots & a_n(a_n - a_1) \\ \vdots & \vdots & & \vdots \\ a_2^{n-2}(a_2 - a_1) & a_3^{n-2}(a_3 - a_1) & \cdots & a_n^{n-2}(a_n - a_1) \end{vmatrix}$$

$$= (a_2 - a_1)(a_3 - a_1)\cdots(a_n - a_1) \begin{vmatrix} 1 & 1 & \cdots & 1 \\ a_2 & a_3 & \cdots & a_n \\ \vdots & \vdots & & \vdots \\ a_2^{n-2} & a_3^{n-2} & \cdots & a_n^{n-2} \end{vmatrix}$$

后面这个行列式是 $n-1$ 阶范德蒙行列式,由归纳假设得

$$\begin{vmatrix} 1 & 1 & \cdots & 1 \\ a_2 & a_3 & \cdots & a_n \\ \vdots & \vdots & & \vdots \\ a_2^{n-2} & a_3^{n-2} & \cdots & a_n^{n-2} \end{vmatrix} = \prod_{2 \leqslant j < i \leqslant n} (a_i - a_j)$$

于是上述 n 阶范德蒙行列式

$$D_n = (a_2 - a_1)(a_3 - a_1)\cdots(a_n - a_1) \prod_{2 \leqslant j < i \leqslant n} (a_i - a_j) = \prod_{1 \leqslant j < i \leqslant n} (a_i - a_j)$$

得证.

注:n 阶范德蒙行列式之值等于 $a_1, a_2, \cdots a_n$ 这 n 个数的所有可能的差 $a_i - a_j$ $(1 \leqslant j < i \leqslant n)$ 的乘积.

例 1.4.6 计算 n 阶行列式 $D_n = \begin{vmatrix} a_1 & -1 & 0 & 0 & \cdots & 0 & 0 \\ a_2 & x & -1 & 0 & \cdots & 0 & 0 \\ a_3 & 0 & x & -1 & \cdots & 0 & 0 \\ \vdots & \vdots & \vdots & \vdots & & \vdots & \vdots \\ a_{n-1} & 0 & 0 & 0 & \cdots & x & -1 \\ a_n & 0 & 0 & 0 & \cdots & 0 & x \end{vmatrix}$.

解 把第一行乘以 x 加到第二行,然后把所得到的第二行乘以 x 加到第三行,这样继续进行下去,直到第 n 行,便得到

$$D_n = \begin{vmatrix} a_1 & -1 & 0 & 0 & \cdots & 0 & 0 \\ a_1 x + a_2 & 0 & -1 & 0 & \cdots & 0 & 0 \\ a_1 x^2 + a_2 x + a_3 & 0 & 0 & -1 & \cdots & 0 & 0 \\ \vdots & \vdots & \vdots & \vdots & & \vdots & \vdots \\ \sum_{i=1}^{n} a_i x^{n-i-1} & 0 & 0 & 0 & \cdots & 0 & -1 \\ \sum_{i=1}^{n} a_i x^{n-i} & 0 & 0 & 0 & \cdots & 0 & 0 \end{vmatrix}$$

$$= (-1)^{n+1} \sum_{i=1}^{n} a_i x^{n-i} \begin{vmatrix} -1 & 0 & \cdots & 0 \\ 0 & -1 & \cdots & 0 \\ \vdots & \vdots & & \vdots \\ 0 & 0 & \cdots & -1 \end{vmatrix}$$

$$= (-1)^{n+1} \sum_{i=1}^{n} a_i x^{n-1} (-1)^{n-1} = (-1)^{2n} \sum_{i=1}^{n} a_i x^{n-i}$$

$$= a_1 x^{n-1} + a_2 x^{n-2} + a_{n-1} x + a_n$$

注:此题还可利用递推公式得到结果,请自行计算.

例 1.4.7 证明 $\begin{vmatrix} a_{11} & a_{12} & 0 & 0 \\ a_{21} & a_{22} & 0 & 0 \\ c_{11} & c_{12} & b_{11} & b_{12} \\ c_{21} & c_{22} & b_{21} & b_{22} \end{vmatrix} = \begin{vmatrix} a_{11} & a_{12} \\ a_{21} & a_{22} \end{vmatrix} \cdot \begin{vmatrix} b_{11} & b_{12} \\ b_{21} & b_{22} \end{vmatrix}$.

证明 将上面等式左端的行列式按第一行展开,得

$$\begin{vmatrix} a_{11} & a_{12} & 0 & 0 \\ a_{21} & a_{22} & 0 & 0 \\ c_{11} & c_{12} & b_{11} & b_{12} \\ c_{21} & c_{22} & b_{21} & b_{22} \end{vmatrix} = a_{11}\begin{vmatrix} a_{22} & 0 & 0 \\ c_{12} & b_{11} & b_{12} \\ c_{22} & b_{21} & b_{22} \end{vmatrix} - a_{12}\begin{vmatrix} a_{21} & 0 & 0 \\ c_{11} & b_{11} & b_{12} \\ c_{21} & b_{21} & b_{22} \end{vmatrix}$$

$$= a_{11}a_{22}\begin{vmatrix} b_{11} & b_{12} \\ b_{21} & b_{22} \end{vmatrix} - a_{12}a_{21}\begin{vmatrix} b_{11} & b_{12} \\ b_{21} & b_{22} \end{vmatrix}$$

$$= (a_{11}a_{22} - a_{12}a_{21})\begin{vmatrix} b_{11} & b_{12} \\ b_{21} & b_{22} \end{vmatrix}$$

$$= \begin{vmatrix} a_{11} & a_{12} \\ a_{21} & a_{22} \end{vmatrix} \cdot \begin{vmatrix} b_{11} & b_{12} \\ b_{21} & b_{22} \end{vmatrix}.$$

注:此例题的结论对一般情况也是成立的,即

$$\begin{vmatrix} a_{11} & a_{12} & \cdots & a_{1k} & 0 & 0 & \cdots & 0 \\ \vdots & \vdots & & \vdots & \vdots & \vdots & & \vdots \\ a_{k1} & a_{k2} & \cdots & a_{kk} & 0 & 0 & \cdots & 0 \\ c_{11} & c_{12} & \cdots & c_{1k} & b_{11} & b_{12} & \cdots & b_{1m} \\ \vdots & \vdots & & \vdots & \vdots & \vdots & & \vdots \\ c_{m1} & c_{m2} & \cdots & c_{mk} & b_{m1} & b_{m2} & \cdots & b_{mm} \end{vmatrix}$$

$$= \begin{vmatrix} a_{11} & a_{12} & \cdots & a_{1k} \\ \vdots & \vdots & & \vdots \\ a_{k1} & a_{k2} & \cdots & a_{kk} \end{vmatrix} \cdot \begin{vmatrix} b_{11} & b_{12} & \cdots & b_{1m} \\ \vdots & \vdots & & \vdots \\ b_{m1} & b_{m2} & \cdots & b_{mm} \end{vmatrix}$$ (拉普拉斯定理的一种形式).

习题 1.4

1. 计算行列式 $D=\begin{vmatrix} 4 & 1 & 2 & 40 \\ 1 & 2 & 0 & 2 \\ 10 & 5 & 2 & 0 \\ 0 & 1 & 1 & 7 \end{vmatrix}$.

2. 计算 $D=\begin{vmatrix} 1+x & 1 & 1 & 1 \\ 1 & 1-x & 1 & 1 \\ 1 & 1 & 1+y & 1 \\ 1 & 1 & 1 & 1-y \end{vmatrix}$,其中 $xy\neq 0$.

3. 在三阶行列式 $\begin{vmatrix} 1 & x & 1 \\ 2 & 3 & -3 \\ -3 & x^2 & 1 \end{vmatrix}$ 中，元素 2 的代数余子式大于零，求 x 的范围.

4. 计算 $n+1$ 阶行列式 $D=\begin{vmatrix} x & a_1 & a_2 & \cdots & a_n \\ a_1 & x & a_2 & \cdots & a_n \\ a_1 & a_2 & x & \cdots & a_n \\ \vdots & \vdots & \vdots & & \vdots \\ a_1 & a_2 & a_3 & \cdots & x \end{vmatrix}$.

5. 把 $\begin{vmatrix} x_2 & y_2 \\ x_3 & y_3 \end{vmatrix} - \begin{vmatrix} x_1 & y_1 \\ x_3 & y_3 \end{vmatrix} + \begin{vmatrix} x_1 & y_1 \\ x_2 & y_2 \end{vmatrix}$ 表示成一个三阶行列式.

6. 解方程 $\begin{vmatrix} a_1 & a_2 & a_3 & \cdots & a_{n-1} & a_n \\ a_1 & a_1+a_2-x & a_3 & \cdots & a_{n-1} & a_n \\ a_1 & a_2 & a_2+a_3-x & \cdots & a_{n-1} & a_n \\ \vdots & \vdots & \vdots & & \vdots & \vdots \\ a_1 & a_2 & a_3 & \cdots & a_{n-2}+a_{n-1}-x & a_n \\ a_1 & a_2 & a_3 & \cdots & a_{n-1} & a_{n-1}+a_n-x \end{vmatrix}=0$，其中 $a_1\neq 0$.

1.5 克莱姆法则

前面我们已经介绍了 n 阶行列式的定义和计算方法，作为行列式的应用，本节介绍用行列式解 n 元线性方程组的方法——克莱姆法则，它是 1.1 节中二、三元线性方程组求解公式的推广.

1.5.1 非齐次与齐次方程组的概念

设含有 n 个未知量 n 个方程的线性方程组为

$$\begin{cases} a_{11}x_1 + a_{12}x_2 + \cdots + a_{1n}x_n = b_1 \\ a_{21}x_1 + a_{22}x_2 + \cdots + a_{2n}x_n = b_2 \\ \vdots \\ a_{n1}x_1 + a_{n2}x_2 + \cdots + a_{nn}x_n = b_n \end{cases} \tag{1-5-1}$$

若常数项 $b_1,b_2,\cdots,b_n$ 不全为零，则称此方程组为 n 元**非齐次线性方程组**；若常数

项 $b_1, b_2, \cdots, b_n$ 全为零，则称此方程组为 n 元**齐次线性方程组**，即

$$\begin{cases} a_{11}x_1 + a_{12}x_2 + \cdots + a_{1n}x_n = 0 \\ a_{21}x_1 + a_{22}x_2 + \cdots + a_{2n}x_n = 0 \\ \vdots \qquad \vdots \qquad \vdots \\ a_{n1}x_1 + a_{n2}x_2 + \cdots + a_{nn}x_n = 0 \end{cases} \tag{1-5-2}$$

方程组(1-5-1)的系数 a_{ij} 构成的行列式 $D=\begin{vmatrix} a_{11} & a_{12} & \cdots & a_{1n} \\ a_{21} & a_{22} & \cdots & a_{2n} \\ \vdots & \vdots & & \vdots \\ a_{n1} & a_{n2} & \cdots & a_{nn} \end{vmatrix}$，称为方程组(1-5-1)的系数行列式.

1.5.2　克莱姆法则

定理 1.5.1 (克莱姆法则)　如果线性方程组(1-5-1)的系数行列式 $D\neq0$，则方程组(1-5-1)有唯一解，且解为

$$x_1=\frac{D_1}{D},\ x_2=\frac{D_2}{D},\ \cdots,\ x_n=\frac{D_n}{D} \tag{1-5-3}$$

其中，$D_j(j=1,2,\cdots n)$是把系数行列式 D 中第 j 列的元素用方程组右端的常数项 $b_1, b_2, \cdots b_n$ 代替后所得到的 n 阶行列式，即

$$D_j=\begin{vmatrix} a_{11}\cdots a_{1,j-1} & b_1 & a_{1,j+1}\cdots a_{1n} \\ \vdots & \vdots & \vdots \\ a_{n1}\cdots a_{n,j-1} & b_n & a_{n,j+1}\cdots a_{nn} \end{vmatrix}.$$

注：用克莱姆法则解线性方程组时，必须满足两个条件：

(1)方程的个数与未知量的个数相等；

(2)系数行列式 $D\neq0$.

推论 1.5.1　如果线性方程组(1-5-1)无解或有多组不同的解，则其系数行列式 $D=0$.

例 1.5.1　利用克莱姆法则解方程组 $\begin{cases} 2x_1+x_2-5x_3+x_4=8 \\ x_1-3x_2\qquad -6x_4=9 \\ \qquad 2x_2-x_3+2x_4=-5 \\ x_1+4x_2-7x_3+6x_4=0 \end{cases}$.

解 因为$D=\begin{vmatrix} 2 & 1 & -5 & 1 \\ 1 & -3 & 0 & -6 \\ 0 & 2 & -1 & 2 \\ 1 & 4 & -7 & 6 \end{vmatrix}=27\neq 0$,且

$$D_1=\begin{vmatrix} 8 & 1 & -5 & 1 \\ 9 & -3 & 0 & -6 \\ -5 & 2 & -1 & 2 \\ 0 & 4 & -7 & 6 \end{vmatrix}=81, D_2=\begin{vmatrix} 2 & 8 & -5 & 1 \\ 1 & 9 & 0 & -6 \\ 0 & -5 & -1 & 2 \\ 1 & 0 & -7 & 6 \end{vmatrix}=-108$$

$$D_3=\begin{vmatrix} 2 & 1 & 8 & 1 \\ 1 & -3 & 9 & -6 \\ 0 & 2 & -5 & 2 \\ 1 & 4 & 0 & 6 \end{vmatrix}-27, D_4=\begin{vmatrix} 2 & 1 & -5 & 8 \\ 1 & -3 & 0 & 9 \\ 0 & 2 & -1 & -5 \\ 1 & 4 & -7 & 0 \end{vmatrix}=27$$

所以

$$x_1=\frac{D_1}{D}=\frac{81}{27}=3, x_2=\frac{D_2}{D}=\frac{-108}{27}=-4, x_3=\frac{D_3}{D}=\frac{-27}{27}=-1, x_4=\frac{D_4}{D}=\frac{27}{27}=1$$

注:克莱姆法则建立了线性方程组的解与已知的系数、常数项之间的关系. 当方程组未知量的个数大于 3 时,行列式的计算量过大,用该法则求解线性方程组就不再适合. 克莱姆法则主要适用于理论推导.

对于 n 元齐次线性方程组(1-5-2),显然,$x_1=x_2=\cdots=x_n=0$ 恒为方程组的解,称其为齐次线性方程组(1-5-2)的零解,也就是说:齐次线性方程组必有零解.

根据定理 1.5.1,可得下面结论.

定理 1.5.2 如果齐次线性方程组(1-5-2)的系数行列式 $D\neq 0$,则它只有零解.

推论 1.5.2 如果齐次线性方程组(1-5-2)有非零解,那么它的系数行列式 $D=0$.

例 1.5.2 若齐次方程组$\begin{cases} ax_1+x_2+x_3=0 \\ x_1+bx_2+x_3=0 \\ x_1+2bx_2+x_3=0 \end{cases}$只有零解,则 a,b 应取何值?

解 由定理 1.5.2 知,当系数行列式 $D\neq 0$ 时,方程组只有零解,

$$D=\begin{vmatrix} a & 1 & 1 \\ 1 & b & 1 \\ 1 & 2b & 1 \end{vmatrix}=b(1-a)\neq 0$$

所以,当 $a\neq 1$ 且 $b\neq 0$ 时,方程组只有零解.

例 1.5.3　设 $f(x)=c_0+c_1x+c_2x^2+\cdots+c_nx^n$，用克莱姆法则证明：若 $f(x)$ 有 $n+1$ 个不同的根，则 $f(x)$ 是一个零多项式.

证明　设 $a_1,a_2,\cdots a_{n+1}$ 是 $f(x)$ 的 $n+1$ 个不同的根，即

$$\begin{cases} c_0+c_1a_1+c_2a_1^2+\cdots+c_na_1^n=0 \\ c_0+c_1a_2+c_2a_2^2+\cdots+c_na_2^n=0 \\ \vdots \quad \vdots \quad \vdots \quad \quad \vdots \\ c_0+c_1a_{n+1}+c_2a_{n+1}^2+\cdots+c_na_{n+1}^n=0 \end{cases}$$

这是以 $c_0,c_1,\cdots c_n$ 为未知数的齐次线性方程组，其系数行列式为

$$D=\begin{vmatrix} 1 & a_1 & a_1^2 & \cdots & a_1^n \\ 1 & a_2 & a_2^2 & \cdots & a_2^n \\ 1 & a_3 & a_3^2 & \cdots & a_3^n \\ \vdots & \vdots & \vdots & & \vdots \\ 1 & a_{n+1} & a_{n+1}^2 & \cdots & a_{n+1}^n \end{vmatrix}=\begin{vmatrix} 1 & 1 & \cdots & 1 \\ a_1 & a_2 & \cdots & a_{n+1} \\ a_1^2 & a_2^2 & \cdots & a_{n+1}^2 \\ \vdots & \vdots & & \vdots \\ a_1^n & a_2^n & \cdots & a_{n+1}^n \end{vmatrix}$$

此行列式是范德蒙行列式，由于 $a_i\neq a_j(i\neq j)$，所以 $D=\prod\limits_{1\leqslant j<i\leqslant n+1}(a_i-a_j)\neq 0$. 根据定理2知，方程组只有唯一零解，即 $c_0=c_1=\cdots=c_n=0$，故 $f(x)$ 是一个零多项式.

习题 1.5

1. 解下列线性方程组：

(1) $\begin{cases} 2x_1+x_2-5x_3+x_4=8 \\ x_1-3x_2 \quad -6x_4=9 \\ 2x_2-x_3+2x_4=-5 \\ x_1+4x_2-7x_3+6x_4=0 \end{cases}$；　(2) $\begin{cases} x_1+3x_2-2x_3+x_4=1 \\ 2x_1+5x_2-3x_3+x_4=3 \\ -3x_1+4x_2+8x_3-2x_4=4 \\ 6x_1-x_2-6x_3+4x_4=2 \end{cases}$.

2. 问 λ 为何值时，齐次线性方程组 $\begin{cases} (5-\lambda)x+2y+2z=0 \\ 2x+(6-\lambda)y=0 \\ 2x+(4-\lambda)z=0 \end{cases}$ 有非零解？

3. 已知齐次线性方程组 $\begin{cases} \lambda x_1+3x_2+4x_3=0 \\ -x_1+\lambda x_2 \quad =0, \\ \lambda x_2+x_3=0 \end{cases}$

(1)当 λ 为何值时仅有零解；(2)当 λ 为何值时有非零解.

4. 求线性方程组的解$\begin{cases}x_1+x_2+x_3+x_4=1\\2x_1+3x_2+4x_3+5x_4=1\\4x_1+9x_2+16x_3+25x_4=1\\8x_1+27x_2+64x_3+125x_4=1\end{cases}$.

5. 已知方程组$\begin{cases}ax-2y-3=0\\2x+6y+1=0\end{cases}$有唯一解，求 a 的范围.

1.6 应用实例——行列式在解析几何中的应用

1750 年，瑞士数学家克莱姆(G. Cramer，1704—1752)在一篇论文中指出行列式在解析几何中很有用处. 当行列式里面元素都取实数时，行列式就是一个数. 事实上，借助几何直观，我们不难理解三阶行列式的几何意义. 设空间三向量 $\alpha=(a_1,a_2,a_3)$，$\beta=(b_1,b_2,b_3)$，$\gamma=(c_1,c_2,c_3)$，一方面，三向量的混合积 $\alpha\cdot(\beta\times\gamma)$的绝对值等于三个向量张成的平行六面体的体积；另一方面，混合积

$$\alpha\cdot(\beta\times\gamma)=\begin{vmatrix}a_1&a_2&a_3\\b_1&b_2&b_3\\c_1&c_2&c_3\end{vmatrix},$$

即
$$V_{\text{平行六面体}}=|\alpha\cdot(\beta\times\gamma)|=\left\|\begin{matrix}a_1&a_2&a_3\\b_1&b_2&b_3\\c_1&c_2&c_3\end{matrix}\right\|$$

这样，三阶行列式$\begin{vmatrix}a_1&a_2&a_3\\b_1&b_2&b_3\\c_1&c_2&c_3\end{vmatrix}$表示以 α,β,γ 为相邻棱的平行六面体的有向体积. 当 α,β,γ 构成右手系时，体积取正值；当 α,β,γ 构成左手系时，体积取负值. 实际上，改变任意两向量次序，取值符号改变恰好与行列式的性质(交换两行，行列式变号)一致.

1812 年，柯西(Cauchy，1789—1857)使用行列式给出多个多面体体积的行列式公式，如空间四点 $A_i(x_i,y_i,z_i)$构成的四面体的体积为

$$V_{A_1-A_2A_3A_4}=\left\|\begin{matrix}x_1&y_1&z_1&1\\x_2&y_2&z_2&1\\x_3&y_3&z_3&1\\x_4&y_4&z_4&1\end{matrix}\right\|$$

设四面体 $O-ABC$ 的六条棱长分别为

$$OA=a, OB=b, OC=c, BC=p, CA=q, AB=r$$

则有

$$V_{O-ABC}^2=\frac{1}{288}\begin{vmatrix} 0 & r^2 & q^2 & a^2 & 1 \\ r^2 & 0 & p^2 & b^2 & 1 \\ q^2 & p^2 & 0 & c^2 & 1 \\ a^2 & b^2 & c^2 & 0 & 1 \\ 1 & 1 & 1 & 1 & 0 \end{vmatrix}$$

本章小结

1. 排列与逆序数.

2. 二阶与三阶行列式：

$$\begin{vmatrix} a_{11} & a_{12} \\ a_{21} & a_{22} \end{vmatrix}=a_{11}a_{22}-a_{12}a_{21}$$

$$\begin{vmatrix} a_{11} & a_{12} & a_{13} \\ a_{21} & a_{22} & a_{23} \\ a_{31} & a_{32} & a_{33} \end{vmatrix}=a_{11}a_{22}a_{33}+a_{12}a_{23}a_{31}+a_{13}a_{21}a_{32}-a_{11}a_{23}a_{32}-a_{12}a_{21}a_{33}-a_{13}a_{22}a_{31}$$

3. n 阶行列式的定义：

$$D=\begin{vmatrix} a_{11} & a_{12} & \cdots & a_{1n} \\ a_{21} & a_{22} & \cdots & a_{2n} \\ \vdots & \vdots & & \vdots \\ a_{n1} & a_{n2} & \cdots & a_{nn} \end{vmatrix}=\sum_{(p_1p_2\cdots p_n)}(-1)^{\tau}a_{1p_1}a_{2p_2}a_{3p_3}\cdots a_{np_n}$$

其中，$p_1p_2p_3\cdots p_n$ 为自然数 $1,2,\cdots,n$ 的一个排列；τ 为这个排列的逆序数.

4. 行列式的性质：

性质 1.3.1　行列式与它的转置行列式相等.

性质 1.3.2　互换行列式的两行(列)，行列式变号.

性质 1.3.3　用数 k 乘行列式某一行(列)中所有元素，等于用数 k 乘此行列式.

推论　若行列式中有两行元素对应成比例，则行列式为零.

性质 1.3.4　若行列式某行(列)的元素是两数之和，则行列式可拆成两个行列式的和.

性质 1.3.5　行列式某一行(列)元素加上另一行(列)对应元素的 k 倍，则行列式的值不变.

5. 行列式的展开定理：n 阶行列式 D 等于它的任一行(列)各元素与其对应的代数余子式乘积之和，即

$$D=a_{i1}A_{i1}+a_{i2}A_{i2}+\cdots+a_{in}A_{in} \quad (i=1,2,\cdots,n)$$
$$D=a_{1j}A_{1j}+a_{2j}A_{2j}+\cdots+a_{nj}A_{nj} \quad (j=1,2,\cdots,n)$$

6. 范德蒙行列式：

$$D_n=\begin{vmatrix} 1 & 1 & \cdots & 1 \\ a_1 & a_2 & \cdots & a_n \\ a_1^2 & a_2^2 & \cdots & a_n^2 \\ \vdots & \vdots & & \vdots \\ a_1^{n-1} & a_2^{n-1} & \cdots & a_n^{n-1} \end{vmatrix}=\prod_{1\leqslant j<i\leqslant n}(a_i-a_j)$$

7. 克莱姆法则：

设线性方程组$\begin{cases} a_{11}x_1+a_{12}x_2+\cdots+a_{1n}x_n=b_1 \\ a_{21}x_1+a_{22}x_2+\cdots+a_{2n}x_n=b_2 \\ \vdots \\ a_{n1}x_1+a_{n2}x_2+\cdots+a_{nn}x_n=b_n \end{cases}$，若 $D=\begin{vmatrix} a_{11} & a_{12} & \cdots & a_{1n} \\ a_{21} & a_{22} & \cdots & a_{2n} \\ \vdots & \vdots & & \vdots \\ a_{n1} & a_{n2} & \cdots & a_{nn} \end{vmatrix}\neq 0$，则线性方程组有唯一解

$$x_1=\frac{D_1}{D},x_2=\frac{D_2}{D},x_3=\frac{D_2}{D},\cdots,x_n=\frac{D_n}{D}$$

总习题 1

一、填空题

1. 已知$\begin{vmatrix} 3 & 7 \\ x & -5 \end{vmatrix}=0$，则实数 $x=$__________.

2. 设 $f(x)=\begin{vmatrix} 1 & 2 & 3 & 4 \\ 1 & x & 3 & 4 \\ 1 & 2 & x & 4 \\ 1 & 2 & 3 & x \end{vmatrix}$，则 $f(x)=0$ 的根为__________.

3. 设 $f(x)=\begin{vmatrix} 2x & 3 & 1 & 2 \\ x & x & 0 & 1 \\ 2 & 1 & x & 4 \\ x & 2 & 1 & 4x \end{vmatrix}$，则 x^4 项的系数为________，x^3 项的系数为________，常数项为________.

4. 设函数 $f(x)=\begin{vmatrix} 1 & -1 & 1 & x-1 \\ 1 & -1 & x+1 & -1 \\ 1 & x-1 & 1 & -1 \\ x+1 & -1 & 1 & -1 \end{vmatrix}$，则 $f^{(4)}(x)=$________.

5. 设 $f(x)=\begin{vmatrix} a_1 & a_2 & a_3 & a_4-x \\ a_1 & a_2 & a_3-x & a_4 \\ a_1 & a_2-x & a_3 & a_4 \\ a_1-x & a_2 & a_3 & a_4 \end{vmatrix}$，则 $f(x)=0$ 的根为________.

二、选择题

1. $k=1$ 是方程组 $\begin{cases} x+ky-6=0 \\ kx+y=9 \end{cases}$ 无解的(　　).

A. 充分条件　　B. 充要条件

C. 必要条件　　D. 非充分非必要条件

2. 方程组 $\begin{cases} kx+y=0 \\ x+ky=0 \end{cases}$ 有非零解是 $k=-1$ 的(　　).

A. 充分条件　　B. 充要条件

C. 必要条件　　D. 非充分非必要条件

3. 方程组 $\begin{cases} x+y+z=0 \\ 2x+3y+2z=0 \\ 4x+5y+4z=0 \end{cases}$ 解的情况是(　　).

A. 有唯一解　　B. 有无穷多解

C. 无解　　D. 可能无解，也可能有无穷多解

三、计算题

1. 计算下列行列式：

(1) $\begin{vmatrix} 1 & 1 & 1 \\ 2 & 3 & 4 \\ 2^2 & 3^2 & 4^2 \end{vmatrix}$；(2) $\begin{vmatrix} 0 & -ma & nab \\ c & 0 & -nb \\ -c & m & 0 \end{vmatrix}$；(3) $\begin{vmatrix} 2 & 3 & 4 \\ 5 & -2 & 1 \\ 1 & -2 & 3 \end{vmatrix}$；

(4) $\begin{vmatrix} 4 & 1 & 2 & 32 \\ 1 & 2 & 0 & 0 \\ 10 & 5 & 2 & -20 \\ 0 & 1 & 1 & 7 \end{vmatrix}$；(5) $\begin{vmatrix} 1 & 2 & -4 \\ -2 & 2 & 1 \\ -3 & 4 & -2 \end{vmatrix}$；(6) $\begin{vmatrix} 0 & -1 & -1 & 2 \\ 1 & -1 & 0 & 2 \\ -1 & 2 & -1 & 0 \\ 2 & 1 & 1 & 0 \end{vmatrix}$；

(7) $D=\begin{vmatrix} 4 & 2 & 9 & -3 & 0 \\ 6 & 3 & -5 & 7 & 1 \\ 5 & 0 & 0 & 0 & 0 \\ 8 & 0 & 0 & 4 & 0 \\ 7 & 0 & 3 & 5 & 0 \end{vmatrix}$.

2. 计算 n 阶行列式 $\begin{vmatrix} -a_1 & a_1 & 0 & \cdots & 0 & 0 \\ 0 & -a_2 & a_2 & \cdots & 0 & 0 \\ \vdots & \vdots & \vdots & & \vdots & \vdots \\ 0 & 0 & 0 & \cdots & -a_n & a_n \\ 1 & 1 & 1 & \cdots & 1 & 1 \end{vmatrix}$.

3. 计算行列式 $D=\begin{vmatrix} 1+a_1 & 1 & \cdots & 1 \\ 1 & 1+a_2 & \cdots & 1 \\ \vdots & \vdots & & \vdots \\ 1 & 1 & \cdots & 1+a_n \end{vmatrix}$, $a_i \neq 0$.

4. 计算 n 阶行列式 $D=\begin{vmatrix} x & a_2 & a_3 & \cdots & a_n \\ a_1 & x & a_3 & \cdots & a_n \\ a_1 & a_2 & x & \cdots & a_n \\ \vdots & \vdots & \vdots & & \vdots \\ a_1 & a_2 & a_3 & \cdots & x \end{vmatrix}$, $x \neq a_i (i=1,2,\cdots n)$.

5. 计算 $2n$ 阶行列式 $D_{2n}=\begin{vmatrix} a & & & & & b \\ & \ddots & & & \iddots & \\ & & a & b & & \\ & & c & d & & \\ & \iddots & & & \ddots & \\ c & & & & & d \end{vmatrix}$,其中未写出的元素为 0.

四、证明题

1. 设 $f(x)=\begin{vmatrix} x & 1 & 2+x \\ 2 & 2 & 4 \\ 3 & x+2 & 4-x \end{vmatrix}$,试证明方程 $f'(x)=0$ 有小于 1 的正根.

2. 证明下列各等式:

(1) $\begin{vmatrix} 1 & a & a^3 \\ 1 & b & b^3 \\ 1 & c & c^3 \end{vmatrix} = (a+b+c)\begin{vmatrix} 1 & a & a^2 \\ 1 & b & b^2 \\ 1 & c & c^2 \end{vmatrix}$;

(2) $D=\begin{vmatrix} 1 & a & b & c+d \\ 1 & b & c & a+d \\ 1 & c & d & a+b \\ 1 & d & a & b+c \end{vmatrix}=0$；

(3) $\begin{vmatrix} a & b & b & \cdots & b \\ b & a & b & \cdots & b \\ \vdots & \vdots & \vdots & & \vdots \\ b & b & b & \cdots & a \end{vmatrix}=[a+(n-1)b](a-b)^{n-1}$；

(4)设 a,b,c 为三角形的三边边长，证明 $D=\begin{vmatrix} 0 & a & b & c \\ a & 0 & c & b \\ b & c & 0 & a \\ c & b & a & 0 \end{vmatrix}<0$.

五、解答题

1. 如果 n 阶行列式中所有元素变号，问行列式的值如何变化？

2. 已知 $A(1,3)$，$B(3,1)$，$C(-1,0)$，求 ΔABC 的面积.

3. 已知数列 $\{a_n\}$ 中，$a_3=-\dfrac{1}{8}$，且 $\begin{vmatrix} a_n & 2 \\ a_{n+1} & -1 \end{vmatrix}=0$，求 $\lim\limits_{n\to\infty}(a_1+a_2+a_3+\cdots+a_n)$的极限.

4. 设 n 阶行列式 $D_n=\begin{vmatrix} 1 & 2 & 3 & \cdots & n \\ 1 & 2 & 0 & \cdots & 0 \\ 1 & 0 & 3 & \cdots & 0 \\ \vdots & \vdots & \vdots & & \vdots \\ 1 & 0 & 0 & \cdots & n \end{vmatrix}$，求代数余子式之和 $A_{11}+A_{12}+\cdots+A_{1n}$.

5. 解不等式 $\begin{vmatrix} x^2 & 9 & 16 \\ x & 3 & 4 \\ 1 & 1 & 1 \end{vmatrix}>0$.

6. 解关于 x 的方程：

(1) $\begin{vmatrix} 0 & x-1 & 1 \\ x-1 & 0 & x-1 \\ 1 & x-2 & 0 \end{vmatrix}=0$；　(2) $\begin{vmatrix} 1 & 2 & 4 \\ 1 & 5 & 25 \\ 1 & x & x^2 \end{vmatrix}=0$.

7. 求关于 x,y,z 的方程组 $\begin{cases} x+y+mz=1 \\ x+my+z=m \\ x-y+z=3 \end{cases}$ 有唯一解的条件，并在此条件下写

出该方程组的解.

8. 方程组$\begin{cases}2x-y+3z=1\\kx+y+5z=3\\x\quad+\quad z=3\end{cases}$有唯一解，且其中 $x=4$，求 k 的值.

9. 解方程$\begin{vmatrix}1 & 1 & 1 & \cdots & 1 & 1\\1 & 1-x & 1 & \cdots & 1 & 1\\1 & 1 & 2-x & \cdots & 1 & 1\\\vdots & \vdots & \vdots & & \vdots & \vdots\\1 & 1 & 1 & \cdots & (n-2)-x & 1\\1 & 1 & 1 & \cdots & 1 & (n-1)-x\end{vmatrix}=0.$

第 2 章 矩阵

矩阵在线性代数中是一个应用广泛的概念，在后面将要学到的线性方程组中，我们会看到矩阵所起的重要作用. 当然，矩阵的应用不仅限于线性方程组，而是多方面的. 它是线性代数主要研究的对象，贯穿于线性代数的各个部分，是数学很多分支研究及应用的重要工具.

本章主要介绍矩阵的概念和运算、逆矩阵、矩阵的初等变换、矩阵的秩以及分块矩阵等知识.

2.1 矩阵概述

矩阵是从许多实际问题中抽象出来的一个数学概念. 除了在线性方程组中有应用外，在一些经济活动中，也常常用到矩阵. 矩阵的引入为许多实际的问题研究提供了方便.

例 2.1.1 某省有三个产地Ⅰ、Ⅱ、Ⅲ生产煤矿，运往四个销地甲、乙、丙、丁，调配方案如表 2.1.1 所示.

表 2.1.1 调运量表 千吨

产地 \ 销地	甲	乙	丙	丁
Ⅰ	2	1	4	3
Ⅱ	4	1	2	1
Ⅲ	1	5	1	4

表中的数据可构成一个三行四列的数表，为了表示它是一个整体，加一个括号将它括起来，如

$$\begin{bmatrix} 2 & 1 & 4 & 3 \\ 4 & 1 & 2 & 1 \\ 1 & 5 & 1 & 4 \end{bmatrix}$$

这样的数表称为矩阵，矩阵中每一个数据(元素)都表示煤矿从某个产地运往某个

销地的吨数.

2.1.1 矩阵的概念

定义 2.1.1 由 $m\times n$ 个数 $a_{ij}(i=1,2,\cdots,m;\ j=1,2,\cdots,n)$ 排成的 m 行 n 列数表,并用括号括起来

$$\begin{bmatrix} a_{11} & a_{12} & \cdots & a_{1n} \\ a_{21} & a_{22} & \cdots & a_{2n} \\ \vdots & \vdots & & \vdots \\ a_{m1} & a_{m2} & \cdots & a_{mn} \end{bmatrix} \text{或} \begin{pmatrix} a_{11} & a_{12} & \cdots & a_{1n} \\ a_{21} & a_{22} & \cdots & a_{2n} \\ \vdots & \vdots & & \vdots \\ a_{m1} & a_{m2} & \cdots & a_{mn} \end{pmatrix}$$

称为 m 行 n 列矩阵,简称 $m\times n$ 矩阵,其中 a_{ij} 表示矩阵中第 i 行、第 j 列的元素.

一个 $m\times n$ 矩阵通常用大写黑体字母表示,简记为

$$\mathbf{A}=\mathbf{A}_{m\times n}=(a_{ij})_{m\times n}$$

注:(1)所有元素都是实数的矩阵称为实矩阵,元素中含有复数的矩阵称为复矩阵. 本书中除特别说明外,均指实矩阵.

(2)矩阵 $\mathbf{A}$ 不可写成行列式 $\mathbf{A}=\begin{vmatrix} a_{11} & a_{12} & \cdots & a_{1n} \\ a_{21} & a_{22} & \cdots & a_{2n} \\ \vdots & \vdots & & \vdots \\ a_{m1} & a_{m2} & \cdots & a_{mn} \end{vmatrix}$.

(3)当 $m=n=1$ 时,即 $\mathbf{A}=(a_{11})=a_{11}$,此时矩阵退化为一个数 a_{11}.

2.1.2 几种特殊形式的矩阵

(1)行矩阵. 只有一行的矩阵 $\mathbf{A}=[a_{11}\quad a_{12}\quad \cdots\quad a_{1n}]$称为行矩阵或行向量.

注:为避免元素之间混淆,也可将行矩阵记为 $\mathbf{A}=(a_{11},a_{12},\cdots,a_{1n})$.

(2)列矩阵. 只有一列的矩阵 $\mathbf{A}=\begin{bmatrix} a_{11} \\ a_{21} \\ \vdots \\ a_{m1} \end{bmatrix}$称为列矩阵或列向量.

注:列矩阵也可记为 $\mathbf{A}=(a_{11},a_{12},\cdots,a_{1n})^{\mathrm{T}}$.

(3)零矩阵. 所有元素全为零的矩阵称为零矩阵,$m\times n$ 零矩阵记为$\mathbf{0}_{m\times n}$或简记为 $\mathbf{0}$.

(4)方阵. 对矩阵 $\mathbf{A}_{m\times n}$,当 $m=n$ 时,称为 n 阶方阵,记做 $\mathbf{A}_{n\times n}$或 $\mathbf{A}_n$,即

$$
\boldsymbol{A}=\begin{bmatrix} a_{11} & a_{12} & \cdots & a_{1n} \\ a_{21} & a_{22} & \cdots & a_{2n} \\ \vdots & \vdots & & \vdots \\ a_{n1} & a_{n2} & \cdots & a_{nn} \end{bmatrix}
$$

其中,a_{11},a_{22},…,a_{nn}的位置称为矩阵的主对角线.

注:若不是方阵,则没有主对角线.

(5)上三角矩阵,其主对角线以下均为零,即

$$
\boldsymbol{A}=\begin{bmatrix} a_{11} & a_{12} & \cdots & a_{1n} \\ 0 & a_{22} & \cdots & a_{2n} \\ \vdots & \vdots & & \vdots \\ 0 & 0 & \cdots & a_{nn} \end{bmatrix}
$$

(6)下三角矩阵,其主对角线以上均为零,即

$$
\boldsymbol{A}=\begin{bmatrix} a_{11} & 0 & \cdots & 0 \\ a_{21} & a_{22} & \cdots & 0 \\ \vdots & \vdots & & \vdots \\ a_{n1} & a_{n2} & \cdots & a_{nn} \end{bmatrix}
$$

(7)对角矩阵.除主对角线上的元素以外,其余元素全为零的方阵,称为对角矩阵,记为

$$
\boldsymbol{A}=\mathrm{diag}(\lambda_1,\ \lambda_2,\cdots,\lambda_n)=\begin{bmatrix} \lambda_1 & 0 & \cdots & 0 \\ 0 & \lambda_2 & \cdots & 0 \\ \vdots & \vdots & & \vdots \\ 0 & 0 & \cdots & \lambda_n \end{bmatrix}
$$

(8)数量矩阵.主对角线元素相同的对角矩阵,称为数量矩阵,即

$$
\boldsymbol{A}=\begin{bmatrix} \lambda & 0 & \cdots & 0 \\ 0 & \lambda & \cdots & 0 \\ \vdots & \vdots & & \vdots \\ 0 & 0 & \cdots & \lambda \end{bmatrix}
$$

(9)单位矩阵.主对角线元素全为 1 的数量矩阵,称为单位矩阵,n 阶单位矩阵简记为 $\boldsymbol{E}_n$ 即 $\boldsymbol{E}$,即

$$
\boldsymbol{E}_n=\begin{bmatrix} 1 & 0 & \cdots & 0 \\ 0 & 1 & \cdots & 0 \\ \vdots & \vdots & & \vdots \\ 0 & 0 & \cdots & 1 \end{bmatrix}
$$

注:上三角矩阵、下三角矩阵、对角矩阵、数量矩阵和单位矩阵都是方阵.

(10)同型矩阵.具有相同行数和相同列数的矩阵，称之为同型矩阵.

(11)矩阵相等.如果 $\boldsymbol{A}=(a_{ij})$ 与 $\boldsymbol{B}=(b_{ij})$ 是同型矩阵，并且它们对应元素相等，即

$$a_{ij}=b_{ij} \quad (i=1,\cdots,m;\ j=1,\cdots,n)$$

则称矩阵 $\boldsymbol{A}$ 和矩阵 $\boldsymbol{B}$ 相等，记做 $\boldsymbol{A}=\boldsymbol{B}$.

注:不是同型的矩阵是不能比较相等的;同型矩阵之间不能比较大小.

(12)负矩阵.对于矩阵 $\boldsymbol{A}=(a_{ij})_{m\times n}$，每个元素取相反数,得到的矩阵称为 $\boldsymbol{A}$ 的负矩阵,记为 $-\boldsymbol{A}$，即

$$-\boldsymbol{A}=\begin{bmatrix} -a_{11} & -a_{12} & \cdots & -a_{1n} \\ -a_{21} & -a_{22} & \cdots & -a_{2n} \\ \vdots & \vdots & & \vdots \\ -a_{m1} & -a_{m2} & \cdots & -a_{mn} \end{bmatrix}.$$

习题 2.1

1. n 阶方阵与 n 阶行列式有什么区别?

2. 已知矩阵 $\boldsymbol{A}=\begin{bmatrix} x-y & 1 \\ 6 & 2x+y \end{bmatrix}$,$\boldsymbol{B}=\begin{bmatrix} 1 & 1 \\ 6 & 5 \end{bmatrix}$，且 $\boldsymbol{A}=\boldsymbol{B}$，求 x,y 的值.

3. 试确定 a,b,c 的值,使得 $\begin{bmatrix} 3 & -1 & 2 \\ a+b & 7 & 4 \\ -2 & 0 & b \end{bmatrix}=\begin{bmatrix} c & -1 & 2 \\ 2 & 7 & 4 \\ -2 & 0 & 6 \end{bmatrix}$.

4. 已知矩阵 $\boldsymbol{A}=\begin{bmatrix} a+2b & 3a-c \\ b-3d & a-b \end{bmatrix}$,如果 $\boldsymbol{A}=\boldsymbol{E}$,求 a,b,c,d 的值.

2.2 矩阵的运算

矩阵是一个数组成的表格,表格的运算与数的运算既有联系又有区别.矩阵的运算可以认为是矩阵之间最基本的关系.本节介绍矩阵的加减法、矩阵的数乘、矩阵的乘法、矩阵的转置以及方阵行列式等内容.

2.2.1 矩阵的加法

定义 2.2.1 设同型矩阵 $\boldsymbol{A}=(a_{ij})_{m\times n}$，$\boldsymbol{B}=(b_{ij})_{m\times n}$，$\boldsymbol{A}$ 与 $\boldsymbol{B}$ 的对应元素相

加，称为矩阵 $\boldsymbol{A}$ 与 $\boldsymbol{B}$ 的加法或和，记为 $\boldsymbol{C}=(c_{ij})_{m\times n}$，

$$\boldsymbol{C}=\boldsymbol{A}+\boldsymbol{B}=\begin{bmatrix} a_{11}+b_{11} & a_{12}+b_{12} & \cdots & a_{1n}+b_{1n} \\ a_{21}+b_{21} & a_{22}+b_{22} & \cdots & a_{2n}+b_{2n} \\ \vdots & \vdots & & \vdots \\ a_{m1}+b_{m1} & a_{m2}+b_{m2} & \cdots & a_{mn}+b_{mn} \end{bmatrix}_{m\times n}$$

例 2.2.1　某种物资(单位:千吨)从两个产地运往三个销地,两次调运方案分别用矩阵 $\boldsymbol{A}$ 和矩阵 $\boldsymbol{B}$ 表示:$\boldsymbol{A}=\begin{bmatrix} 4 & 1 & 2 \\ 0 & 3 & 4 \end{bmatrix}$, $\boldsymbol{B}=\begin{bmatrix} 3 & 6 & 2 \\ 4 & 0 & 3 \end{bmatrix}$. 求这两次物资从各产地运往各销地的调运总量.

解

$$\boldsymbol{A}+\boldsymbol{B}=\begin{bmatrix} 4 & 1 & 2 \\ 0 & 3 & 4 \end{bmatrix}+\begin{bmatrix} 3 & 6 & 2 \\ 4 & 0 & 3 \end{bmatrix}=\begin{bmatrix} 7 & 7 & 4 \\ 4 & 3 & 7 \end{bmatrix}$$

根据矩阵加法和负矩阵的概念，可以定义矩阵的减法.

若 $\boldsymbol{A}=(a_{ij})_{m\times n}$,$\boldsymbol{B}=(b_{ij})_{m\times n}$,则

$$\boldsymbol{A}-\boldsymbol{B}=\boldsymbol{A}+(-\boldsymbol{B})=(a_{ij}-b_{ij})_{m\times n}$$

$$=\begin{bmatrix} a_{11}-b_{11} & a_{12}-b_{12} & \cdots & a_{1n}-b_{1n} \\ a_{21}-b_{21} & a_{22}-b_{22} & \cdots & a_{2n}-b_{2n} \\ \vdots & \vdots & & \vdots \\ a_{m1}-b_{m1} & a_{m2}-b_{m2} & \cdots & a_{mn}-b_{mn} \end{bmatrix}_{m\times n}$$

容易验证,矩阵加法满足以下性质:

(1)$\boldsymbol{A}+\boldsymbol{B}=\boldsymbol{B}+\boldsymbol{A}$;

(2)$(\boldsymbol{A}+\boldsymbol{B})+\boldsymbol{C}=\boldsymbol{A}+(\boldsymbol{B}+\boldsymbol{C})$;

(3)$\boldsymbol{A}+\boldsymbol{0}=\boldsymbol{A}$;

(4)$\boldsymbol{A}+(-\boldsymbol{A})=\boldsymbol{A}-\boldsymbol{A}=\boldsymbol{0}$.

其中 $\boldsymbol{A},\boldsymbol{B},\boldsymbol{C}$ 均为 $m\times n$ 矩阵，$\boldsymbol{0}$ 为 $m\times n$ 零矩阵.

2.2.2　数与矩阵相乘

定义 2.2.2　数 k 与矩阵 $\boldsymbol{A}=(a_{ij})_{m\times n}$的乘积,称为数乘,记做 $k\boldsymbol{A}$，规定为

$$k\boldsymbol{A}_{m\times n}=\begin{bmatrix} ka_{11} & ka_{12} & \cdots & ka_{1n} \\ ka_{21} & ka_{22} & \cdots & ka_{2n} \\ \vdots & \vdots & & \vdots \\ ka_{m1} & ka_{m2} & \cdots & ka_{mn} \end{bmatrix}$$

注:(1)$-\boldsymbol{A}=(-1)\times\boldsymbol{A}$.

(2)矩阵数乘,就是给矩阵的每个元素都乘以 k,而不是用 k 乘矩阵的某一行

或列.

(3)矩阵加减法与矩阵数乘统称为矩阵的线性运算.

不难验证,矩阵数乘满足以下性质:

(1)$k(\boldsymbol{A}+\boldsymbol{B})=k\boldsymbol{A}+k\boldsymbol{B}$;

(2)$(k+l)\boldsymbol{A}=k\boldsymbol{A}+l\boldsymbol{A}$;

(3)$k(l\boldsymbol{A})=(kl)\boldsymbol{A}=l(k\boldsymbol{A})$;

(4)$1\boldsymbol{A}=\boldsymbol{A}, 0\boldsymbol{A}=\boldsymbol{0}$.

例 2.2.2 设 $\boldsymbol{A}=\begin{bmatrix}3 & -1 & 2\\1 & 5 & 7\\5 & 4 & -3\end{bmatrix}$, $\boldsymbol{B}=\begin{bmatrix}7 & 5 & -4\\5 & 1 & 9\\3 & -2 & 1\end{bmatrix}$, 且 $\boldsymbol{A}+2\boldsymbol{X}=\boldsymbol{B}$ 求矩阵 $\boldsymbol{X}$.

解 由 $\boldsymbol{A}+2\boldsymbol{X}=\boldsymbol{B}$ 得

$$\boldsymbol{X}=\frac{1}{2}(\boldsymbol{B}-\boldsymbol{A})=\begin{bmatrix}2 & 3 & -3\\2 & -2 & 1\\-1 & -3 & 2\end{bmatrix}$$

2.2.3 矩阵的乘法

矩阵乘法的定义最初是在研究线性变换时提出来的.

定义 2.2.3 设 $\boldsymbol{A}=(a_{ij})_{m\times s}$, $\boldsymbol{B}=(b_{ij})_{s\times n}$, 称 $\boldsymbol{AB}$ 为矩阵 $\boldsymbol{A}$ 与 $\boldsymbol{B}$ 的乘积,记为 $\boldsymbol{C}=(c_{ij})_{m\times n}=\boldsymbol{AB}$, 其中

$$c_{ij}=a_{i1}b_{1j}+a_{i2}b_{2j}+\cdots+a_{is}b_{sj}=\sum_{k=1}^{s}a_{ik}b_{kj}\ (i=1,2,\cdots,m;\quad j=1,2,\cdots,n)$$

注:(1)只有当左边矩阵的列数等于右边矩阵的行数时,两个矩阵才能相乘,否则 $\boldsymbol{AB}$ 没有意义.

(2)矩阵 $\boldsymbol{C}$ 中元素 c_{ij} 等于左矩阵 $\boldsymbol{A}$ 的第 i 行与右矩阵 $\boldsymbol{B}$ 的第 j 列对应元素乘积之和.

(3)矩阵 $\boldsymbol{C}$ 的行数等于左矩阵 $\boldsymbol{A}$ 的行数,列数等于右矩阵 $\boldsymbol{B}$ 的列数.

例 2.2.3 设 $\boldsymbol{A}=\begin{bmatrix}1 & 2 & 0\\0 & 1 & 3\end{bmatrix}$, $\boldsymbol{B}=\begin{bmatrix}2 & 3 & 0\\1 & -2 & -1\\0 & 1 & 1\end{bmatrix}$, 求 $\boldsymbol{AB}$, $\boldsymbol{BA}$.

解 因为 $\boldsymbol{A}$ 的列数与 $\boldsymbol{B}$ 的行数均为 3,所以 $\boldsymbol{AB}$ 有意义,且 $\boldsymbol{AB}$ 为 2×3 矩阵.

$$\boldsymbol{AB}=\begin{bmatrix}1 & 2 & 0\\0 & 1 & 3\end{bmatrix}\begin{bmatrix}2 & 3 & 0\\1 & -2 & -1\\0 & 1 & 1\end{bmatrix}$$

$$=\begin{bmatrix}1\times2+2\times1+0\times0 & 1\times3+2\times(-2)+0\times1 & 1\times0+2\times(-1)+0\times1\\ 0\times2+1\times1+3\times0 & 0\times3+1\times(-2)+3\times1 & 0\times0+1\times(-1)+3\times1\end{bmatrix}$$

$$=\begin{bmatrix}4 & -1 & -2\\ 1 & 1 & 2\end{bmatrix}$$

因为 $\boldsymbol{B}$ 的列数不等于 $\boldsymbol{A}$ 的行数，所以 $\boldsymbol{BA}$ 没意义.

此例表明，$\boldsymbol{AB}$ 有意义，但 $\boldsymbol{BA}$ 不一定有意义.

例 2.2.4　设 $\boldsymbol{A}=\begin{bmatrix}1 & 1\\ -1 & -1\end{bmatrix}$，$\boldsymbol{B}=\begin{bmatrix}1 & -1\\ -1 & 1\end{bmatrix}$，求 $\boldsymbol{AB}$，$\boldsymbol{BA}$.

解　$\boldsymbol{AB}=\begin{bmatrix}1 & 1\\ -1 & -1\end{bmatrix}\begin{bmatrix}1 & -1\\ -1 & 1\end{bmatrix}=\begin{bmatrix}0 & 0\\ 0 & 0\end{bmatrix}$

$\boldsymbol{BA}=\begin{bmatrix}1 & -1\\ -1 & 1\end{bmatrix}\begin{bmatrix}1 & 1\\ -1 & -1\end{bmatrix}=\begin{bmatrix}2 & 2\\ -2 & -2\end{bmatrix}$

此例表明：

(1)两个非零矩阵的乘积可以是零矩阵.

(2)即使 $\boldsymbol{AB}$，$\boldsymbol{BA}$ 都有意义且它们的行列数相同，$\boldsymbol{AB}$ 与 $\boldsymbol{BA}$ 也不一定相等.

例 2.2.5　设 $\boldsymbol{A}=(a_1,a_2,\cdots,a_n)$，$\boldsymbol{B}=\begin{bmatrix}b_1\\ b_2\\ \vdots\\ b_n\end{bmatrix}$，求 $\boldsymbol{AB}$，$\boldsymbol{BA}$.

解　$\boldsymbol{AB}=a_1b_1+a_2b_2+\cdots+a_nb_n$，$\boldsymbol{BA}=\begin{bmatrix}b_1a_1 & b_1a_2 & \cdots & b_1a_n\\ b_2a_1 & b_2a_2 & \cdots & b_2a_n\\ \vdots & \vdots & & \vdots\\ b_na_1 & b_na_2 & \cdots & b_na_n\end{bmatrix}$

此例表明，即使 $\boldsymbol{AB}$ 和 $\boldsymbol{BA}$ 都有意义，$\boldsymbol{AB}$ 和 $\boldsymbol{BA}$ 的行数及列数也不一定相同.

例 2.2.6　设 $\boldsymbol{A}=\begin{bmatrix}3 & 1\\ 4 & 6\end{bmatrix}$，$\boldsymbol{B}=\begin{bmatrix}2 & 1\\ 4 & 6\end{bmatrix}$，$\boldsymbol{C}=\begin{bmatrix}0 & 0\\ 1 & 1\end{bmatrix}$，求 $\boldsymbol{AC}$，$\boldsymbol{BC}$.

解　$\boldsymbol{AC}=\begin{bmatrix}3 & 1\\ 4 & 6\end{bmatrix}\begin{bmatrix}0 & 0\\ 1 & 1\end{bmatrix}=\begin{bmatrix}1 & 1\\ 6 & 6\end{bmatrix}$；$\boldsymbol{BC}=\begin{bmatrix}2 & 1\\ 4 & 6\end{bmatrix}\begin{bmatrix}0 & 0\\ 1 & 1\end{bmatrix}=\begin{bmatrix}1 & 1\\ 6 & 6\end{bmatrix}$.

此例表明，由 $\boldsymbol{AC}=\boldsymbol{BC}$，$\boldsymbol{C}\neq\boldsymbol{0}$，一般不能推出 $\boldsymbol{A}=\boldsymbol{B}$.

以上几个例子说明，矩阵乘法的规律与中学学过的数的乘法规律不同，矩阵相乘与矩阵的顺序有关.

(1)矩阵乘法一般不满足交换律，即一般情况下，$\boldsymbol{AB}\neq\boldsymbol{BA}$；且 $(\boldsymbol{A}+\boldsymbol{B})^2=\boldsymbol{A}^2+2\boldsymbol{AB}+\boldsymbol{B}^2$，$(\boldsymbol{A}-\boldsymbol{B})(\boldsymbol{A}+\boldsymbol{B})=\boldsymbol{A}^2-\boldsymbol{B}^2$ 等公式都不成立.

(2)由 $\boldsymbol{AB}=\boldsymbol{0}$，不能推出 $\boldsymbol{A}=\boldsymbol{0}$ 或 $\boldsymbol{B}=\boldsymbol{0}$.

(3)矩阵乘法一般不满足消去律，即一般情况下，若 $\boldsymbol{AB}=\boldsymbol{AC}$ 且 $\boldsymbol{A}\neq\boldsymbol{0}$，不能得出 $\boldsymbol{B}=\boldsymbol{C}$.

定义 2.2.4 若矩阵 $\boldsymbol{A}$ 与 $\boldsymbol{B}$ 满足 $\boldsymbol{AB}=\boldsymbol{BA}$，则称 $\boldsymbol{A}$ 与 $\boldsymbol{B}$ 可交换.

只有当 $\boldsymbol{A}$ 与 $\boldsymbol{B}$ 可交换时，$(\boldsymbol{A}+\boldsymbol{B})^2=\boldsymbol{A}+2\boldsymbol{AB}+\boldsymbol{B}^2$，$(\boldsymbol{A}-\boldsymbol{B})(\boldsymbol{A}+\boldsymbol{B})=\boldsymbol{A}^2-\boldsymbol{B}^2$ 等公式才成立.

根据矩阵乘法定义，还可以直接验证矩阵乘法满足下列性质(假定以下运算都能进行)：

(1)结合律：$(\boldsymbol{AB})\boldsymbol{C}=\boldsymbol{A}(\boldsymbol{BC})$；

(2)分配律 $\boldsymbol{A}(\boldsymbol{B}+\boldsymbol{C})=\boldsymbol{AB}+\boldsymbol{AC}$；$(\boldsymbol{B}+\boldsymbol{C})\boldsymbol{A}=\boldsymbol{BA}+\boldsymbol{CA}$；

(3)数乘结合律：$\lambda(\boldsymbol{AB})=(\lambda\boldsymbol{A})\boldsymbol{B}=\boldsymbol{A}(\lambda\boldsymbol{B})$；

(4)设 $\boldsymbol{A}$ 是 $m\times n$ 矩阵，则 $\boldsymbol{E}_m\boldsymbol{A}_{m\times n}=\boldsymbol{A}_{m\times n}\boldsymbol{E}_n=\boldsymbol{A}_{m\times n}$ 或简记为 $\boldsymbol{EA}=\boldsymbol{AE}=\boldsymbol{A}$.

利用矩阵的乘法运算，可以使许多问题表达简明.

例 2.2.7 某地区有四个工厂Ⅰ、Ⅱ、Ⅲ、Ⅳ，生产甲、乙、丙三种产品，矩阵 $\boldsymbol{A}$ 表示一年内各工厂生产各种产品的数量，矩阵 $\boldsymbol{B}$ 表示各种产品的单位价格(元)及单位利润(元)，矩阵 $\boldsymbol{C}$ 表示各工厂的总收入及总利润，且 $\boldsymbol{C}=\boldsymbol{AB}$.

$$\boldsymbol{A}=\begin{matrix}\begin{bmatrix} a_{11} & a_{12} & a_{13}\\ a_{21} & a_{22} & a_{23}\\ a_{31} & a_{32} & a_{33}\\ a_{41} & a_{42} & a_{42}\end{bmatrix}\begin{matrix}\text{Ⅰ}\\ \text{Ⅱ}\\ \text{Ⅲ}\\ \text{Ⅳ}\end{matrix}\\ \begin{matrix}\text{甲} & \quad\text{乙} & \quad\text{丙}\end{matrix}\end{matrix},\quad \boldsymbol{B}=\begin{matrix}\begin{bmatrix} b_{11} & b_{12}\\ b_{21} & b_{22}\\ b_{31} & b_{32}\end{bmatrix}\begin{matrix}\text{甲}\\ \text{乙}\\ \text{丙}\end{matrix}\\ \begin{matrix}\text{单位} & \text{单位}\\ \text{价格} & \text{利润}\end{matrix}\end{matrix},\quad \boldsymbol{C}=\begin{matrix}\begin{bmatrix} c_{11} & c_{12}\\ c_{21} & c_{22}\\ c_{31} & c_{32}\\ c_{41} & c_{42}\end{bmatrix}\begin{matrix}\text{Ⅰ}\\ \text{Ⅱ}\\ \text{Ⅲ}\\ \text{Ⅳ}\end{matrix}\\ \begin{matrix}\text{总收入} & \text{总利润}\end{matrix}\end{matrix}$$

其中，$a_{ik}(i=1,2,3,4;k=1,2,3)$是第 i 个工厂生产第 k 种产品的数量；$b_{k1},b_{k2}(k=1,2,3)$分别表示第 k 种产品的单位价格及单位利润；$c_{i1},c_{i2}(i=1,2,3,4)$分别是第 i 个工厂生产三种产品的总收入及总利润.

利用矩阵的乘法，可以定义 n 阶方阵的幂.

定义 2.2.5 设 $\boldsymbol{A}$ 是 n 阶方阵，定义方阵的幂：

$$\boldsymbol{A}^1=\boldsymbol{A},\boldsymbol{A}^2=\boldsymbol{AA},\quad \cdots,\quad \boldsymbol{A}^{k+1}=\boldsymbol{A}(\boldsymbol{A}^k)$$

其中 k 为正整数.

对任意方阵 $\boldsymbol{A}$，我们规定 $\boldsymbol{A}^0=\boldsymbol{E}$.

方阵的幂具有以下性质：

(1)$\boldsymbol{A}^k\boldsymbol{A}^l=\boldsymbol{A}^{k+l}$；

(2)$(\boldsymbol{A}^k)^l=\boldsymbol{A}^{kl}$.

其中，A 是 n 阶方阵；k,l 是正整数.

注:因为矩阵的乘法一般不满足交换律，所以一般情况下，对 $\boldsymbol{A}_{n\times n}$ 与 $\boldsymbol{B}_{n\times n}$，$(\boldsymbol{AB})^k \neq \boldsymbol{A}^k\boldsymbol{B}^k$，只有当 $\boldsymbol{A}$ 与 $\boldsymbol{B}$ 可交换时，才有 $(\boldsymbol{AB})^k=\boldsymbol{A}^k\boldsymbol{B}^k$. 一般地，若 $\boldsymbol{A}^k=\boldsymbol{0}$，也不一定有 $\boldsymbol{A}=\boldsymbol{0}$.

定义 2.2.6　设 n 次多项式为 $f(x)=a_nx^n+a_{n-1}x^{n-1}+\cdots+a_1x+a_0$，则称 $f(\boldsymbol{A})=a_n\boldsymbol{A}^n+a_{n-1}\boldsymbol{A}^{n-1}+\cdots+a_1\boldsymbol{A}+a_0\boldsymbol{E}$ 为 n 阶方阵 $\boldsymbol{A}$ 的 n 次多项式.

例 2.2.8　设 $f(x)=x^2+x-2$，$\boldsymbol{A}=\begin{bmatrix}-1 & 0\\ 1 & 1\end{bmatrix}$，求 $f(\boldsymbol{A})$.

解　$\boldsymbol{A}^2=\begin{bmatrix}-1 & 0\\ 1 & 1\end{bmatrix}\begin{bmatrix}-1 & 0\\ 1 & 1\end{bmatrix}=\begin{bmatrix}1 & 0\\ 0 & 1\end{bmatrix}$

$$f(\boldsymbol{A})=\boldsymbol{A}^2+\boldsymbol{A}-2\boldsymbol{E}=\begin{bmatrix}1 & 0\\ 0 & 1\end{bmatrix}+\begin{bmatrix}-1 & 0\\ 1 & 1\end{bmatrix}-2\begin{bmatrix}1 & 0\\ 0 & 1\end{bmatrix}=\begin{bmatrix}-2 & 0\\ 1 & 0\end{bmatrix}$$

2.2.4 矩阵的转置

定义 2.2.7　将矩阵 $\boldsymbol{A}=(a_{ij})_{m\times n}$ 的行换成同序数的列，所得 $n\times m$ 矩阵称为 $\boldsymbol{A}$ 的转置矩阵，记做 $\boldsymbol{A}^{\mathrm{T}}$ 或 $\boldsymbol{A}'$，即

$$\boldsymbol{A}=\begin{bmatrix}a_{11} & a_{12} & \cdots & a_{1n}\\ a_{21} & a_{22} & \cdots & a_{2n}\\ \vdots & \vdots & & \vdots\\ a_{m1} & a_{m2} & \cdots & a_{mn}\end{bmatrix}，则\ \boldsymbol{A}^{\mathrm{T}}=\begin{bmatrix}a_{11} & a_{21} & \cdots & a_{m1}\\ a_{12} & a_{22} & \cdots & a_{m2}\\ \vdots & \vdots & & \vdots\\ a_{1n} & a_{2n} & \cdots & a_{mn}\end{bmatrix}$$

矩阵的转置满足以下性质：

(1) $(\boldsymbol{A}^{\mathrm{T}})^{\mathrm{T}}=\boldsymbol{A}$；

(2) $(\boldsymbol{A}\pm\boldsymbol{B})^{\mathrm{T}}=\boldsymbol{A}^{\mathrm{T}}\pm\boldsymbol{B}^{\mathrm{T}}$；

(3) $(k\boldsymbol{A})^{\mathrm{T}}=k\boldsymbol{A}^{\mathrm{T}}$，$k$ 为常数；

(4) $(\boldsymbol{AB})^{\mathrm{T}}=\boldsymbol{B}^{\mathrm{T}}\boldsymbol{A}^{\mathrm{T}}$.

显然，性质(2)和(4)可以推广到多个矩阵的情形，即：

(5) $(\boldsymbol{A}_1\pm\boldsymbol{A}_2\pm\cdots\pm\boldsymbol{A}_k)^{\mathrm{T}}=\boldsymbol{A}_1^{\mathrm{T}}+\boldsymbol{A}_2^{\mathrm{T}}\pm\cdots\pm\boldsymbol{A}_k^{\mathrm{T}}$；

(6) $(\boldsymbol{A}_1\boldsymbol{A}_2\cdots\boldsymbol{A}_k)^{\mathrm{T}}=\boldsymbol{A}_k^{\mathrm{T}}\boldsymbol{A}_{k-1}^{\mathrm{T}}\cdots\boldsymbol{A}_1^{\mathrm{T}}$.

例 2.2.9　设 $\boldsymbol{A}=\begin{bmatrix}1 & -1 & 2\\ 0 & 1 & 1\end{bmatrix}$，$\boldsymbol{B}=\begin{bmatrix}-1 & 0\\ 1 & 3\\ 2 & 1\end{bmatrix}$，求 $(\boldsymbol{AB})^{\mathrm{T}}$ 和 $\boldsymbol{A}^{\mathrm{T}}\boldsymbol{B}^{\mathrm{T}}$.

解

$$(\boldsymbol{AB})^{\mathrm{T}}=\begin{bmatrix}-1 & 1 & 2\\ 0 & 3 & 1\end{bmatrix}\begin{bmatrix}1 & 0\\ -1 & 1\\ 2 & 1\end{bmatrix}^{\mathrm{T}}=\begin{bmatrix}2 & -1\\ 3 & 4\end{bmatrix}$$

$$A^{T}B^{T}=\begin{bmatrix}1&0\\-1&1\\2&1\end{bmatrix}\begin{bmatrix}-1&1&2\\0&3&1\end{bmatrix}=\begin{bmatrix}-1&1&2\\1&2&-1\\-2&5&5\end{bmatrix}$$

注:一般情况下,$(AB)^{T}\neq A^{T}B^{T}$.

定义 2.2.8 设 n 阶方阵 $A=(a_{ij})_{n\times n}$,若 $A^{T}=A$,则称 A 为对称矩阵,即 $a_{ij}=a_{ji}(i,j=1,2,\cdots,n)$;若 $A^{T}=-A$,则称 A 为反对称矩阵,即 $a_{ij}=-a_{ji}(i,j=1,2,\cdots,n)$.

反对称矩阵的特点是:它的元素以主对角线为对称轴互为相反数并且主对角线元素全为 0.

例如,$A=\begin{bmatrix}a&1&2\\1&b&3\\2&3&c\end{bmatrix}$是一个对称矩阵,$B=\begin{bmatrix}0&1&2\\-1&0&3\\-2&-3&0\end{bmatrix}$是一个反对称矩阵.

2.2.5 方阵的行列式

定义 2.2.9 由 n 阶方阵 $A=(a_{ij})_{n\times n}$ 的所有元素按原来位置构成的行列式,称为方阵 A 的行列式,记为 $|A|$ 或 $\det A$,即

$$|A|=\det A=\begin{vmatrix}a_{11}&a_{12}&\cdots&a_{1n}\\a_{21}&a_{22}&\cdots&a_{2n}\\\vdots&\vdots&&\vdots\\a_{n1}&a_{n2}&\cdots&a_{nn}\end{vmatrix}$$

注:方阵行列式与方阵是不同的概念,前者是一个数,后者是一个数表.

设 A,B 都是 n 阶方阵,k 为常数,方阵行列式满足以下性质:

(1) $|A^{T}|=|A|$;

(2) $|kA|=k^{n}|A|$;

(3) $|AB|=|A||B|$.

把性质(3)推广到 m 个 n 阶方阵相乘的情形,有

$$|A_1A_2\cdots A_m|=|A_1||A_2|\cdots|A_m|$$

特别地,$|A^{k}|=|A|^{k}$.

注:一般 $AB\neq BA$,但 $|AB|=|BA|$(A,B 均为 n 阶方阵).

定义 2.2.10 设 A 是 n 阶方阵,当 $|A|\neq 0$ 时,称 A 为非奇异的(或非退化的);当 $|A|=0$ 时,称 A 为奇异的(或退化的).

2.2.6　伴随矩阵

定义 2.2.11　设 $\boldsymbol{A}=(a_{ij})_{n\times n}$是 n 阶方阵，由行列式$|\boldsymbol{A}|$中的每个元素 a_{ij} 的代数余子式 $\boldsymbol{A}_{ij}$ 所构成的矩阵

$$\boldsymbol{A}^* = \begin{bmatrix} A_{11} & A_{21} & \cdots & A_{n1} \\ A_{12} & A_{22} & \cdots & A_{n2} \\ \vdots & \vdots & & \vdots \\ A_{1n} & A_{2n} & \cdots & A_{nn} \end{bmatrix} \tag{2-2-1}$$

称为矩阵 $\boldsymbol{A}$ 的伴随矩阵.

注：伴随矩阵 $\boldsymbol{A}^*$ 在位置(i,j)上的元素是矩阵 $\boldsymbol{A}$ 在位置(j,i)上的代数余子式.

例如，$\boldsymbol{A}=\begin{bmatrix} a & b \\ c & d \end{bmatrix}$的伴随矩阵是 $\boldsymbol{A}^*=\begin{bmatrix} d & -b \\ -c & a \end{bmatrix}$.

定理 2.2.1　设 $\boldsymbol{A}$ 是 n 阶方阵，$\boldsymbol{A}^*$ 是 $\boldsymbol{A}$ 的伴随矩阵，则

$$\boldsymbol{AA}^* = \boldsymbol{A}^*\boldsymbol{A} = |\boldsymbol{A}|\boldsymbol{E} \tag{2-2-2}$$

习题 2.2

1. 设矩阵 $\boldsymbol{A},\boldsymbol{B}$ 是上（或下）三角矩阵，证 $\boldsymbol{AB}$ 亦是上（或下）三角矩阵，且 $\boldsymbol{AB}$ 的对角元素等于 $\boldsymbol{A},\boldsymbol{B}$ 对角元素的乘积. 特别地，两个对角矩阵相乘仍是对角矩阵.

2. 为什么数量矩阵与任意同阶方阵相乘可交换？

3. 证明：任一个 n 阶方阵都可以表示成一个对称矩阵和一个反对称矩阵之和.

4. 已知 $\boldsymbol{A}$ 为 n 阶方阵，且 $\boldsymbol{AA}^{\mathrm{T}}$ 是非奇异矩阵，证明 $\boldsymbol{A}$ 也是非奇异矩阵.

5. 设 $\boldsymbol{A},\boldsymbol{B}$ 均为 n 阶方阵，计算$(\boldsymbol{A}-\boldsymbol{B})^2$.

6. 求矩阵 $\boldsymbol{X}$ 使 $2\boldsymbol{A}+3\boldsymbol{X}=2\boldsymbol{B}$，其中 $\boldsymbol{A}=\begin{bmatrix} 2 & 0 & 5 \\ -6 & 1 & 0 \end{bmatrix}$，$\boldsymbol{B}=\begin{bmatrix} 1 & 3 & -1 \\ 0 & -2 & 1 \end{bmatrix}$.

7. 计算下列各式：

(1) $\begin{bmatrix} a \\ b \\ c \end{bmatrix}\begin{bmatrix} a & b & c \end{bmatrix}$；　(2) $\begin{bmatrix} & & \lambda_1 \\ & \lambda_2 & \\ \lambda_3 & & \end{bmatrix}\begin{bmatrix} & & l_1 \\ & l_2 & \\ l_3 & & \end{bmatrix}$.

8. 设矩阵 $\boldsymbol{A}=\begin{bmatrix}2 & 4\\1 & 2\end{bmatrix}$，$\boldsymbol{B}=\begin{bmatrix}2 & -2\\-1 & 1\end{bmatrix}$，求 $\boldsymbol{AB}$，$\boldsymbol{BA}$.

9. 设矩阵 $\boldsymbol{A}=\begin{bmatrix}1 & 0 & 3 & -1\\2 & 1 & 0 & 2\end{bmatrix}$，$\boldsymbol{B}=\begin{bmatrix}4 & 1 & 0\\-1 & 1 & 3\\2 & 0 & 1\\1 & 3 & 4\end{bmatrix}$，求 $\boldsymbol{AB}$，$\boldsymbol{BA}$.

10. 设 $\boldsymbol{A}=\begin{bmatrix}2 & 0 & -1\\1 & 3 & 2\end{bmatrix}$，$\boldsymbol{B}=\begin{bmatrix}1 & 7 & -1\\4 & 2 & 3\\2 & 0 & 1\end{bmatrix}$，求$(\boldsymbol{AB})^{\mathrm{T}}$.

11. 设 $\boldsymbol{A}=\begin{bmatrix}1 & -1\\2 & 0\end{bmatrix}$，$\boldsymbol{B}=\begin{bmatrix}3 & 0\\-4 & 1\end{bmatrix}$，验证 $|\boldsymbol{AB}|=|\boldsymbol{BA}|=|\boldsymbol{A}|\,|\boldsymbol{B}|$.

12. 求矩阵 $\boldsymbol{A}=\begin{bmatrix}1 & 2 & 3\\2 & 2 & 1\\3 & 4 & 3\end{bmatrix}$的伴随矩阵.

13. 计算

(1)$\begin{bmatrix}1 & 1\\0 & 1\end{bmatrix}^n$；(2)$\begin{bmatrix}\lambda_1 & 0 & 0\\0 & \lambda_2 & 0\\0 & 0 & \lambda_3\end{bmatrix}^n$；(3)$\begin{bmatrix}\lambda & 1 & 0\\0 & \lambda & 1\\0 & 0 & \lambda\end{bmatrix}^n$.

2.3 逆矩阵

上一节已详细介绍了矩阵的加减法、乘法等运算，那么能否定义矩阵的除法，即矩阵乘法是否存在一种逆运算？如果这种逆运算存在，矩阵 $\boldsymbol{A}$ 满足什么条件才会存在逆矩阵？若逆矩阵存在，如何求，会有几个？本节我们将解决这些问题.

2.3.1 逆矩阵的概念

对 n 阶方阵 $\boldsymbol{A}$，则有 $\boldsymbol{EA}=\boldsymbol{AE}=\boldsymbol{A}$，即单位矩阵 $\boldsymbol{E}$ 在矩阵乘法中起的作用，类似于数 1 在数的乘法中的作用. 而在数的运算中，对于数 $a\neq 0$，总存在唯一的一个数 a^{-1}使得 $aa^{-1}=a^{-1}a=1$.

那么，在矩阵的运算中，是否存在唯一的一个类似于 a^{-1}的矩阵 $\boldsymbol{B}$，使得

$$\boldsymbol{AB}=\boldsymbol{BA}=\boldsymbol{E}$$

为此，我们引入逆矩阵的概念.

定义 2.3.1 对于 n 阶方阵 $\boldsymbol{A}$，若存在一个 n 阶方阵 $\boldsymbol{B}$，使得

$$AB = BA = E \tag{2-3-1}$$

则称矩阵 A 是可逆矩阵(或称矩阵 A 是可逆的)，B 为 A 的逆矩阵，记为 $A^{-1}=B$. 式(2-3-1)可写成 $AA^{-1}=A^{-1}A=E$.

注：A^{-1}不能写成$\frac{1}{A}$.

例如，矩阵 $A=\begin{bmatrix}2 & 0\\0 & 1\end{bmatrix}$，则 $B=\begin{bmatrix}\frac{1}{2} & 0\\0 & 1\end{bmatrix}$是 A 的逆矩阵.

在定义2.3.1中，矩阵 A,B 在等式 $AB=BA=E$ 中的地位是平等的，所以，也可称 B 可逆，且 A 是 B 的逆矩阵，$B^{-1}=A$，即 A,B 互为逆矩阵.

注：(1)单位矩阵 E 是可逆矩阵，它的逆矩阵为其自身.

(2)零矩阵不是可逆矩阵.

2.3.2　逆矩阵的性质

可逆矩阵具有以下性质.

性质 2.3.1　若方阵 A 可逆，则 A 的逆矩阵是唯一的.

证明　假设 B,C 均是 A 的逆矩阵，则

$$AB=BA=E,\quad AC=CA=E$$

可得 $B=EB=(CA)B=C(AB)=CE=C$.

性质 2.3.2　若 $AB=E$，则 A,B 均可逆，且 $A^{-1}=B$,$B^{-1}=A$.

此性质表明：判断 B 是不是 A 的逆矩阵，只需验证 $AB=E$ 或 $BA=E$.

性质 2.3.3　若方阵 A 可逆，则 $|A|\neq 0$，且 $|A^{-1}|=\frac{1}{|A|}$.

性质 2.3.4　若方阵 A 可逆，且 $AB=AC$，则 $B=C$.

此性质表明：当 A 可逆时，消去律才成立.

性质 2.3.5　若方阵 A 可逆，则 A 的逆矩阵 A^{-1}也可逆，且$(A^{-1})^{-1}=A$.

性质 2.3.6　若方阵 A 可逆，数 $k\neq 0$，则 kA 也可逆，且$(kA)^{-1}=\frac{1}{k}A^{-1}$.

性质 2.3.7　若方阵 A 可逆，则 A^{T} 亦可逆，且$(A^{T})^{-1}=(A^{-1})^{T}$.

性质 2.3.8　若 A,B 是同阶可逆矩阵，则 AB 也可逆，且$(AB)^{-1}=B^{-1}A^{-1}$.

此性质可推广到有限个可逆矩阵相乘的情形，即：若 A_1,A_2,$\cdots A_k$ 为同阶可逆矩阵，则$(A_1A_2\cdots A_k)^{-1}=A_k{}^{-1}A_{k-1}{}^{-1}\cdots A_1{}^{-1}$.

对任意可逆方阵 A，我们规定$(A^{-1})^{k}=A^{-k}$(k 为正整数).

2.3.3 逆矩阵的求法

定理 2.3.1 若方阵 $\boldsymbol{A}$ 是非奇异的，即 $|\boldsymbol{A}|\neq 0$，则 $\boldsymbol{A}$ 可逆，且

$$\boldsymbol{A}^{-1}=\frac{1}{|\boldsymbol{A}|}\boldsymbol{A}^* \tag{2-3-2}$$

其中，$\boldsymbol{A}^*$ 是方阵 $\boldsymbol{A}$ 的伴随矩阵，由式(2-2-1)得到.

例 2.3.1 设矩阵 $\boldsymbol{A}=\begin{bmatrix}1&0&2\\-1&1&3\\3&1&0\end{bmatrix}$，问 $\boldsymbol{A}$ 是否可逆？若可逆，求 $\boldsymbol{A}^{-1}$.

解 $|\boldsymbol{A}|=-11\neq 0$，所以 $\boldsymbol{A}$ 可逆. 又

$$\boldsymbol{A}_{11}=\begin{vmatrix}1&3\\1&0\end{vmatrix}=-3,\ \boldsymbol{A}_{12}=-\begin{vmatrix}-1&3\\3&0\end{vmatrix}=9,\ \boldsymbol{A}_{13}=\begin{vmatrix}-1&1\\3&1\end{vmatrix}=-4$$

$$\boldsymbol{A}_{21}=-\begin{vmatrix}0&2\\1&0\end{vmatrix}=2,\ \boldsymbol{A}_{22}=\begin{vmatrix}1&2\\3&0\end{vmatrix}=-6,\ \boldsymbol{A}_{23}=-\begin{vmatrix}1&0\\3&1\end{vmatrix}=-1$$

$$\boldsymbol{A}_{31}=\begin{vmatrix}0&2\\1&3\end{vmatrix}=-2,\ \boldsymbol{A}_{32}=-\begin{vmatrix}1&2\\-1&3\end{vmatrix}=-5,\ \boldsymbol{A}_{33}=\begin{vmatrix}1&0\\-1&1\end{vmatrix}=1$$

得

$$\boldsymbol{A}^*=\begin{bmatrix}-3&2&-2\\9&-6&-5\\-4&-1&1\end{bmatrix}$$

于是

$$\boldsymbol{A}^{-1}=\frac{1}{|\boldsymbol{A}|}\boldsymbol{A}^*=-\frac{1}{11}\begin{bmatrix}-3&2&-2\\9&-6&-5\\-4&-1&1\end{bmatrix}$$

例 2.3.2 设 $\boldsymbol{P}=\begin{bmatrix}2&-2\\0&1\end{bmatrix}$，$\boldsymbol{\Lambda}=\begin{bmatrix}1&1\\0&1\end{bmatrix}$，且 $\boldsymbol{AP}=\boldsymbol{P\Lambda}$ 求 $\boldsymbol{A}^n$.

解 由 $|\boldsymbol{P}|=2\neq 0$，则 $\boldsymbol{P}$ 可逆，且

$$\boldsymbol{P}^{-1}=\frac{1}{|\boldsymbol{P}|}\boldsymbol{P}^*=\frac{1}{2}\begin{bmatrix}1&2\\0&2\end{bmatrix}=\begin{bmatrix}\frac{1}{2}&1\\0&1\end{bmatrix}$$

由 $\boldsymbol{AP}=\boldsymbol{P\Lambda}$，可得 $\boldsymbol{A}=\boldsymbol{P\Lambda P}^{-1}$，且

$$\boldsymbol{A}^n=(\boldsymbol{P\Lambda P}^{-1})(\boldsymbol{P\Lambda P}^{-1})\cdots(\boldsymbol{P\Lambda P}^{-1})=\boldsymbol{P\Lambda}^n\boldsymbol{P}^{-1}.$$

而 $\boldsymbol{\Lambda}^n=\begin{bmatrix}1&n\\0&1\end{bmatrix}$，所以有

$$A^n=\begin{bmatrix}2 & -2\\0 & 1\end{bmatrix}\begin{bmatrix}1 & n\\0 & 1\end{bmatrix}\begin{bmatrix}\frac{1}{2} & 1\\0 & 1\end{bmatrix}=\begin{bmatrix}1 & 2n\\0 & 1\end{bmatrix}$$

例 2.3.3　设方阵 $\boldsymbol{A}$ 满足等式 $\boldsymbol{A}^2-3\boldsymbol{A}+5\boldsymbol{E}=\boldsymbol{0}$，证明:$\boldsymbol{A}+\boldsymbol{E}$ 和 $\boldsymbol{A}-\boldsymbol{E}$ 都可逆，并求它们的逆矩阵.

证明　由 $\boldsymbol{A}^2-3\boldsymbol{A}+5\boldsymbol{E}=\boldsymbol{0}$，可配方得 $(\boldsymbol{A}+\boldsymbol{E})(\boldsymbol{A}-4\boldsymbol{E})+9\boldsymbol{E}=\boldsymbol{0}$，即

$$(\boldsymbol{A}+\boldsymbol{E})(\boldsymbol{A}-4\boldsymbol{E})=-9\boldsymbol{E}$$

所以 $\boldsymbol{A}$ 可逆且

$$(\boldsymbol{A}+\boldsymbol{E})^{-1}=-\frac{1}{9}(\boldsymbol{A}-4\boldsymbol{E}).$$

类似地，由 $\boldsymbol{A}^2-3\boldsymbol{A}+5\boldsymbol{E}=\boldsymbol{0}$，可配方得 $(\boldsymbol{A}-\boldsymbol{E})(\boldsymbol{A}-2\boldsymbol{E})+3\boldsymbol{E}=\boldsymbol{0}$，即

$$(\boldsymbol{A}-\boldsymbol{E})(\boldsymbol{A}-2\boldsymbol{E})=-3\boldsymbol{E}$$

所以 $\boldsymbol{A}$ 可逆且

$$(\boldsymbol{A}+\boldsymbol{E})^{-1}=-\frac{1}{3}(\boldsymbol{A}-2\boldsymbol{E}).$$

2.3.4　逆矩阵求解线性方程组

设线性方程组

$$\begin{cases}a_{11}x_1+a_{12}x_2+\cdots+a_{1n}x_n=b_1\\a_{21}x_1+a_{22}x_2+\cdots+a_{2n}x_n=b_2\\\quad\vdots\qquad\quad\vdots\qquad\qquad\quad\vdots\\a_{m1}x_1+a_{m2}x_2+\cdots+a_{mn}x_n=b_m\end{cases}\tag{2-3-3}$$

令

$$\boldsymbol{A}=\begin{bmatrix}a_{11} & a_{12} & \cdots & a_{1n}\\a_{21} & a_{22} & \cdots & a_{2n}\\\vdots & \vdots & & \vdots\\a_{m1} & a_{m2} & \cdots & a_{mn}\end{bmatrix},\quad \boldsymbol{b}=\begin{bmatrix}b_1\\b_2\\\vdots\\b_m\end{bmatrix},\quad \boldsymbol{X}=\begin{bmatrix}x_1\\x_2\\\vdots\\x_n\end{bmatrix}$$

称 $\boldsymbol{A}$ 为线性方程组(2－3－3)的系数矩阵，$\boldsymbol{b}$ 为常数项矩阵(或常向量)，称 $\boldsymbol{X}$ 为未知数矩阵，则线性方程组可用矩阵表示为

$$\boldsymbol{AX}=\boldsymbol{b}\tag{2-3-4}$$

对线性方程组(2－3－3)的求解，转化成相应的矩阵方程(2－3－4)的求解.

注:矩阵方程是指含有未知矩阵的等式.

矩阵方程(2－3－4)在形式上与 $ax=b(a\neq0)$ 很相似. 我们知道，

$$ax=b \Rightarrow a^{-1}ax=a^{-1}b \Rightarrow x=a^{-1}b$$

对于矩阵方程 $\boldsymbol{AX}=\boldsymbol{b}$，当 $\boldsymbol{A}$ 可逆时，找到逆矩阵 $\boldsymbol{A}^{-1}$（作用与 a^{-1} 相似），则

$$\boldsymbol{AX}=\boldsymbol{b} \Rightarrow \boldsymbol{A}^{-1}\boldsymbol{AX}=\boldsymbol{A}^{-1}\boldsymbol{b} \Rightarrow \boldsymbol{X}=\boldsymbol{A}^{-1}\boldsymbol{b}$$

例 2.3.4　利用逆矩阵求解线性方程组 $\begin{cases} x_1-x_2-x_3=2 \\ 2x_1-x_2-3x_3=1 \\ 3x_1+2x_2-5x_3=0 \end{cases}$

解　令 $\boldsymbol{A}=\begin{bmatrix} 1 & -1 & -1 \\ 2 & -1 & -3 \\ 3 & 2 & -5 \end{bmatrix}$，则有

$$\boldsymbol{A}\begin{bmatrix} x_1 \\ x_2 \\ x_3 \end{bmatrix}=\begin{bmatrix} 2 \\ 1 \\ 0 \end{bmatrix}$$

由于 $|\boldsymbol{A}|=3\neq 0$，所以 $\boldsymbol{A}$ 可逆且

$$\boldsymbol{A}^{-1}=\begin{bmatrix} \frac{11}{3} & -\frac{7}{3} & \frac{2}{3} \\ \frac{1}{3} & -\frac{2}{3} & \frac{1}{3} \\ \frac{7}{3} & -\frac{5}{3} & \frac{1}{3} \end{bmatrix}$$

从而有

$$\begin{bmatrix} x_1 \\ x_2 \\ x_3 \end{bmatrix}=\boldsymbol{A}^{-1}\begin{bmatrix} 2 \\ 1 \\ 0 \end{bmatrix}=\begin{bmatrix} \frac{11}{3} & -\frac{7}{3} & \frac{2}{3} \\ \frac{1}{3} & -\frac{2}{3} & \frac{1}{3} \\ \frac{7}{3} & -\frac{5}{3} & \frac{1}{3} \end{bmatrix}\begin{bmatrix} 2 \\ 1 \\ 0 \end{bmatrix}=\begin{bmatrix} 5 \\ 0 \\ 3 \end{bmatrix}$$

习题 2.3

1. 设 $\boldsymbol{A}=\begin{bmatrix} a & b \\ c & d \end{bmatrix}$，当 a,b,c,d 满足什么条件时，矩阵 $\boldsymbol{A}$ 可逆？当 $\boldsymbol{A}$ 可逆时，求 $\boldsymbol{A}^{-1}$.

2. 设 n 阶矩阵 $\boldsymbol{A}$ 满足 $\boldsymbol{AA}^{\mathrm{T}}=\boldsymbol{E}$，$|\boldsymbol{A}|=-1$，证明：矩阵 $\boldsymbol{E}+\boldsymbol{A}$ 是奇异矩阵.

3. 设 $\boldsymbol{A}^k=\boldsymbol{0}(k\notin \mathbf{Z}^+)$，此时称 $\boldsymbol{A}$ 为幂零矩阵，使 $\boldsymbol{A}^k=\boldsymbol{0}$ 成立的最小正整数 k 称为 $\boldsymbol{A}$ 的幂零指数. 试证 $\boldsymbol{E}-\boldsymbol{A}$ 可逆，且 $(\boldsymbol{E}-\boldsymbol{A})^{-1}=\boldsymbol{E}+\boldsymbol{A}+\cdots+\boldsymbol{A}^{k-1}$.

4. 求矩阵 $\boldsymbol{A}=\begin{bmatrix} a_1 & & & \\ & a_2 & & \\ & & \ddots & \\ & & & a_n \end{bmatrix}(a_i\neq 0,i=1,2,\cdots n)$的逆矩阵.

5. 设矩阵 $\boldsymbol{A}=\begin{bmatrix} 1 & 2 & 3 \\ 0 & 2 & 5 \\ 0 & 0 & 4 \end{bmatrix}$，$\boldsymbol{A}^*$ 是方阵 $\boldsymbol{A}$ 的伴随矩阵，求$(\boldsymbol{A}^*)^{-1}$.

6. 已知三阶数量矩阵 $\boldsymbol{A}$ 的行列式$|\boldsymbol{A}|=8$，求 $\boldsymbol{A}$，$\boldsymbol{A}^{-1}$，$\boldsymbol{A}^*$.

7. 解矩阵方程$\begin{bmatrix} 4 & 5 \\ 1 & 1 \end{bmatrix}\boldsymbol{X}=\begin{bmatrix} 2 & 3 \\ 1 & 4 \end{bmatrix}$.

8. 设 $\boldsymbol{A}=\begin{bmatrix} 2 & & \\ & 1 & \\ & & 3 \end{bmatrix}$，若矩阵 $\boldsymbol{X}$ 满足关系式 $\boldsymbol{AX}=5\boldsymbol{X}+\boldsymbol{A}$，求矩阵 $\boldsymbol{X}$.

9. 判断矩阵 $\boldsymbol{A}=\begin{bmatrix} 1 & 2 & 3 \\ 2 & 2 & 1 \\ 3 & 4 & 3 \end{bmatrix}$是否可逆，若可逆，求其逆矩阵.

10. 利用逆矩阵求线性方程组$\begin{cases} x_1+2x_2+3x_3=-2 \\ 2x_1+2x_2+x_3=1 \\ 3x_1+4x_2+3x_3=0 \end{cases}$.

11. 设方阵 $\boldsymbol{A}$ 满足 $\boldsymbol{A}^2+3\boldsymbol{A}-6\boldsymbol{E}=\boldsymbol{0}$，证明 $\boldsymbol{A}+2\boldsymbol{E}$ 可逆，求$(\boldsymbol{A}+2\boldsymbol{E})^{-1}$.

2.4 矩阵的初等变换

2.3 节给出了矩阵可逆的条件，并给出了利用伴随矩阵求逆矩阵的方法. 通过例题发现，当矩阵的阶数较高时计算量非常大. 本节将介绍求逆矩阵的另一种方法——初等变换法.

2.4.1 概述

矩阵的初等变换是处理矩阵问题的一种基本方法，它在矩阵的秩、逆矩阵和线性方程组的求解中发挥着极其重要的作用.

定义 2.4.1 下面三种变换称为矩阵的初等行(列)变换：

(1)交换矩阵中的第 i 行(列)与第 j 行(列)的元素，记做 $r_i\leftrightarrow r_j$ 或 $c_i\leftrightarrow c_j$；

(2)用一个非零常数 k 乘矩阵的第 i 行(列)，记做 kr_i 或 kc_i；

(3)矩阵的第 j 行(列)元素的 k 倍加到第 i 行(列)对应元素上,记做 r_i+kr_j 或 c_i+kc_j. [注意:第 i 行(列)的元素并没有改变]

矩阵的初等行或列变换统称为**初等变换**.

定义 2.4.2 如果矩阵 $\boldsymbol{A}$ 经过有限次的初等变换变成 $\boldsymbol{B}$,则称 $\boldsymbol{A}$ 与 $\boldsymbol{B}$ **等价**. 记做 $\boldsymbol{A}\sim\boldsymbol{B}$ 或 $\boldsymbol{A}\rightarrow\boldsymbol{B}$.

容易得到,矩阵等价满足以下三个性质:

(1)反身性:$\boldsymbol{A}\sim\boldsymbol{A}$;

(2)对称性:若 $\boldsymbol{A}\sim\boldsymbol{B}$,则 $\boldsymbol{B}\sim\boldsymbol{A}$;

(3)传递性:若 $\boldsymbol{A}\sim\boldsymbol{B},\boldsymbol{B}\sim\boldsymbol{C}$,则 $\boldsymbol{A}\sim\boldsymbol{C}$.

定义 2.4.3 设矩阵 $\boldsymbol{D}_{m\times n}$ 的左上角为一个单位矩阵,其他元素都是零,称其为**标准型矩阵**,即

$$\boldsymbol{D}_{m\times n}=\begin{bmatrix}1 & & & & & \\ & 1 & & & & \\ & & \ddots & & & \\ & & & 1 & & \\ & & & & 0 & \\ & & & & & \ddots \\ & & & & & & 0\end{bmatrix}_{m\times n}=\begin{bmatrix}\boldsymbol{E}_r & 0\\ 0 & 0\end{bmatrix}_{m\times n}\quad(0\leqslant r\leqslant\min\{m,n\})$$

定理 2.4.1 任何一个非奇异矩阵 $\boldsymbol{A}$,都可经过有限次**初等行变换**变成单位矩阵 $\boldsymbol{E}$.

注:此定理也说明方阵 $\boldsymbol{A}$ 可逆的充要条件是它与单位矩阵 $\boldsymbol{E}$ 等价.

例 2.4.1 用初等行变换将 $\boldsymbol{A}=\begin{bmatrix}0 & -2 & 1\\ 3 & 8 & -2\\ 1 & 3 & 0\end{bmatrix}$ 化成单位矩阵.

解
$$\boldsymbol{A}\xrightarrow{r_1\leftrightarrow r_3}\begin{bmatrix}1 & 3 & 0\\ 3 & 8 & -2\\ 0 & -2 & 1\end{bmatrix}\xrightarrow{r_2+(-3)r_1}\begin{bmatrix}1 & 3 & 0\\ 0 & -1 & -2\\ 0 & -2 & 1\end{bmatrix}$$
$$\xrightarrow[-r_2]{r_3+(-2)r_2}\begin{bmatrix}1 & 0 & -6\\ 0 & 1 & 2\\ 0 & 0 & 5\end{bmatrix}\xrightarrow[\substack{r_2+(-2)r_3\\ r_1+6r_3}]{\frac{1}{5}r_3}\begin{bmatrix}1 & 0 & 0\\ 0 & 1 & 0\\ 0 & 0 & 1\end{bmatrix}$$

定理 2.4.2 任意一个矩阵 $\boldsymbol{A}_{m\times n}$,都能经过有限次初等变换变成标准型矩阵.

例 2.4.2 将矩阵 $\boldsymbol{A}=\begin{bmatrix}2 & 1 & 2 & 3\\ 4 & 1 & 3 & 5\\ 2 & 0 & 1 & 2\end{bmatrix}$ 化为标准型矩阵.

解　$\boldsymbol{A}\xrightarrow[r_3-r_1]{r_2+(-2)r_1}\begin{bmatrix}2&1&2&3\\0&-1&-1&-1\\0&-1&-1&-1\end{bmatrix}\xrightarrow[r_3-r_2]{r_1+r_2}\begin{bmatrix}2&0&1&2\\0&-1&-1&-1\\0&0&0&0\end{bmatrix}$

$$\xrightarrow[\substack{c_4-c_2\\ \frac{1}{2}c_1}]{c_3-c_2}\begin{bmatrix}1&0&1&2\\0&-1&0&0\\0&0&0&0\end{bmatrix}\xrightarrow[\substack{c_4-2c_1\\ -c_2}]{c_3-c_1}\begin{bmatrix}1&0&0&0\\0&1&0&0\\0&0&0&0\end{bmatrix}$$

2.4.2　初等矩阵

定义 2.4.4　由单位矩阵 $\boldsymbol{E}$ 经过一次初等行(列)变换所得到的矩阵，称为**初等矩阵**.

显然,初等矩阵都是方阵,根据三种初等变换可得到对调、倍乘、倍加三种类型的初等矩阵.

(1)交换单位矩阵 $\boldsymbol{E}$ 的第 i 行(列)与第 j 行(列)的位置,得

$$\boldsymbol{E}(i,j)=\begin{bmatrix}1&&&&&&&&\\&\ddots&&&&&&&\\&&1&&&&&&\\&&&0&\cdots&1&&&\\&&&&1&&&&\\&&&\vdots&\ddots&\vdots&&&\\&&&&&1&&&\\&&&1&\cdots&0&&&\\&&&&&&1&&\\&&&&&&&\ddots&\\&&&&&&&&1\end{bmatrix}\begin{matrix}\\\\\\i\text{ 行}\\\\\\\\j\text{ 行}\\\\\\\\\end{matrix}$$

$$\qquad\qquad i\text{ 列}\qquad\qquad j\text{ 列}$$

(2)用非零常数 k 乘单位矩阵 $\boldsymbol{E}$ 的第 i 行(列),得

$$\boldsymbol{E}(i(k))=\begin{bmatrix}1 & & & & & & \\ & \ddots & & & & & \\ & & 1 & & & & \\ & & & k & & & \\ & & & & 1 & & \\ & & & & & \ddots & \\ & & & & & & 1\end{bmatrix} i\text{行}$$

(3)将单位矩阵 $\boldsymbol{E}$ 的第 j 行的 k 倍加到第 i 行上,得

$$\boldsymbol{E}(i,j(k))=\begin{bmatrix}1 & & & & & & \\ & \ddots & & & & & \\ & & 1 & \cdots & k & & \\ & & & \ddots & \vdots & & \\ & & & & 1 & & \\ & & & & & \ddots & \\ & & & & & & 1\end{bmatrix}\begin{matrix} \\ \\ i\text{行} \\ \\ j\text{行} \\ \\ \\ \end{matrix}$$

i 列　　　　j 列

矩阵 $\boldsymbol{E}(i,j(k))$ 也可以是将 $\boldsymbol{E}$ 的第 i 列的 k 倍加到第 j 列所得的初等矩阵.

初等矩阵具有以下性质.

性质 2.4.1　初等矩阵都是可逆矩阵,且其逆矩阵也是同类型的初等矩阵:

$$\boldsymbol{E}(i,j)^{-1}=\boldsymbol{E}(i,j),\ \boldsymbol{E}(i(k))^{-1}=\boldsymbol{E}(i(\frac{1}{k})),\ \boldsymbol{E}(i,j(k))^{-1}=\boldsymbol{E}(i,j(-k))$$

性质 2.4.2　初等矩阵的转置仍是同类型的初等矩阵:

$$\boldsymbol{E}^{\mathrm{T}}(i,j)=\boldsymbol{E}(i,j),\ \boldsymbol{E}^{\mathrm{T}}(i(k))=\boldsymbol{E}(i(k)),\ \boldsymbol{E}^{\mathrm{T}}(r_i+kr_j)=\boldsymbol{E}(r_j+kr_i)$$

性质 2.4.3　对一个矩阵 $\boldsymbol{A}_{m\times n}$ 施行一次初等行变换,相当于对 $\boldsymbol{A}$ 左乘一个相应的 m 阶初等矩阵;对 $\boldsymbol{A}$ 施行一次初等列变换,相当于对 $\boldsymbol{A}$ 右乘一个相应的 n 阶初等矩阵.

性质 2.4.3 说明:

(1)$\boldsymbol{E}(i,j)\boldsymbol{A}$ 相当于对 $\boldsymbol{A}$ 作初等行变换 $r_i\leftrightarrow r_j$,$\boldsymbol{AE}(i,j)$ 相当于对 $\boldsymbol{A}$ 作初等列变换 $c_i\leftrightarrow c_j$;

(2)$\boldsymbol{E}(i(k))\boldsymbol{A}$ 相当于对 $\boldsymbol{A}$ 作初等行变换 kr_i,$\boldsymbol{AE}(i(k))$ 相当于对 $\boldsymbol{A}$ 作初等列

变换kc_i；

(3)$\boldsymbol{E}(i,j(k))\boldsymbol{A}$ 相当于对 $\boldsymbol{A}$ 作初等行变换 r_i+kr_j，$\boldsymbol{AE}(i(k))$相当于对 $\boldsymbol{A}$ 作初等列变换 kc_j+c_i.

读者可以自行举例验证.

2.4.3　初等变换求逆矩阵

设 $\boldsymbol{A}$ 是 n 阶可逆矩阵，由本节定理 2.4.1 知，$\boldsymbol{A}$ 可经过有限次初等行变换变成单位矩阵，根据初等矩阵的性质 2.4.3，说明存在一系列初等矩阵 $\boldsymbol{P}_1,\boldsymbol{P}_2,\cdots,\boldsymbol{P}_s$，使得

$\boldsymbol{P}_s\cdots\boldsymbol{P}_2\boldsymbol{P}_1\boldsymbol{A}=\boldsymbol{E}$，两边同时右乘 $\boldsymbol{A}^{-1}$，得 $\boldsymbol{P}_s\cdots\boldsymbol{P}_2\boldsymbol{P}_1\boldsymbol{E}=\boldsymbol{A}^{-1}$.

比较这两个式子：

$$\boldsymbol{P}_s\cdots\boldsymbol{P}_2\boldsymbol{P}_1\boldsymbol{A}=\boldsymbol{E}$$
$$\boldsymbol{P}_s\cdots\boldsymbol{P}_2\boldsymbol{P}_1\boldsymbol{E}=\boldsymbol{A}^{-1}$$

说明对 $\boldsymbol{A},\boldsymbol{E}$ 做相同的初等行变换，当 $\boldsymbol{A}$ 经过这些初等行变换变成单位矩阵 $\boldsymbol{E}$ 时，$\boldsymbol{E}$ 就变化成了 $\boldsymbol{A}$ 的逆矩阵 $\boldsymbol{A}^{-1}$. 这就是用初等行变换求逆矩阵的方法：

$$[\boldsymbol{A}\vdots\boldsymbol{E}]\xrightarrow{\text{初等行变换}}[\boldsymbol{E}\vdots\boldsymbol{A}^{-1}]$$

用同样的方法可以得到用初等列变换求逆矩阵的方法：

$$\begin{bmatrix}\boldsymbol{A}\\ \cdots\\ \boldsymbol{E}\end{bmatrix}\xrightarrow{\text{初等列变换}}\begin{bmatrix}\boldsymbol{E}\\ \cdots\\ \boldsymbol{A}^{-1}\end{bmatrix}$$

例 2.4.3　设 $\boldsymbol{A}=\begin{bmatrix}4&2&3\\3&1&2\\2&1&1\end{bmatrix}$，求 $\boldsymbol{A}^{-1}$.

解　对矩阵$[\boldsymbol{A}\ \boldsymbol{E}]$施以初等行变换，

$$[\boldsymbol{A}\ \boldsymbol{E}]=\begin{bmatrix}4&2&3&1&0&0\\3&1&2&0&1&0\\2&1&1&0&0&1\end{bmatrix}\xrightarrow{r_1-r_2}\begin{bmatrix}1&1&1&1&-1&0\\3&1&2&0&1&0\\2&1&1&0&0&1\end{bmatrix}$$

$$\xrightarrow[r_3+(-2)r_1]{r_2+(-3)r_1}\begin{bmatrix}1&1&1&1&-1&0\\0&-2&-1&-3&4&0\\0&-1&-1&-2&2&1\end{bmatrix}$$

$$\xrightarrow[(-1)r_3]{r_2+(-2)r_3}\begin{bmatrix}1&0&0&-1&1&1\\0&0&1&1&0&-2\\0&1&1&2&-2&-1\end{bmatrix}$$

$$\xrightarrow[r_2 \leftrightarrow r_3]{r_3+(-1)r_2}\begin{bmatrix}1&0&0&-1&1&1\\0&1&0&1&-2&1\\0&0&1&1&0&-2\end{bmatrix}$$

得

$$\boldsymbol{A}^{-1}=\begin{bmatrix}-1&1&1\\1&-2&1\\1&0&-2\end{bmatrix}$$

2.4.4 用初等变换求解矩阵方程

矩阵方程的基本形式有下面三种：

(1)$\boldsymbol{AX}=\boldsymbol{B}$,当 $\boldsymbol{A}$ 可逆时,$\boldsymbol{X}=\boldsymbol{A}^{-1}\boldsymbol{B}$；

(2)$\boldsymbol{XA}=\boldsymbol{B}$,当 $\boldsymbol{A}$ 可逆时,$\boldsymbol{X}=\boldsymbol{BA}^{-1}$；

(3)$\boldsymbol{AXB}=\boldsymbol{C}$,当 $\boldsymbol{A},\boldsymbol{B}$ 可逆时,$\boldsymbol{X}=\boldsymbol{A}^{-1}\boldsymbol{CB}^{-1}$.

对于形式为 $\boldsymbol{AX}=\boldsymbol{B}$ 的矩阵方程,若 $\boldsymbol{A}$ 可逆,先求出 $\boldsymbol{A}^{-1}$,再计算 $\boldsymbol{A}^{-1}\boldsymbol{B}$,而计算两个矩阵乘积是很麻烦的.下面介绍一种较简便的方法,就是利用初等变换直接求出 $\boldsymbol{A}^{-1}\boldsymbol{B}$.

类似上面推导求逆矩阵 $\boldsymbol{A}^{-1}$ 的过程,若 $\boldsymbol{A}$ 可逆,由本节定理 2.4.1,存在初等矩阵 $\boldsymbol{P}_1,\boldsymbol{P}_2,\cdots\boldsymbol{P}_s$,使得 $\boldsymbol{P}_s\cdots\boldsymbol{P}_2\boldsymbol{P}_1\boldsymbol{A}=\boldsymbol{E}$,两边同时右乘 $\boldsymbol{A}^{-1}\boldsymbol{B}$,得 $\boldsymbol{P}_s\cdots\boldsymbol{P}_2\boldsymbol{P}_1\boldsymbol{B}=\boldsymbol{A}^{-1}\boldsymbol{B}$.

比较这两个式子：

$$\boldsymbol{P}_s\cdots\boldsymbol{P}_2\boldsymbol{P}_1\boldsymbol{A}=\boldsymbol{E}$$

$$\boldsymbol{P}_s\cdots\boldsymbol{P}_2\boldsymbol{P}_1\boldsymbol{B}=\boldsymbol{A}^{-1}\boldsymbol{B}$$

说明对 $\boldsymbol{A},\boldsymbol{B}$ 做相同的初等行变换,当 $\boldsymbol{A}$ 经过这些初等行变换变成单位矩阵 $\boldsymbol{E}$ 时,$\boldsymbol{B}$ 就变化成了矩阵方程的解 $\boldsymbol{A}^{-1}\boldsymbol{B}$.由此,我们得到了一个用初等行变换求解矩阵方程的方法：

$$[\boldsymbol{A}\vdots\boldsymbol{B}]\xrightarrow{\text{初等行变换}}[\boldsymbol{E}\vdots\boldsymbol{A}^{-1}\boldsymbol{B}]$$

同理,利用初等列变换,也可求解矩阵方程 $\boldsymbol{XA}=\boldsymbol{B}$,即当 $\boldsymbol{A}$ 可逆时,

$$\begin{bmatrix}\boldsymbol{A}\\\cdots\\\boldsymbol{B}\end{bmatrix}\xrightarrow{\text{初等列变换}}\begin{bmatrix}\boldsymbol{E}\\\cdots\\\boldsymbol{BA}^{-1}\end{bmatrix}$$

此时,$\boldsymbol{X}=\boldsymbol{BA}^{-1}$ 就是矩阵方程 $\boldsymbol{XA}=\boldsymbol{B}$ 的解.

例 2.4.4　已知 $\boldsymbol{A}=\begin{bmatrix}0 & 1 & -1\\1 & 1 & 2\\0 & -1 & 0\end{bmatrix}$，$\boldsymbol{B}=\begin{bmatrix}-2 & 0\\-3 & 2\\3 & -1\end{bmatrix}$，求矩阵方程 $\boldsymbol{AX}=\boldsymbol{B}$ 的解.

解

$$[\boldsymbol{A}\ \boldsymbol{B}]=\begin{bmatrix}0 & 1 & -1 & -2 & 0\\1 & 1 & 2 & -3 & 2\\0 & -1 & 0 & 3 & -1\end{bmatrix}\to\begin{bmatrix}1 & 1 & 2 & -3 & 2\\0 & 1 & -1 & -2 & 0\\0 & -1 & 0 & 3 & -1\end{bmatrix}$$

$$\to\begin{bmatrix}1 & 0 & 0 & 2 & -1\\0 & 1 & 0 & -3 & 1\\0 & 0 & -1 & 1 & -1\end{bmatrix}\to\begin{bmatrix}1 & 0 & 0 & 2 & -1\\0 & 1 & 0 & -3 & 1\\0 & 0 & 1 & -1 & 1\end{bmatrix}$$

得矩阵方程的解为

$$\boldsymbol{X}=\begin{bmatrix}2 & -1\\-3 & 1\\-1 & 1\end{bmatrix}$$

习题 2.4

1. 已知 n 阶方阵 $\boldsymbol{A}$ 的逆矩阵 $\boldsymbol{A}^{-1}$，如何求出矩阵 $\boldsymbol{A}$？

2. 用初等变换求下列矩阵的逆矩阵：

(1) $\boldsymbol{A}=\begin{bmatrix}3 & 2\\2 & 1\end{bmatrix}$；(2) $\boldsymbol{A}=\begin{bmatrix}1 & 0 & 1\\2 & 1 & 0\\-3 & 2 & 5\end{bmatrix}$；(3) $\boldsymbol{A}=\begin{bmatrix}1 & -1 & 2\\0 & 1 & -1\\2 & 0 & 0\end{bmatrix}$.

3. 将矩阵 $\boldsymbol{A}=\begin{bmatrix}3 & 9 & 8 & 7\\2 & 6 & -2 & 12\\1 & 3 & 1 & 4\end{bmatrix}$ 化为标准形.

4. 解下列矩阵方程 $\boldsymbol{AX}+\boldsymbol{B}=\boldsymbol{X}$，其中 $\boldsymbol{A}=\begin{bmatrix}0 & 1 & 0\\-1 & 1 & 1\\-1 & 0 & -1\end{bmatrix}$，$\boldsymbol{B}=\begin{bmatrix}1 & -1\\2 & 0\\5 & -3\end{bmatrix}$.

5. 将矩阵 $\boldsymbol{A}=\begin{bmatrix}1 & 2\\-1 & 3\end{bmatrix}$ 表示成 3 个初等矩阵的乘积.

2.5 矩阵的秩

在下一章讨论的向量组的相关知识中，很多都会运用矩阵来求解. 本节介绍矩阵的秩的概念及求法，为下一章的学习打下基础.

2.5.1 行最简形矩阵

在矩阵 $\boldsymbol{A}_{m\times n}$ 中，如果某行元素全为 0，则称其为矩阵 $\boldsymbol{A}$ 的零行，否则称为非零行；在非零行中，从左至右数第一个不为零的元素称为首非零元.

定义 2.5.1 如果矩阵 $\boldsymbol{A}_{m\times n}$ 满足下列条件，则称矩阵 $\boldsymbol{A}_{m\times n}$ 为**行阶梯形矩阵**（简称为阶梯形）.

(1)若有零行，则零行位于矩阵的最下方；

(2)首非零元前面 0 的个数逐行严格增加.

例如：

$$\begin{bmatrix}3 & -2 & 0 & 2\\0 & -1 & 4 & 5\\0 & 0 & 0 & 0\end{bmatrix},\begin{bmatrix}2 & -1 & 0 & 1\\0 & 0 & -3 & 5\\0 & 0 & 0 & 1\end{bmatrix},\begin{bmatrix}0 & 2 & 1 & 0\\0 & 0 & -1 & 7\\0 & 0 & 0 & 3\\0 & 0 & 0 & 0\end{bmatrix}$$

都是行阶梯形矩阵，而 $\begin{bmatrix}1 & 2 & 1 & 0\\0 & 2 & -1 & 4\\0 & -1 & 3 & 2\\0 & 0 & 0 & 1\end{bmatrix}$ 不是行阶梯形矩阵.

定义 2.5.2 设矩阵 $\boldsymbol{A}_{m\times n}$ 是行阶梯形矩阵，利用初等行变换，将 $\boldsymbol{A}$ 化成首非零元全为 1，且它所在列的其它元素都是 0，这样的矩阵称为**行最简形矩阵**或最简形. 例如

$$\begin{bmatrix}1 & 3 & 0 & 0 & 4\\0 & 0 & 1 & 0 & -1\\0 & 0 & 0 & 1 & 2\\0 & 0 & 0 & 0 & 0\end{bmatrix}$$

行最简形矩阵是一个非常重要的概念. 在线性代数中，很多问题的求解方法都会涉及到将矩阵转化为行最简形矩阵这一步.

2.5.2　矩阵的秩

1. 矩阵的秩的概念

定义 2.5.3　在矩阵 $\boldsymbol{A}_{m\times n}$ 中，任取 k 行和 k 列($k\leqslant\min\{m,n\}$)，位于这些行列交叉处的元素不改变顺序，组成一个 k 阶行列式，称其为矩阵 $\boldsymbol{A}$ 的一个 k **阶子式**.

显然，矩阵 $\boldsymbol{A}_{m\times n}$ 的一阶子式为 $\boldsymbol{A}$ 的元素，共有 $m+n$ 个；k 阶子式共有 $\boldsymbol{C}_m^k\boldsymbol{C}_n^k$ 个 k 阶子式；方阵 $\boldsymbol{A}_{n\times n}$ 的 n 阶子式只有一个，即方阵 $\boldsymbol{A}$ 的行列式 $|\boldsymbol{A}|$；$n-1$ 阶子式是方阵 $\boldsymbol{A}$ 的余子式.

定义 2.5.4　在矩阵 $\boldsymbol{A}_{m\times n}$ 中，不为零的子式的最高阶数 r，称为矩阵 $\boldsymbol{A}$ 的秩，记做

$$r(\boldsymbol{A})=r \text{ 或 } R(\boldsymbol{A})=r$$

定义 2.5.4 说明，当 $r(\boldsymbol{A}_{m\times n})=r$ 时，矩阵 $\boldsymbol{A}$ 中有一个 r 阶子式不等于 0，而所有的 $r+1$ 阶子式(若存在)均为零.

我们规定 $r(\boldsymbol{0}_{m\times n})=0$.

2. 计算矩阵的秩

根据定义 2.5.4，计算矩阵的秩，只需求出矩阵非零子式的最高阶数即可.

例 2.5.1　设 $\boldsymbol{A}=\begin{bmatrix}1&3&2&-1\\0&-3&-5&4\\3&9&6&-3\end{bmatrix}$，求 $\boldsymbol{A}$ 的秩 $r(\boldsymbol{A})$.

解　$\boldsymbol{A}$ 的二阶子式 $\begin{vmatrix}1&3\\0&-3\end{vmatrix}=-3\neq0$，又

$$\begin{vmatrix}1&3&2\\0&-3&-5\\3&9&6\end{vmatrix}=0,\quad\begin{vmatrix}1&3&-1\\0&-3&4\\3&9&-3\end{vmatrix}=0,$$

$$\begin{vmatrix}1&2&-1\\0&-5&4\\3&6&-3\end{vmatrix}=0,\quad\begin{vmatrix}3&2&-1\\-3&-5&4\\9&6&-3\end{vmatrix}=0$$

得 $r(\boldsymbol{A})=2$(注意观察：第一行与第三行的元素对应成比例).

我们可以试想一下，若矩阵 $\boldsymbol{A}_{3\times4}$ 中没有两行成比例，需计算 4 个三阶行列式；当矩阵 $\boldsymbol{A}$ 的规模变大时，需要更大的计算量. 利用定义 2.5.4 计算一般矩阵的秩显然不是一个好方法，但在计算特殊的矩阵，如阶梯形矩阵的秩时，却非常简便.

例 2.5.2 设矩阵 $\boldsymbol{A}=\begin{bmatrix}1&3&7&9\\0&5&1&7\\0&0&4&5\\0&0&0&0\\0&0&0&0\end{bmatrix}$，求 $r(\boldsymbol{A})$.

解 取 $\boldsymbol{A}$ 中的第 1,2,3 行，第 1,2,3 列得到 $\boldsymbol{A}$ 的一个 3 阶子式

$$\begin{vmatrix}1&3&7\\0&5&1\\0&0&4\end{vmatrix}=20\neq0$$

$\boldsymbol{A}$ 的所有 4 阶子式都为 0，因为矩阵 $\boldsymbol{A}$ 只有 3 个非零行，所以 $\boldsymbol{A}$ 的任意一个 4 阶子式必定有一个零行. 故 $r(\boldsymbol{A})=3$.

例 2.5.2 中的矩阵 $\boldsymbol{A}$ 是阶梯形矩阵，有三个非零行，且 $r(\boldsymbol{A})=3$. 从解题过程能总结出如下规律：**阶梯形矩阵的秩等于它的非零行的行数或首非零元的个数**.

我们不加证明地给出如下定理.

定理 2.5.1 矩阵的初等变换不改变矩阵的秩.

定理 2.5.2 n 阶方阵 $\boldsymbol{A}$ 可逆的充要条件是 $r(\boldsymbol{A})=n$.

定理 2.5.1 给出了求矩阵的秩的一般方法，即用初等变换将矩阵化为阶梯形矩阵，从而等到矩阵的秩.

例 2.5.3 设 $\boldsymbol{A}=\begin{bmatrix}1&3&-1&-2\\2&-1&2&3\\3&2&1&1\\1&-4&3&5\end{bmatrix}$，求 $r(\boldsymbol{A})$.

解

$$\boldsymbol{A}=\begin{bmatrix}1&3&-1&-2\\2&-1&2&3\\3&2&1&1\\1&-4&3&5\end{bmatrix}\xrightarrow[\substack{r_3+(-3)r_1\\r_4+(-1)r_1}]{r_2+(-2)r_1}\begin{bmatrix}1&3&-1&-2\\0&-7&4&7\\0&-7&4&7\\0&-7&4&7\end{bmatrix}$$

$$\xrightarrow[r_4+(-1)r_2]{r_3+(-1)r_2}\begin{bmatrix}1&3&-1&-2\\0&-7&4&7\\0&0&0&0\\0&0&0&0\end{bmatrix}$$

故 $r(\boldsymbol{A})=2$.

3. 矩阵的秩的相关结论

根据矩阵的秩的定义 2.5.4，可以得到如下结论：

(1)若矩阵 $\boldsymbol{A}$ 的所有 r 阶子式全为 0，则 $r(\boldsymbol{A})<r$.

(2)若矩阵 $\boldsymbol{A}$ 的所有 r 阶子式全不为 0,则 $r(\boldsymbol{A})\geqslant r$.

设矩阵 $\boldsymbol{A}_{m\times n},\boldsymbol{B}_{m\times n}$,矩阵的秩具有以下性质:

(1)$0\leqslant r(\boldsymbol{A})\leqslant\min\{m,n\}$;

(2)$r(\boldsymbol{A})=r(\boldsymbol{A}^{\mathrm{T}})$;

(3)若 $\boldsymbol{A}$ 与 $\boldsymbol{B}$ 等价,即 $\boldsymbol{A}\sim\boldsymbol{B}$,则 $r(\boldsymbol{A})=r(\boldsymbol{B})$;

(4)若矩阵 $\boldsymbol{P}_{m\times m},\boldsymbol{Q}_{n\times n}$ 可逆,则 $r(\boldsymbol{PAQ})=r(\boldsymbol{A})$;

(5)$r(\boldsymbol{A}+\boldsymbol{B})\leqslant r(\boldsymbol{A})+r(\boldsymbol{B})$.

另外,设 $\boldsymbol{A}_{m\times s},\boldsymbol{B}_{s\times n}$,有 $r(\boldsymbol{AB})\leqslant\min\{r(\boldsymbol{A}),r(\boldsymbol{B})\}$.

习题 2.5

1. n 阶可逆矩阵的秩是多少?(可逆矩阵称为满秩矩阵)

2. 设 $\boldsymbol{A}=\begin{bmatrix}1&-1&1&2\\2&3&3&2\\1&1&2&1\end{bmatrix}$,求 $r(\boldsymbol{A})$.

3. 求矩阵 $\boldsymbol{A}=\begin{bmatrix}3&2&0&5&0\\3&-2&3&6&-1\\2&0&1&5&-3\\1&6&-4&-1&4\end{bmatrix}$ 的秩.

4. 设 $\boldsymbol{A}$ 是 3 阶方阵,已知 $\boldsymbol{A}+2\boldsymbol{E}=\begin{bmatrix}3&0&1\\0&1&0\\1&0&3\end{bmatrix}$,求 $r(\boldsymbol{A}^2+2\boldsymbol{A})$.

5. 设 $\boldsymbol{A}=\begin{bmatrix}k&2&2&2\\2&k&2&2\\2&2&k&2\\2&2&2&k\end{bmatrix}$,求 $r(\boldsymbol{A})$ 分别为 1,3 时 k 的值.

2.6* 分块矩阵

当矩阵的阶数较高时,为了运算的方便,常将这个大矩阵看成是由一些小矩阵组成的,在具体运算时,则把这些小矩阵看做数一样(按运算规则)进行运算. 这种常用的技巧就是矩阵的分块.

2.6.1 分块矩阵的概念

定义 2.6.1 将矩阵 $\boldsymbol{A}$ 用若干条纵线和横线分成许多小矩阵，每一个小矩阵称为 $\boldsymbol{A}$ 的**子块**（或子矩阵），在形式上以子块为元素的矩阵称为**分块矩阵**.

例如，将矩阵 $\boldsymbol{A}$ 作如下划分：

$$\boldsymbol{A}=\left[\begin{array}{ccc:cc}1&0&0&-1&2\\0&1&0&2&3\\0&0&1&5&1\\ \hdashline 0&0&0&2&0\\0&0&0&0&2\end{array}\right]=\begin{bmatrix}\boldsymbol{E}_3&\boldsymbol{A}_1\\\boldsymbol{0}&2\boldsymbol{E}_2\end{bmatrix}$$

其中，$\boldsymbol{E}_2,\boldsymbol{E}_3$ 分别表示 2 阶和 3 阶单位矩阵；$\boldsymbol{A}_1=\begin{bmatrix}-1&2\\2&3\\5&1\end{bmatrix}$；$\boldsymbol{0}=\begin{bmatrix}0&0&0\\0&0&0\end{bmatrix}$.

如何将矩阵分块，要根据矩阵的结构特点，既要为运算的方便考虑，又使子块在参与运算时不失意义.

2.6.2 分块矩阵的运算

矩阵分块的目的是为了简化矩阵的表示或运算，矩阵分块后的运算法则与普通矩阵运算基本相同.

1. 分块矩阵的加减法和数乘运算

设矩阵 $\boldsymbol{A}=(a_{ij})_{m\times n}$，$\boldsymbol{B}=(b_{ij})_{m\times n}$，对 $\boldsymbol{A},\boldsymbol{B}$ 都用同样的方法分块，得到分块矩阵：

$$\boldsymbol{A}=\begin{bmatrix}\boldsymbol{A}_{11}&\boldsymbol{A}_{12}&\cdots&\boldsymbol{A}_{1r}\\\boldsymbol{A}_{21}&\boldsymbol{A}_{22}&\cdots&\boldsymbol{A}_{2r}\\\vdots&\vdots&&\vdots\\\boldsymbol{A}_{s1}&\boldsymbol{A}_{s2}&\cdots&\boldsymbol{A}_{sr}\end{bmatrix},\boldsymbol{B}=\begin{bmatrix}\boldsymbol{B}_{11}&\boldsymbol{B}_{12}&\cdots&\boldsymbol{B}_{1r}\\\boldsymbol{B}_{21}&\boldsymbol{B}_{22}&\cdots&\boldsymbol{B}_{2r}\\\vdots&\vdots&&\vdots\\\boldsymbol{B}_{s1}&\boldsymbol{B}_{s2}&\cdots&\boldsymbol{B}_{sr}\end{bmatrix}$$

则

$$\boldsymbol{A}\pm\boldsymbol{B}=\begin{bmatrix}\boldsymbol{A}_{11}\pm\boldsymbol{B}_{11}&\boldsymbol{A}_{12}\pm\boldsymbol{B}_{12}&\cdots&\boldsymbol{A}_{1r}\pm\boldsymbol{B}_{1r}\\\boldsymbol{A}_{21}\pm\boldsymbol{B}_{21}&\boldsymbol{A}_{22}\pm\boldsymbol{B}_{22}&\cdots&\boldsymbol{A}_{2r}\pm\boldsymbol{B}_{2r}\\\vdots&\vdots&&\vdots\\\boldsymbol{A}_{s1}\pm\boldsymbol{B}_{s1}&\boldsymbol{A}_{s2}\pm\boldsymbol{B}_{s2}&\cdots&\boldsymbol{A}_{sr}\pm\boldsymbol{B}_{sr}\end{bmatrix},$$

$$\lambda\boldsymbol{A}=\lambda\begin{bmatrix}\boldsymbol{A}_{11} & \boldsymbol{A}_{12} & \cdots & \boldsymbol{A}_{1r}\\ \boldsymbol{A}_{21} & \boldsymbol{A}_{22} & \cdots & \boldsymbol{A}_{2r}\\ \vdots & \vdots & & \vdots\\ \boldsymbol{A}_{s1} & \boldsymbol{A}_{s2} & \cdots & \boldsymbol{A}_{sr}\end{bmatrix}=\begin{bmatrix}\lambda\boldsymbol{A}_{11} & \lambda\boldsymbol{A}_{12} & \cdots & \lambda\boldsymbol{A}_{1r}\\ \lambda\boldsymbol{A}_{21} & \lambda\boldsymbol{A}_{22} & \cdots & \lambda\boldsymbol{A}_{2r}\\ \vdots & \vdots & & \vdots\\ \lambda\boldsymbol{A}_{s1} & \lambda\boldsymbol{A}_{s2} & \cdots & \lambda\boldsymbol{A}_{sr}\end{bmatrix}.$$

注：只有 $\boldsymbol{A},\boldsymbol{B}$ 分块方法相同时，各个对应的子块才是同型矩阵，各对应子块才可以相加减.

2. 分块矩阵的乘法

设矩阵 $\boldsymbol{A}=(a_{ik})_{m\times n}$，$\boldsymbol{B}=(b_{kj})_{n\times p}$，对 $\boldsymbol{A},\boldsymbol{B}$ 进行分块，使 $\boldsymbol{A}$ 的列的分法与 $\boldsymbol{B}$ 的行的分法相同，得到矩阵：

$$\boldsymbol{A}=\begin{bmatrix}\boldsymbol{A}_{11} & \boldsymbol{A}_{12} & \cdots & \boldsymbol{A}_{1r}\\ \boldsymbol{A}_{21} & \boldsymbol{A}_{22} & \cdots & \boldsymbol{A}_{2r}\\ \vdots & \vdots & & \vdots\\ \boldsymbol{A}_{m1} & \boldsymbol{A}_{m2} & \cdots & \boldsymbol{A}_{mr}\end{bmatrix},\boldsymbol{B}=\begin{bmatrix}\boldsymbol{B}_{11} & \boldsymbol{B}_{12} & \cdots & \boldsymbol{B}_{1s}\\ \boldsymbol{B}_{21} & \boldsymbol{B}_{22} & \cdots & \boldsymbol{B}_{2s}\\ \vdots & \vdots & & \vdots\\ \boldsymbol{B}_{r1} & \boldsymbol{B}_{r2} & \cdots & \boldsymbol{B}_{rs}\end{bmatrix}$$

则

$$\boldsymbol{AB}=\begin{bmatrix}\boldsymbol{C}_{11} & \boldsymbol{C}_{12} & \cdots & \boldsymbol{C}_{1s}\\ \boldsymbol{C}_{21} & \boldsymbol{C}_{22} & \cdots & \boldsymbol{C}_{2s}\\ \vdots & \vdots & & \vdots\\ \boldsymbol{C}_{m1} & \boldsymbol{C}_{m2} & \cdots & \boldsymbol{C}_{ms}\end{bmatrix}$$

其中，$\boldsymbol{C}_{ij}=\boldsymbol{A}_{i1}\boldsymbol{B}_{1j}+\boldsymbol{A}_{i2}\boldsymbol{B}_{2j}+\cdots+\boldsymbol{A}_{ir}\boldsymbol{B}_{rj}$.

注：要使分块矩阵的乘法能够进行，在对矩阵分块时必须满足以下条件.

(1)以子块为元素时，两矩阵可乘，即左矩阵的列块数应等于右矩阵的行块数；

(2)相应地需做乘法的子块也应可乘，即左子块的列数应等于右子块的行数.

例 2.6.1　设 $\boldsymbol{A}=\begin{bmatrix}1 & 0 & 0 & 0\\ 0 & 1 & 0 & 0\\ -1 & 3 & 1 & 0\end{bmatrix}$，$\boldsymbol{B}=\begin{bmatrix}4 & 1 & 0\\ 3 & 4 & 1\\ 0 & -1 & 3\\ 1 & 0 & -1\end{bmatrix}$，利用分块矩阵求 $\boldsymbol{AB}$.

解　对 $\boldsymbol{A},\boldsymbol{B}$ 作如下分块：

$$\boldsymbol{A}=\left[\begin{array}{cc:cc}1 & 0 & 0 & 0\\ 0 & 1 & 0 & 0\\ \hdashline -1 & 3 & 1 & 0\end{array}\right]=\begin{bmatrix}\boldsymbol{A}_{11} & \boldsymbol{A}_{12}\\ \boldsymbol{A}_{21} & \boldsymbol{A}_{22}\end{bmatrix}$$

$$\boldsymbol{B}=\left[\begin{array}{c:cc}4 & 1 & 0\\3 & 4 & 1\\ \hdashline 0 & -1 & 3\\1 & 0 & -1\end{array}\right]=\begin{bmatrix}\boldsymbol{B}_{11} & \boldsymbol{B}_{12}\\\boldsymbol{B}_{21} & \boldsymbol{B}_{22}\end{bmatrix}$$

则

$$\boldsymbol{AB}=\begin{bmatrix}\boldsymbol{A}_{11} & \boldsymbol{A}_{12}\\\boldsymbol{A}_{21} & \boldsymbol{A}_{22}\end{bmatrix}\begin{bmatrix}\boldsymbol{B}_{11} & \boldsymbol{B}_{12}\\\boldsymbol{B}_{21} & \boldsymbol{B}_{22}\end{bmatrix}=\begin{bmatrix}\boldsymbol{A}_{11}\boldsymbol{B}_{11}+\boldsymbol{A}_{12}\boldsymbol{B}_{21} & \boldsymbol{A}_{11}\boldsymbol{B}_{12}+\boldsymbol{A}_{12}\boldsymbol{B}_{22}\\\boldsymbol{A}_{21}\boldsymbol{B}_{11}+\boldsymbol{A}_{22}\boldsymbol{B}_{21} & \boldsymbol{A}_{21}\boldsymbol{B}_{12}+\boldsymbol{A}_{22}\boldsymbol{B}_{22}\end{bmatrix}$$

$$\boldsymbol{A}_{11}\boldsymbol{B}_{11}+\boldsymbol{A}_{12}\boldsymbol{B}_{21}=\begin{bmatrix}1 & 0\\0 & 1\end{bmatrix}\begin{bmatrix}4\\3\end{bmatrix}+\begin{bmatrix}0 & 0\\0 & 0\end{bmatrix}\begin{bmatrix}0\\1\end{bmatrix}=\begin{bmatrix}4\\3\end{bmatrix}$$

同理可得

$$\boldsymbol{A}_{11}\boldsymbol{B}_{12}+\boldsymbol{A}_{12}\boldsymbol{B}_{22}=\begin{bmatrix}1 & 0\\4 & 1\end{bmatrix},\boldsymbol{A}_{21}\boldsymbol{B}_{11}+\boldsymbol{A}_{22}\boldsymbol{B}_{21}=5,$$

$$\boldsymbol{A}_{21}\boldsymbol{B}_{12}+\boldsymbol{A}_{22}\boldsymbol{B}_{22}=\begin{bmatrix}10 & 6\end{bmatrix}$$

故

$$\boldsymbol{AB}=\begin{bmatrix}4 & 1 & 0\\3 & 4 & 1\\5 & 10 & 6\end{bmatrix}$$

3. 分块矩阵的转置

设分块矩阵为

$$\boldsymbol{A}=\begin{bmatrix}\boldsymbol{A}_{11} & \boldsymbol{A}_{12} & \cdots & \boldsymbol{A}_{1t}\\\boldsymbol{A}_{21} & \boldsymbol{A}_{22} & \cdots & \boldsymbol{A}_{2t}\\\vdots & \vdots & & \vdots\\\boldsymbol{A}_{s1} & \boldsymbol{A}_{s2} & \cdots & \boldsymbol{A}_{st}\end{bmatrix}$$

则有

$$\boldsymbol{A}^{\mathrm{T}}=\begin{bmatrix}\boldsymbol{A}_{11}^{\mathrm{T}} & \boldsymbol{A}_{21}^{\mathrm{T}} & \cdots & \boldsymbol{A}_{s1}^{\mathrm{T}}\\\boldsymbol{A}_{12}^{\mathrm{T}} & \boldsymbol{A}_{22}^{\mathrm{T}} & \cdots & \boldsymbol{A}_{s2}^{\mathrm{T}}\\\vdots & \vdots & & \vdots\\\boldsymbol{A}_{1t}^{\mathrm{T}} & \boldsymbol{A}_{2t}^{\mathrm{T}} & \cdots & \boldsymbol{A}_{st}^{\mathrm{T}}\end{bmatrix}$$

即分块矩阵转置时，不仅要把当作元素看待的子块行列互换，而且要把每个子块内部的元素也应行列互换.

4. 分块对角矩阵

一般将矩阵分块后再运算并不会减少计算量，只有特殊的矩阵，利用分块才能减少计算量，比较典型的是分块对角矩阵，形式如下：

$$A=\begin{bmatrix} A_1 & 0 & \cdots & 0 \\ 0 & A_2 & \cdots & 0 \\ \vdots & \vdots & & \vdots \\ 0 & 0 & \cdots & A_s \end{bmatrix}$$

也可称其为准对角矩阵，主对角线上的子块 A_1，A_2，⋯ A_s 都是小方阵，其余子块全是零矩阵，可简记为

$$\begin{bmatrix} A_1 & & & \\ & A_2 & & \\ & & \ddots & \\ & & & A_s \end{bmatrix}$$

例如，$B=\left[\begin{array}{cc:cc} 2 & 0 & 0 & 0 \\ 1 & 2 & 0 & 0 \\ \hdashline 0 & 0 & 3 & 0 \\ 0 & 0 & 1 & 3 \end{array}\right]=\begin{bmatrix} B_1 & 0 \\ 0 & B_2 \end{bmatrix}$，$C=\left[\begin{array}{c:cc} 2 & 0 & 0 \\ \hdashline 0 & 3 & 1 \\ 0 & 0 & 3 \end{array}\right]=\begin{bmatrix} C_1 & 0 \\ 0 & C_2 \end{bmatrix}$都是分块对角矩阵.

分块对角矩阵具有以下性质：

(1)设两个相同分块的分块对角矩阵，

$$A=\begin{bmatrix} A_1 & & & \\ & A_2 & & \\ & & \ddots & \\ & & & A_s \end{bmatrix}, B=\begin{bmatrix} B_1 & & & \\ & B_2 & & \\ & & \ddots & \\ & & & B_s \end{bmatrix}$$

若它们对应的分块是同阶的，则有

$$A\pm B=\begin{bmatrix} A_1\pm B_1 & & & \\ & A_2\pm B_2 & & \\ & & \ddots & \\ & & & A_s\pm B_s \end{bmatrix}, AB=\begin{bmatrix} A_1B_1 & & & \\ & A_2B_2 & & \\ & & \ddots & \\ & & & A_sB_s \end{bmatrix}$$

$$kA=\begin{bmatrix} kA_1 & & & \\ & kA_2 & & \\ & & \ddots & \\ & & & kA_s \end{bmatrix}, A^{\mathrm{T}}=\begin{bmatrix} A_1^T & & & \\ & A_2^T & & \\ & & \ddots & \\ & & & A_s^T \end{bmatrix}$$

(2)分块对角矩阵的行列式：

$$|A|=|A_1||A_2|\cdots|A_s|$$

(3)分块对角矩阵 A 可逆的充分必要性条件是 A_1，A_2，⋯A_s 都可逆，并且当 A

可逆时,有

$$A^{-1}=\begin{bmatrix} A_1^{-1} & & & \\ & A_2^{-1} & & \\ & & \ddots & \\ & & & A_s^{-1} \end{bmatrix}$$

利用性质(3)可将高阶矩阵(可分成分块对角矩阵)的求逆问题转化成一些小方阵的求逆问题.

例 2.6.2 试判断矩阵 $A=\begin{bmatrix} 3 & 0 & 0 & 0 \\ 0 & 1 & 2 & 0 \\ 0 & 1 & 3 & 0 \\ 0 & 0 & 0 & 5 \end{bmatrix}$是否可逆?若可逆,求出 A^{-1},并计算 A^2.

解 将 A 分块为

$$A=\left[\begin{array}{c:cc:c} 3 & 0 & 0 & 0 \\ \hdashline 0 & 1 & 2 & 0 \\ 0 & 1 & 3 & 0 \\ \hdashline 0 & 0 & 0 & 5 \end{array}\right]=\begin{bmatrix} A_1 & & \\ & A_2 & \\ & & A_3 \end{bmatrix}$$

则因为 $|A_1|=3$, $|A_2|=\begin{vmatrix} 1 & 2 \\ 1 & 3 \end{vmatrix}=1$, $|A_3|=5$, 都不为零,均可逆,故 A 可逆. 又因为 $A_1{}^{-1}=\frac{1}{3}$,$A_2^{-1}=\begin{bmatrix} 3 & -2 \\ -1 & 1 \end{bmatrix}$,$A_3^{-1}=\frac{1}{5}$,得

$$A^{-1}=\begin{bmatrix} A_2^{-1} & & \\ & A_2^{-1} & \\ & & A_3^{-1} \end{bmatrix}=\begin{bmatrix} \frac{1}{3} & 0 & 0 & 0 \\ 0 & 3 & -2 & 0 \\ 0 & -1 & 1 & 0 \\ 0 & 0 & 0 & \frac{1}{5} \end{bmatrix}$$

$$A^2=\begin{bmatrix} A_1 & & \\ & A_2 & \\ & & A_3 \end{bmatrix}\begin{bmatrix} A_1 & & \\ & A_2 & \\ & & A_3 \end{bmatrix}=\begin{bmatrix} A_1^2 & & \\ & A_2^2 & \\ & & A_3^2 \end{bmatrix}$$

而 $A_1^2=9$, $A_2^2=\begin{bmatrix} 1 & 2 \\ 1 & 3 \end{bmatrix}^2=\begin{bmatrix} 3 & 8 \\ 4 & 11 \end{bmatrix}$, $A_3^2=25$,故

$$A^2=\begin{bmatrix}9&0&0&0\\0&3&8&0\\0&4&11&0\\0&0&0&25\end{bmatrix}$$

一般地，矩阵 $D=\begin{bmatrix}A&0\\C&B\end{bmatrix}$ 的逆矩阵为

$$D^{-1}=\begin{bmatrix}A^{-1}&0\\-B^{-1}CA^{-1}&B^{-1}\end{bmatrix}$$

其中，A，B 分别是 k 阶和 r 阶的可逆矩阵；C 是 $r\times k$ 矩阵；0 是 $k\times r$ 零矩阵.

特别地，当 $C=0$ 时，有 $\begin{bmatrix}A&0\\0&B\end{bmatrix}=\begin{bmatrix}A^{-1}&0\\0&B^{-1}\end{bmatrix}$.

习题 2.6

1. 已知 $D=\begin{bmatrix}0&A\\B&0\end{bmatrix}$，其中 A，B 为可逆方阵，求 D^{-1}.

2. 设 A，B 均为 n 阶方阵，试证：若 $AB=0$，则 $r(A)+r(B)\leqslant n$.

3. 设矩阵 $A=\begin{bmatrix}1&0&0&0\\0&1&0&0\\-1&2&1&0\\1&1&0&1\end{bmatrix}$，$B=\begin{bmatrix}1&0&1&0\\-1&2&0&1\\1&0&4&1\\-1&-1&2&0\end{bmatrix}$，求 AB.

4. 已知矩阵 $A=\begin{bmatrix}1&3&1&0\\2&8&0&1\\0&0&1&0\\0&0&2&3\end{bmatrix}$，用分块矩阵求 A^{-1}.

2.7　应用实例——矩阵密码法

为了发送秘密消息（一般称为明文），需要对消息加密，加密后发出的信息称为密文.

编制密码的最简单方法之一就是在 26 个英文字母与数之间建立一一对应关系：

$$\begin{matrix} A & B & \cdots & Y & Z \\ \updownarrow & \updownarrow & & \updownarrow & \updownarrow \\ 1 & 2 & \cdots & 25 & 26 \end{matrix}$$

即把消息中的每个字母当做 1 与 26 之间的一个数来对待. 一般用 0 表示空格.

若要发出信息"send money",使用上述编码,则此信息的编码是:19,5,14,4,13,15,14,5,25,其中 5 表示字母 e. 但这种编码很容易被人破译. 在一个较长的信息编码中,人们会根据那个出现频率最高的数值而猜出它代表的是那个字母,比如上述编码中出现次数最多的数值 5,会想到它代表字母 e,因为在统计规律中,字母 e 是英文单词中出现频率最高的.

还有一种线性加密法,如设字母 L_x,用公式 $C_x=7L_x+6$ 加密为密码字母. 这种加密法也容易被破译. 一种使用简单,但很难被破译的加密方式是把字母分成两组,然后用两个线性方程组加密为两组字母,形成矩阵加密法.

矩阵加密法是信息编码与译码的一种方法,其中有一种是基于利用可逆矩阵的方法. 例如,要发出信息"send money",将明文编码按 3 列排成矩阵

$$\boldsymbol{A}=\begin{bmatrix} 19 & 4 & 14 \\ 5 & 13 & 5 \\ 14 & 15 & 25 \end{bmatrix}$$

设加密矩阵 $\boldsymbol{P}=\begin{bmatrix} 1 & 2 & 1 \\ 2 & 5 & 3 \\ 2 & 3 & 2 \end{bmatrix}$,利用矩阵的乘法,$\boldsymbol{B}=\boldsymbol{PA}=\begin{bmatrix} 43 & 45 & 49 \\ 105 & 118 & 128 \\ 81 & 77 & 93 \end{bmatrix}$,得到密文编码:43,105,81,45,118,77,49,128,93,将密文编码发给接受者.

若将加密矩阵告知接受者,要译出信息,相当于已知 $\boldsymbol{P},\boldsymbol{B}$,求 $\boldsymbol{A}$,只需

$$[\boldsymbol{P} \vdots \boldsymbol{B}] \xrightarrow{\text{初等行变换}} [\boldsymbol{E} \vdots \boldsymbol{A}]$$

本章小结

1. 矩阵的定义以及几类特殊矩阵.

2. 矩阵运算中的有关性质.

(1)矩阵加法的有关性质:

①$\boldsymbol{A}+\boldsymbol{B}=\boldsymbol{B}+\boldsymbol{A}$　　②$(\boldsymbol{A}+\boldsymbol{B})+\boldsymbol{C}=\boldsymbol{A}+(\boldsymbol{B}+\boldsymbol{C})$;

③$\boldsymbol{A}+\boldsymbol{0}=\boldsymbol{A}$;　　④$\boldsymbol{A}+(-\boldsymbol{A})=\boldsymbol{A}-\boldsymbol{A}=\boldsymbol{0}$.

其中,$\boldsymbol{A},\boldsymbol{B},\boldsymbol{C}$ 均为 $m\times n$ 矩阵;$\boldsymbol{0}$ 为 $m\times n$ 零矩阵.

(2)矩阵数乘的有关性质:

①$k(\boldsymbol{A}+\boldsymbol{B})=k\boldsymbol{A}+k\boldsymbol{B}$；　②$(k+l)\boldsymbol{A}=k\boldsymbol{A}+l\boldsymbol{A}$；

③$k(l\boldsymbol{A})=(kl)\boldsymbol{A}=l(k\boldsymbol{A})$；　④$1\boldsymbol{A}=\boldsymbol{A},0\boldsymbol{A}=\boldsymbol{0}$.

(3)矩阵乘法的有关性质：

①$(\boldsymbol{AB})\boldsymbol{C}=\boldsymbol{A}(\boldsymbol{BC})$；　②$\boldsymbol{A}(\boldsymbol{B}+\boldsymbol{C})=\boldsymbol{AB}+\boldsymbol{AC}$；$(\boldsymbol{B}+\boldsymbol{C})\boldsymbol{A}=\boldsymbol{BA}+\boldsymbol{CA}$；

③$\lambda(\boldsymbol{AB})=(\lambda\boldsymbol{A})\boldsymbol{B}=\boldsymbol{A}(\lambda\boldsymbol{B})$；　④$\boldsymbol{EA}=\boldsymbol{AE}=\boldsymbol{A}$.

(4)方阵的幂的有关性质：

①$\boldsymbol{A}^k\boldsymbol{A}^l=\boldsymbol{A}^{k+l}$　②$(\boldsymbol{A}^k)^l=\boldsymbol{A}^{kl}$

对任意方阵$\boldsymbol{A}$，我们规定$\boldsymbol{A}^0=\boldsymbol{E}$.

(5)矩阵转置的有关性质：

①$(\boldsymbol{A}^{\mathrm{T}})^{\mathrm{T}}=\boldsymbol{A}$；

②$(\boldsymbol{A}\pm\boldsymbol{B})^{\mathrm{T}}=\boldsymbol{A}^{\mathrm{T}}\pm\boldsymbol{B}^{\mathrm{T}}$；

③$(k\boldsymbol{A})^{\mathrm{T}}=k\boldsymbol{A}^{\mathrm{T}}$,$k$为常数；

④$(\boldsymbol{AB})^{\mathrm{T}}=\boldsymbol{B}^{\mathrm{T}}\boldsymbol{A}^{\mathrm{T}}$；

⑤$(\boldsymbol{A}_1\pm\boldsymbol{A}_2\pm\cdots\pm\boldsymbol{A}_k)^{\mathrm{T}}=\boldsymbol{A}_1^{\mathrm{T}}\pm\boldsymbol{A}_2^{\mathrm{T}}\pm\cdots\pm\boldsymbol{A}_k^{\mathrm{T}}$；

⑥$(\boldsymbol{A}_1\boldsymbol{A}_2\cdots\boldsymbol{A}_k)^{\mathrm{T}}=\boldsymbol{A}_k^{\mathrm{T}}\boldsymbol{A}_{k-1}^{\mathrm{T}}\cdots\boldsymbol{A}_1^{\mathrm{T}}$.

(6)设n阶方阵$\boldsymbol{A}=(a_{ij})_{n\times n}$，若$\boldsymbol{A}^{\mathrm{T}}=\boldsymbol{A}$，则称$\boldsymbol{A}$为对称矩阵，即$a_{ij}=a_{ji}(i,j=1,2,\cdots,n)$；若$\boldsymbol{A}^{\mathrm{T}}=-\boldsymbol{A}$,则称$\boldsymbol{A}$为反对称矩阵,即$a_{ij}=-a_{ji}(i,j=1,2,\cdots,n)$.

(7)方阵行列式的有关性质：

①$|\boldsymbol{A}^{\mathrm{T}}|=|\boldsymbol{A}|$；　②$|k\boldsymbol{A}|=k^n|\boldsymbol{A}|$；　③$|\boldsymbol{AB}|=|\boldsymbol{A}||\boldsymbol{B}|$；

④$|\boldsymbol{A}_1\boldsymbol{A}_2\cdots\boldsymbol{A}_m|=|\boldsymbol{A}_1||\boldsymbol{A}_2|\cdots|\boldsymbol{A}_m|$；　⑤$|\boldsymbol{A}^k|=|\boldsymbol{A}|^k$.

其中,$\boldsymbol{A},\boldsymbol{B}$均为$n$阶方阵,$\lambda$为常数.

(8)伴随矩阵:$\boldsymbol{AA}^*=\boldsymbol{A}^*\boldsymbol{A}=|\boldsymbol{A}|\boldsymbol{E}$,其中$\boldsymbol{A}$为$n$阶方阵.

3. 逆矩阵

(1)逆矩阵的定义；

(2)逆矩阵的有关性质：

性质2.3.1　若方阵$\boldsymbol{A}$可逆,则$\boldsymbol{A}$的逆矩阵是唯一的.

性质2.3.2　若$\boldsymbol{AB}=\boldsymbol{E}$，则$\boldsymbol{A},\boldsymbol{B}$均可逆，且$\boldsymbol{A}^{-1}=\boldsymbol{B},\boldsymbol{B}^{-1}=\boldsymbol{A}$.

性质2.3.3　若方阵$\boldsymbol{A}$可逆,则$|\boldsymbol{A}|\neq0$,且$|\boldsymbol{A}^{-1}|=\dfrac{1}{|\boldsymbol{A}|}$.

性质2.3.4　若方阵$\boldsymbol{A}$可逆，且$\boldsymbol{AB}=\boldsymbol{AC}$，则$\boldsymbol{B}=\boldsymbol{C}$.

性质2.3.5　若方阵$\boldsymbol{A}$可逆,则$\boldsymbol{A}$的逆矩阵$\boldsymbol{A}^{-1}$也可逆,且$(\boldsymbol{A}^{-1})^{-1}=\boldsymbol{A}$.

性质2.3.6　若方阵$\boldsymbol{A}$可逆,数$k\neq0$,则$k\boldsymbol{A}$也可逆,且$(k\boldsymbol{A})^{-1}=\dfrac{1}{k}\boldsymbol{A}^{-1}$.

性质2.3.7　若方阵$\boldsymbol{A}$可逆,则$\boldsymbol{A}^{\mathrm{T}}$亦可逆,且$(\boldsymbol{A}^{\mathrm{T}})^{-1}=(\boldsymbol{A}^{-1})^{\mathrm{T}}$.

性质 2.3.8　若 $\boldsymbol{A},\boldsymbol{B}$ 是同阶可逆矩阵，则 $\boldsymbol{AB}$ 也可逆，且 $(\boldsymbol{AB})^{-1}=\boldsymbol{B}^{-1}\boldsymbol{A}^{-1}$. 若 $\boldsymbol{A}_1,\boldsymbol{A}_2,\cdots,\boldsymbol{A}_k$ 为同阶可逆矩阵，则 $(\boldsymbol{A}_1\boldsymbol{A}_2\cdots\boldsymbol{A}_k)^{-1}=\boldsymbol{A}_k^{-1}\boldsymbol{A}_{k-1}^{-1}\cdots\boldsymbol{A}_1^{-1}$.

对任意方阵 $\boldsymbol{A}$，我们规定 $(\boldsymbol{A}^{-1})^k=\boldsymbol{A}^{-k}$（$k$ 为正整数）.

(3)方阵 $\boldsymbol{A}$ 可逆的条件：

①若 $\boldsymbol{AB}=\boldsymbol{E}$（或 $\boldsymbol{BA}=\boldsymbol{E}$），则 $\boldsymbol{A}$ 可逆且 $\boldsymbol{A}^{-1}=\boldsymbol{B}$；

②$\boldsymbol{A}$ 可逆的充分必要条件是 $|\boldsymbol{A}|\neq 0$（$\boldsymbol{A}$ 是非奇异矩阵）；

③$\boldsymbol{A}$ 可逆的充分必要条件是 $\boldsymbol{A}$ 与单位矩阵 $\boldsymbol{E}$ 等价.

(4)求逆矩阵的方法：

①$\boldsymbol{A}^{-1}=\dfrac{1}{|\boldsymbol{A}|}\boldsymbol{A}^*$；

②$[\boldsymbol{A}\vdots\boldsymbol{E}]\xrightarrow{\text{初等行变换}}[\boldsymbol{E}\vdots\boldsymbol{A}^{-1}]$；

③$\begin{bmatrix}\boldsymbol{A}\\ \cdots\\ \boldsymbol{E}\end{bmatrix}\xrightarrow{\text{初等列变换}}\begin{bmatrix}\boldsymbol{E}\\ \cdots\\ \boldsymbol{A}^{-1}\end{bmatrix}$.

4. 矩阵的初等变换

(1)初等变换：

$r_i\leftrightarrow r_j(c_i\leftrightarrow c_j)$；$kr_i(kc_i)$；$r_i+kr_j(c_i+kc_j)$

(2)矩阵等价的定义及有关性质；标准型矩阵.

(3)初等矩阵：$\boldsymbol{E}(i,j)$，$\boldsymbol{E}(i(k))$，$\boldsymbol{E}(i,j(k))$.

(4)利用初等变换求解矩阵方程的方法：

①矩阵方程 $\boldsymbol{AX}=\boldsymbol{B}$，解 $\boldsymbol{X}=\boldsymbol{A}^{-1}\boldsymbol{B}$：

$$[\boldsymbol{A}\vdots\boldsymbol{B}]\xrightarrow{\text{初等行变换}}[\boldsymbol{E}\vdots\boldsymbol{A}^{-1}\boldsymbol{B}]$$

②矩阵方程 $\boldsymbol{XA}=\boldsymbol{B}$，解 $\boldsymbol{X}=\boldsymbol{BA}^{-1}$：

$$\begin{bmatrix}\boldsymbol{A}\\ \cdots\\ \boldsymbol{B}\end{bmatrix}\xrightarrow{\text{初等列变换}}\begin{bmatrix}\boldsymbol{E}\\ \cdots\\ \boldsymbol{BA}^{-1}\end{bmatrix}$$

5. 矩阵的秩.

(1)行阶梯形矩阵与行最简形矩阵的定义.

(2)矩阵中非零子式的最高阶数称为矩阵的秩.

(3)求矩阵的秩的一般方法：用初等变换将矩阵化为阶梯形矩阵，其非零行的行数即为矩阵的秩.

6*. 分块矩阵.

(1)分块矩阵的定义.

(2)分块矩阵的加法、数与分块矩阵的乘法、分块矩阵的乘法、分块矩阵的转置的运算.

(3)对角分块矩阵的形式以及对角分块矩阵的运算.

总习题 2

一、填空题

1. 设 $\boldsymbol{A}=\begin{bmatrix}1&1\\0&1\end{bmatrix}$, $\boldsymbol{B}=\begin{bmatrix}-1&2\\1&1\end{bmatrix}$, 则 $(\boldsymbol{AB})^{\mathrm{T}}=$__________.

2. 设 $\boldsymbol{A}=\begin{bmatrix}1&2\\-1&0\end{bmatrix}$, $\boldsymbol{B}=\begin{bmatrix}1&-1\\1&2\end{bmatrix}$,则 $|\boldsymbol{AB}|=$__________.

3. 设 $\boldsymbol{A}$ 为 3 阶方阵,且 $|\boldsymbol{A}|=-2$, 则 $|2\boldsymbol{A}|=$__________.

4. 设 $\boldsymbol{A},\boldsymbol{B}$ 均为 n 阶逆矩阵,则 $(\boldsymbol{AB})^k=\boldsymbol{A}^k\boldsymbol{B}^k$ 的充要条件是______________.

5. 设 n 阶方阵 $\boldsymbol{A}$ 满足 $\boldsymbol{A}^2+3\boldsymbol{A}-2\boldsymbol{E}=0$, 则 $(\boldsymbol{A}+\boldsymbol{E})^{-1}=$______________.

6. 设矩阵 $\boldsymbol{A}=\begin{bmatrix}0&0&1\\0&1&0\\1&0&0\end{bmatrix}$, $\boldsymbol{C}=\begin{bmatrix}1&-1&0\\0&1&0\\0&0&1\end{bmatrix}$, $\boldsymbol{D}=\begin{bmatrix}1&2&3\\0&2&3\\0&0&3\end{bmatrix}$,且 3 阶矩阵 $\boldsymbol{B}$ 满足 $\boldsymbol{ABC}=\boldsymbol{D}$,则 $|\boldsymbol{B}^{-1}|=$________ .

二、选择题

1. 设 $\boldsymbol{A}, \boldsymbol{B}$ 均为 n 阶方阵,则 $(\boldsymbol{A}+\boldsymbol{B})(\boldsymbol{A}-\boldsymbol{B})=\boldsymbol{A}^2-\boldsymbol{B}^2$ 的充要条件是(　　).

A. $\boldsymbol{A}=\boldsymbol{E}$　　B. $\boldsymbol{B}=\boldsymbol{0}$

C. $\boldsymbol{AB}=\boldsymbol{BA}$　　D. $\boldsymbol{A}=\boldsymbol{B}$

2. 设 $\boldsymbol{A},\boldsymbol{B}$ 均为 n 阶方阵,满足关系式 $\boldsymbol{AB}=\boldsymbol{0}$,则必有(　　).

A. $\boldsymbol{A}=\boldsymbol{0}$或 $\boldsymbol{B}=\boldsymbol{0}$　　B. $\boldsymbol{A}+\boldsymbol{B}=\boldsymbol{0}$

C. $|\boldsymbol{A}|=0$ 或 $|\boldsymbol{B}|=0$　　D. $|\boldsymbol{A}|+|\boldsymbol{B}|=0$

3. 设 $\boldsymbol{A}, \boldsymbol{B}$ 均为 n 阶矩阵,则下列式子中正确的是(　　).

A. $\boldsymbol{AB}=\boldsymbol{BA}$　　B. $|\boldsymbol{AB}|=|\boldsymbol{BA}|$

C. $|\boldsymbol{A}+\boldsymbol{B}|=|\boldsymbol{A}|+|\boldsymbol{B}|$　　D. $(\boldsymbol{A}+\boldsymbol{B})^{-1}-\boldsymbol{A}^{-1}+\boldsymbol{B}^{-1}$

4. 设 $\boldsymbol{A},\boldsymbol{B}$ 为 3 阶矩阵,且 $|\boldsymbol{A}|=3$, $|\boldsymbol{B}|=2$, $|\boldsymbol{A}^{-1}+\boldsymbol{B}|=2$, 且 $|\boldsymbol{A}+\boldsymbol{B}^{-1}|=$(　　).

A. 3　　B. 2　　C. 1　　D. 4

三、解答题

1. 已知 $\boldsymbol{A}=\begin{bmatrix}1&0&3\\0&2&1\\0&0&1\end{bmatrix}$，$\boldsymbol{B}=\begin{bmatrix}1&0&0\\0&2&1\\3&0&1\end{bmatrix}$，求：

(1) $(\boldsymbol{A}+\boldsymbol{B})(\boldsymbol{A}-\boldsymbol{B})$；

(2) $(\boldsymbol{A}+\boldsymbol{B})(\boldsymbol{A}-\boldsymbol{B})=\boldsymbol{A}^2-\boldsymbol{B}^2$；

(3) 比较(1)与(2)的结果，可得出什么结论？

2. 求下列矩阵的秩：

(1) $\boldsymbol{A}=\begin{bmatrix}2&1&-1&1&4\\0&3&1&8&0\\0&0&0&1&2\\0&0&0&0&0\end{bmatrix}$；　　(2) $\boldsymbol{A}=\begin{bmatrix}1&-1&1&2\\1&1&2&1\\2&0&3&2\end{bmatrix}$.

3. 设 $\boldsymbol{A}$ 是 3 阶方阵，且 $|\boldsymbol{A}|=2$，求 $|3\boldsymbol{A}^{-1}-2\boldsymbol{A}^*|$.

4. 已知 n 阶矩阵 $\boldsymbol{A}$ 满足 $\boldsymbol{A}^2-3\boldsymbol{A}-2\boldsymbol{E}=\boldsymbol{0}$，试证 $\boldsymbol{A}$ 可逆，并求 $\boldsymbol{A}^{-1}$.

5. 设 $\boldsymbol{A}=\begin{bmatrix}1&2&3\\2&2&1\\3&4&3\end{bmatrix}$，$\boldsymbol{B}=\begin{bmatrix}2&1\\5&3\end{bmatrix}$，$\boldsymbol{C}=\begin{bmatrix}1&3\\2&0\\3&1\end{bmatrix}$，求矩阵 $\boldsymbol{X}$，使其满足 $\boldsymbol{AXB}=\boldsymbol{C}$.

6. 设 $\boldsymbol{A}=\begin{bmatrix}0&1&2\\2&1&3\\1&-1&0\end{bmatrix}$，$\boldsymbol{B}=\begin{bmatrix}0&1\\1&0\\0&1\end{bmatrix}$，求 $\boldsymbol{AB}$.

7. 已知矩阵 $\boldsymbol{A}=\begin{bmatrix}2&1&-3\\1&2&-2\\-1&3&2\end{bmatrix}$，$\boldsymbol{B}=\begin{bmatrix}1&-1\\2&0\\-2&5\end{bmatrix}$，求矩阵 $\boldsymbol{X}$，使 $\boldsymbol{AX}=\boldsymbol{B}$.

8. 用初等变换求下列矩阵的逆矩阵：

(1) $\boldsymbol{A}=\begin{bmatrix}0&-2&1\\3&8&-2\\1&3&0\end{bmatrix}$；　　(2) $\boldsymbol{A}=\begin{bmatrix}1&2&3\\2&2&1\\3&4&3\end{bmatrix}$.

9. 设 $\boldsymbol{A}=\begin{bmatrix}2&1&1\\1&3&1\\1&1&4\end{bmatrix}$ 且三阶方阵 $\boldsymbol{B}$ 满足 $\boldsymbol{A}+\boldsymbol{B}=\boldsymbol{AB}$，求 $\boldsymbol{B}$.

10. k 取什么值时，矩阵 $\boldsymbol{A}=\begin{bmatrix}1&0&0\\0&k&0\\1&-1&1\end{bmatrix}$ 可逆，并求其逆矩阵.

11. 设$\boldsymbol{A}=\begin{bmatrix}x&1&1\\1&x&1\\1&1&x\end{bmatrix}$,求$r(\boldsymbol{A})$.

12. 设$\boldsymbol{A}=\begin{bmatrix}2&0&0\\0&1&-1\\0&2&3\end{bmatrix}$，利用分块矩阵求$\boldsymbol{A}$.

13. 设矩阵$\boldsymbol{A}=\begin{bmatrix}1&0&0&0&0&0&0\\2&3&0&0&0&0&0\\0&0&2&1&0&0&0\\0&0&3&4&0&0&0\\0&0&0&0&5&3&2\\0&0&0&0&0&1&0\\0&0&0&0&0&0&2\end{bmatrix}$,利用分块矩阵求$\boldsymbol{A}^{-1}$.

四、证明题

1. $\boldsymbol{A}$为n阶可逆矩阵,$\boldsymbol{A}^*$为$\boldsymbol{A}$的伴随矩阵,证明:

(1)$(\boldsymbol{A}^*)^{\mathrm{T}}=(\boldsymbol{A}^{\mathrm{T}})^*$;

(2)$(\boldsymbol{A}^*)^*=|\boldsymbol{A}|^{n-2}\boldsymbol{A}$;

(3)若$\boldsymbol{A}=\boldsymbol{0}$，则$|\boldsymbol{A}^*|=0$;

(4)$|\boldsymbol{A}^*|=|\boldsymbol{A}|^{n-1}$.

2. 假设$\boldsymbol{A}$是反对称矩阵,$\boldsymbol{B}$是对称矩阵,证明:

(1)$\boldsymbol{A}^2$是对称矩阵;

(2)$\boldsymbol{AB}-\boldsymbol{BA}$是对称矩阵;

(3)$\boldsymbol{AB}$是反对称矩阵当且仅当$\boldsymbol{AB}=\boldsymbol{BA}$.

3. 证明:

(1)若矩阵$\boldsymbol{A}_1$,$\boldsymbol{A}_2$都可与$\boldsymbol{B}$交换,则$k\boldsymbol{A}_1+l\boldsymbol{A}_2$,$\boldsymbol{A}_1\boldsymbol{A}_2$也都与$\boldsymbol{B}$可交换;

(2)若矩阵$\boldsymbol{A}$与$\boldsymbol{B}$可交换,则$\boldsymbol{A}$的任一多项式$f(\boldsymbol{A})$也与$\boldsymbol{B}$可交换;

(3)若$\boldsymbol{A}^2=\boldsymbol{B}^2=\boldsymbol{E}$,则$(\boldsymbol{AB})^2=\boldsymbol{E}$的充分必要条件是$\boldsymbol{A}$与$\boldsymbol{B}$可交换.

五、应用题

现有一段明文(中文汉语拼音字母),若利用矩阵$\boldsymbol{P}=\begin{bmatrix}1&2&1\\2&5&3\\2&3&2\end{bmatrix}$加密,发出的密文编码为:41,97,81,33,92,66,59,154,103.请破译这段密文,完成李白脍炙人口的千古绝唱古诗句“故人西辞黄鹤楼,烟花三月下××”.

第3章　向量的线性相关性

在平面直角坐标系中，平面上的几何向量$\overrightarrow{OP}$可用其终点坐标(x,y)表示，其中x,y都是实数.向量$\overrightarrow{OP}$是实数域上的二维向量.

在空间直角坐标系中，几何向量$\overrightarrow{OP}$建立了与实数有序数组(x,y,z)的一一对应的关系.因此几何向量$\overrightarrow{OP}$可看成是实数域上的三维向量.n维向量是二维、三维向量的推广.

在实际问题中，研究有序数组之间的关系显得十分重要.为了进一步研究这种关系，本章将着重讨论向量组的线性关系.

3.1　n维向量

3.1.1　向量的概念

定义3.1.1　由数域P中的n个数$a_1,a_2,\cdots,a_n$组成的有序数组$(a_1,a_2,\cdots,a_n)$称为一个n**维向量**.通常用希腊字母$\boldsymbol{\alpha},\boldsymbol{\beta},\boldsymbol{\gamma},\cdots$表示向量，如

$$\boldsymbol{\alpha}=(a_1,a_2,\cdots,a_n)$$

其中，a_i称为向量$\boldsymbol{\alpha}$的第i个**分量**$(i=1,2,\cdots,n)$.

经常也用拉丁字母$a,b,c\cdots$表示分量.当数域P为实数域时，由n个实数构成的向量称为实向量.通常也称向量$\boldsymbol{\alpha}$为**行向量**，而将$\boldsymbol{\beta}=\begin{bmatrix} b_1 \\ b_2 \\ \vdots \\ b_n \end{bmatrix}=(b_1,b_2,\cdots,b_n)^{\mathrm{T}}$称为**列向量**.

所有分量都是零的向量称为**零向量**，零向量记做$\mathbf{0}=(0,0,\cdots,0)$.

设n维向量$\boldsymbol{\alpha}=(a_1,a_2,\cdots,a_n)$，$\boldsymbol{\beta}=(b_1,b_2,\cdots,b_n)$，称$(-a_1,-a_2,\cdots,-a_n)$为$\boldsymbol{\alpha}$的**负向量**，记做$-\boldsymbol{\alpha}$.

若$\boldsymbol{\alpha},\boldsymbol{\beta}$的对应分量相等，即$a_i=b_i(i=1,2,\cdots,n)$，则称这两个向量**相等**，记做$\boldsymbol{\alpha}=\boldsymbol{\beta}$.

根据矩阵的加减法、数乘运算，我们也可以定义向量的线性运算.

3.1.2　向量的线性运算

定义 3.1.2　设 n 维向量 $\boldsymbol{\alpha}=(a_1,a_2,\cdots,a_n)$，$\boldsymbol{\beta}=(b_1,b_2,\cdots,b_n)$，规定向量 $\boldsymbol{\alpha}$ 与 $\boldsymbol{\beta}$ 的和为

$$\boldsymbol{\alpha}+\boldsymbol{\beta}=(a_1+b_1,a_2+b_2,\cdots,a_n+b_n)$$

规定向量 $\boldsymbol{\alpha}$ 与 $\boldsymbol{\beta}$ 的差为

$$\boldsymbol{\alpha}-\boldsymbol{\beta}=\boldsymbol{\alpha}+(-\boldsymbol{\beta})=(a_1-b_1,a_2-b_2,\cdots,a_n-b_n)$$

定义 3.1.3　设 n 维向量 $\boldsymbol{\alpha}=(a_1,a_2,\cdots,a_n)$，各分量乘以数 k 所构成的向量，称为数 k 与向量 $\boldsymbol{\alpha}$ 的数量乘积，简称数乘，记做 $k\boldsymbol{\alpha}$，即

$$k\boldsymbol{\alpha}=(ka_1,ka_2,\cdots,ka_n)$$

向量的加法和数乘运算，统称为向量的**线性运算**. 容易验证得到：

(1)$\boldsymbol{\alpha}+\boldsymbol{\beta}=\boldsymbol{\beta}+\boldsymbol{\alpha}$(加法交换律)；

(2)$(\boldsymbol{\alpha}+\boldsymbol{\beta})+\boldsymbol{\gamma}=\boldsymbol{\alpha}+(\boldsymbol{\beta}+\boldsymbol{\gamma})$ (加法结合律)；

(3)$\boldsymbol{\alpha}+\boldsymbol{0}=\boldsymbol{\alpha}$；

(4)$\boldsymbol{\alpha}+(-\boldsymbol{\alpha})=\boldsymbol{0}$；

(5)$k(\boldsymbol{\alpha}+\boldsymbol{\beta})=k\boldsymbol{\alpha}+k\boldsymbol{\beta}$(数乘分配律)；

(6)$(k+l)\boldsymbol{\alpha}=k\boldsymbol{\alpha}+l\boldsymbol{\alpha}$(数乘分配律)；

(7)$(kl)\boldsymbol{\alpha}=k(l\boldsymbol{\alpha})$(数乘结合律)；

(8)$1\cdot\boldsymbol{\alpha}=\boldsymbol{\alpha}$.

由定义还可以推出：

$0\boldsymbol{\alpha}=\boldsymbol{0}$，$k\boldsymbol{0}=\boldsymbol{0}$，$-k\boldsymbol{\alpha}=k(-\boldsymbol{\alpha})=(-k)\boldsymbol{\alpha}$，若 $k\neq0$，$\boldsymbol{\alpha}\neq\boldsymbol{0}\Rightarrow k\boldsymbol{\alpha}\neq\boldsymbol{0}$. 其中，$\boldsymbol{\alpha}$，$\boldsymbol{\beta}$，$\boldsymbol{\gamma}$ 是 n 维向量；$\boldsymbol{0}$ 是 n 维零向量；k 和 l 为任意实数.

上述定义与性质是针对行向量而言的，当 $\boldsymbol{\alpha}$，$\boldsymbol{\beta}$ 为列向量时，有类似结论.

例 3.1.1　设向量 $\boldsymbol{\alpha}=(-3,1,2)$，$-\boldsymbol{\alpha}=(a-2,b+2c,a+c)$，求 a，b，c 的值.

解　因为　$\boldsymbol{\alpha}=(3,-1,-2)=(a-2,b+2c,a+c)$，可得到

$$\begin{cases}a-2=3\\b+2c=-1\\a+c=-2\end{cases}$$

故 $a=5$，$b=13$，$c=-7$.

例 3.1.2　设向量 $\boldsymbol{\alpha}=(3,0,2,-1)$，$\boldsymbol{\beta}=(-2,2,5,0)$，若 $\boldsymbol{\alpha}-3\boldsymbol{\beta}+2\boldsymbol{\gamma}=\boldsymbol{0}$，求向量 $\boldsymbol{\gamma}$.

解 由 $\boldsymbol{\alpha}-3\boldsymbol{\beta}+2\boldsymbol{\gamma}=\mathbf{0}$ 可得 $\boldsymbol{\gamma}=\frac{1}{2}(3\boldsymbol{\beta}-\boldsymbol{\alpha})$，即

$$\begin{aligned}\boldsymbol{\gamma}&=\frac{1}{2}[3(-2,2,5,0)-(3,0,2,-1)]\\&=\frac{1}{2}[(-6,6,15,0)-(3,0,2,-1)]\\&=(-\frac{9}{2},3,\frac{13}{2},\frac{1}{2}).\end{aligned}$$

3.1.3 向量组与线性方程组

设线性方程组

$$\begin{cases}a_{11}x_1+a_{12}x_2+\cdots+a_{1n}x_n=b_1\\a_{21}x_1+a_{22}x_2+\cdots+a_{2n}x_n=b_2\\\vdots\qquad\quad\vdots\qquad\qquad\quad\vdots\\a_{m1}x_1+a_{m2}x_2+\cdots+a_{mn}x_n=b_m\end{cases}\tag{3-1-1}$$

若令

$$\boldsymbol{\alpha}_1=\begin{bmatrix}a_{11}\\a_{21}\\\vdots\\a_{m1}\end{bmatrix},\boldsymbol{\alpha}_2=\begin{bmatrix}a_{12}\\a_{22}\\\vdots\\a_{m2}\end{bmatrix},\cdots,\boldsymbol{\alpha}_n=\begin{bmatrix}a_{1n}\\a_{2n}\\\vdots\\a_{mn}\end{bmatrix},\boldsymbol{\beta}=\begin{bmatrix}b_1\\b_2\\\vdots\\b_m\end{bmatrix}$$

则线性方程组(3-1-1)可以简写成

$$\boldsymbol{\alpha}_1x_1+\boldsymbol{\alpha}_2x_2+\boldsymbol{\alpha}_nx_n=\boldsymbol{\beta}\tag{3-1-2}$$

称式(3-1-2)为线性方程组的向量形式.这样，就可以借助于向量讨论线性方程组.

习题 3.1

1. 设向量 $\boldsymbol{\alpha},\boldsymbol{\beta}$ 满足 $\boldsymbol{\alpha}+2\boldsymbol{\beta}=\begin{bmatrix}6\\-1\\1\end{bmatrix}$，$\boldsymbol{\alpha}-2\boldsymbol{\beta}=\begin{bmatrix}2\\-1\\-5\end{bmatrix}$，求 $\boldsymbol{\alpha},\boldsymbol{\beta}$.

2. 已知向量 $\boldsymbol{\alpha},\boldsymbol{\beta},\boldsymbol{\gamma}$ 满足 $3\boldsymbol{\gamma}+\boldsymbol{\alpha}=2\boldsymbol{\gamma}+3\boldsymbol{\beta}$，其中 $\boldsymbol{\alpha}=(3,0,-1)$，$\boldsymbol{\beta}=(0,3,-1)$，求向量 $\boldsymbol{\gamma}$.

3. 设向量 $\boldsymbol{\alpha}=(2,-5,1,-3)$，$\boldsymbol{\beta}=(-10,1,-3,2)$，$\boldsymbol{\gamma}=(-4,1,1,-2)$，如果向量 $\boldsymbol{\alpha},\boldsymbol{\beta},\boldsymbol{\gamma},\boldsymbol{\eta}$ 满足 $3(\boldsymbol{\alpha}-\boldsymbol{\eta})+2(\boldsymbol{\beta}+\boldsymbol{\eta})=5(\boldsymbol{\gamma}+\boldsymbol{\eta})$，求向量 $\boldsymbol{\eta}$.

3.2　向量组的线性关系

本节我们将进一步研究向量间的关系.

3.2.1　线性组合与线性表示

两个向量之间最简单的关系是成比例. 若向量 $\boldsymbol{\alpha}$ 与 $\boldsymbol{\beta}$ 成比例,即 $\exists k\in\mathbf{R}$,使得 $\boldsymbol{\beta}=k\boldsymbol{\alpha}$. 也就是说,向量 $\boldsymbol{\beta}$ 可由向量 $\boldsymbol{\alpha}$ 经过线性运算得到.

那么,多个向量之间的比例关系,表现为线性组合.

例 3.2.1　设向量 $\boldsymbol{\alpha}=(-1,-2,1,-1)$,$\boldsymbol{\beta}=(-2,3,-1,0)$,$\boldsymbol{\gamma}=(-4,-1,1,-2)$,经计算,可得 $\boldsymbol{\gamma}=2\boldsymbol{\alpha}+\boldsymbol{\beta}$. 这时,我们称 $\boldsymbol{\gamma}$ 是 $\boldsymbol{\alpha}$,$\boldsymbol{\beta}$ 的线性组合.

我们给出如下定义.

定义 3.2.1　相同维数的向量的集合,称为**向量组**.

一般记为向量组 T 或向量组(Ⅰ)、(Ⅱ)等.

例如,若有向量

$$\boldsymbol{\alpha}_1=(1,2,-1)^{\mathrm{T}},\boldsymbol{\alpha}_2=(2,1,0)^{\mathrm{T}},\boldsymbol{\alpha}_3=(2,-3,1)^{\mathrm{T}},$$

我们可以记成向量组(Ⅰ):$\boldsymbol{\alpha}_1,\boldsymbol{\alpha}_2,\boldsymbol{\alpha}_3$.

向量 $\boldsymbol{\alpha}_1=(1,2,3)$,$\boldsymbol{\alpha}_2=(-1,1)$,$\boldsymbol{\alpha}_3=(0,-3,1)$不能形成一个向量组,因为它们的维数不同.

定义 3.2.2　设 n 维向量组 $\boldsymbol{\alpha}_1,\boldsymbol{\alpha}_2,\cdots,\boldsymbol{\alpha}_s,\boldsymbol{\beta}$.

(1)若 $k_1,k_2,\cdots,k_s$ 是一组任意常数,称 $k_1\boldsymbol{\alpha}_1+k_2\boldsymbol{\alpha}_2+\cdots+k_s\boldsymbol{\alpha}_s$ 为向量组 $\boldsymbol{\alpha}_1,\boldsymbol{\alpha}_2,\cdots,\boldsymbol{\alpha}_s$的一个**线性组合**.

(2)若存在一组数 $k_1,k_2,\cdots,k_s$,使得

$$\boldsymbol{\beta}=k_1\boldsymbol{\alpha}_1+k_2\boldsymbol{\alpha}_2+\cdots+k_s\boldsymbol{\alpha}_s \tag{3-2-1}$$

成立,则称向量 $\boldsymbol{\beta}$ 可由向量组 $\boldsymbol{\alpha}_1,\boldsymbol{\alpha}_2,\cdots,\boldsymbol{\alpha}_s$ **线性表示**(或线性表出),或称 $\boldsymbol{\beta}$ 是 $\boldsymbol{\alpha}_1,\boldsymbol{\alpha}_2,\cdots,\boldsymbol{\alpha}_s$ 的一个线性组合,称数 $k_1,k_2,\cdots,k_s$ 为**表出系数或组合系数**.

在例 3.2.1 中,因为 $\boldsymbol{\gamma}=2\boldsymbol{\alpha}+\boldsymbol{\beta}$,所以 $\boldsymbol{\gamma}$ 是向量组 $\boldsymbol{\alpha}$,$\boldsymbol{\beta}$ 的一个线性组合.

例 3.2.2　证明任一 n 维向量 $\boldsymbol{\alpha}=(a_1,a_2,\cdots,a_n)$都可由 n 维向量 $\boldsymbol{\varepsilon}_1=(1,0,\cdots,0)$,$\boldsymbol{\varepsilon}_2=(0,1,\cdots,0)$,$\cdots$,$\boldsymbol{\varepsilon}_n=(0,0,\cdots,1)$线性表出.

证明　若向量 $\boldsymbol{\alpha}=(a_1,a_2,\cdots,a_n)$已知,则存在数 $a_1,a_2,\cdots,a_n$,使得

$$\boldsymbol{\alpha}=a_1\varepsilon_1+a_2\varepsilon_2+\cdots+a_n\varepsilon_n$$

成立. 所以 $\boldsymbol{\alpha}$ 可以由 $\varepsilon_1,\varepsilon_2,\cdots,\varepsilon_n$ 线性表出.

我们称 $\varepsilon_1,\varepsilon_2,\cdots,\varepsilon_n$ 称为 n **维基本单位向量组**.

例 3.2.3 设$\boldsymbol{\beta}=\begin{bmatrix}0\\4\\2\end{bmatrix}$,$\boldsymbol{\alpha}_1=\begin{bmatrix}1\\2\\3\end{bmatrix}$,$\boldsymbol{\alpha}_2=\begin{bmatrix}2\\3\\1\end{bmatrix}$,$\boldsymbol{\alpha}_3=\begin{bmatrix}3\\1\\2\end{bmatrix}$,问$\boldsymbol{\beta}$是否能由$\boldsymbol{\alpha}_1,\boldsymbol{\alpha}_2,\boldsymbol{\alpha}_3$线性表出?

解 设$\boldsymbol{\beta}=k_1\boldsymbol{\alpha}_1+k_2\boldsymbol{\alpha}_2+k_3\boldsymbol{\alpha}_3$,则有

$$\begin{cases}k_1+2k_2+3k_3=0\\2k_1+3k_2+k_3=4\\3k_1+k_2+2k_3=2\end{cases}$$

解得$k_1=1,k_2=1,k_3=-1$,所以$\boldsymbol{\beta}$能由$\boldsymbol{\alpha}_1,\boldsymbol{\alpha}_2,\boldsymbol{\alpha}_3$唯一地线性表出,且

$$\boldsymbol{\beta}=\boldsymbol{\alpha}_1+\boldsymbol{\alpha}_2-\boldsymbol{\alpha}_3$$

通过例 3.2.3,我们能得到对给定向量$\boldsymbol{\beta}$与向量组$\boldsymbol{\alpha}_1,\boldsymbol{\alpha}_2,\cdots,\boldsymbol{\alpha}_m$,如何判断$\boldsymbol{\beta}$能否由$\boldsymbol{\alpha}_1,\boldsymbol{\alpha}_2,\cdots,\boldsymbol{\alpha}_m$线性表出的方法.

定理 3.2.1 向量$\boldsymbol{\beta}$可由$\boldsymbol{\alpha}_1,\boldsymbol{\alpha}_2,\cdots,\boldsymbol{\alpha}_s$线性表示的充要条件是:线性方程组$x_1\boldsymbol{\alpha}_1+x_2\boldsymbol{\alpha}_2+\cdots+x_s\boldsymbol{\alpha}_s=\boldsymbol{\beta}$有解.

3.2.2 线性相关与线性无关

下面我们给出向量组线性相关性的定义.

定义 3.2.3 设n维向量组$\boldsymbol{\alpha}_1,\boldsymbol{\alpha}_2,\cdots,\boldsymbol{\alpha}_s$.

(1)若存在一组不全为 0 的数$k_1,k_2,\cdots,k_s$,使得

$$k_1\boldsymbol{\alpha}_1+k_2\boldsymbol{\alpha}_2+\cdots+k_s\boldsymbol{\alpha}_s=\boldsymbol{0} \tag{3-2-2}$$

则称向量组$\boldsymbol{\alpha}_1,\boldsymbol{\alpha}_2,\cdots,\boldsymbol{\alpha}_s$是**线性相关**的.

(2)若当且仅当$k_1=k_2=\cdots=k_s=0$时,才使得式(3-2-2)成立,则称向量组$\boldsymbol{\alpha}_1,\boldsymbol{\alpha}_2,\cdots,\boldsymbol{\alpha}_s$是**线性无关**的.

例如,向量组$\boldsymbol{\alpha}_1=(4,-1,3,2)$,$\boldsymbol{\alpha}_2=(12,-3,9,6)$,$\boldsymbol{\alpha}_3=(7,-2,0,1)$,容易看出$\boldsymbol{\alpha}_2=3\boldsymbol{\alpha}_1$,于是有$3\boldsymbol{\alpha}_1-\boldsymbol{\alpha}_2+0\boldsymbol{\alpha}_3=\boldsymbol{0}$,所以向量组$\boldsymbol{\alpha}_1,\boldsymbol{\alpha}_2,\boldsymbol{\alpha}_3$是线性相关的.

例 3.2.4 证明:

(1)一个零向量必线性相关,而一个非零向量必线性无关;

(2)含有零向量的任意一个向量组必线性相关;

(3)n维基本单位向量组$\boldsymbol{\varepsilon}_1,\boldsymbol{\varepsilon}_2,\cdots,\boldsymbol{\varepsilon}_n$线性无关.

证明

(1)若$\boldsymbol{\alpha}=\boldsymbol{0}$,那么对任意$k\neq0$,都有$k\boldsymbol{\alpha}=\boldsymbol{0}$成立,即一个零向量线性相关;而当$\boldsymbol{\alpha}\neq0$时,当且仅当$k=0$时,$k\boldsymbol{\alpha}=\boldsymbol{0}$才成立,即一个非零向量线性无关.

(2)设向量组$\boldsymbol{\alpha}_1,\boldsymbol{\alpha}_2,\cdots,\boldsymbol{\alpha}_s$中,$\boldsymbol{\alpha}_i=\boldsymbol{0}$,显然有

$$0\boldsymbol{\alpha}_1+0\boldsymbol{\alpha}_2+\cdots+k\boldsymbol{\alpha}_i+\cdots 0\boldsymbol{\alpha}_s=\mathbf{0}\ (k\neq 0)$$

系数不全为零,故含有零向量的向量组线性相关.

(3)若 $k_1\boldsymbol{\varepsilon}_1+k_2\boldsymbol{\varepsilon}_2+\cdots+k_n\boldsymbol{\varepsilon}_n=\mathbf{0}$,即

$$k_1(1,0,\cdots,0)+k_2(0,1,\cdots,0)+\cdots k_n(0,1,\cdots,0)=(0,0,\cdots,0)$$

得 $k_1=k_2=\cdots=k_s=0$,故 n 维基本单位向量组 $\boldsymbol{\varepsilon}_1,\boldsymbol{\varepsilon}_2,\cdots,\boldsymbol{\varepsilon}_n$ 线性无关.

例 3.2.5　判断向量组 $\boldsymbol{\alpha}_1=(1,1,1)$,$\boldsymbol{\alpha}_2=(0,2,5)$,$\boldsymbol{\alpha}_3=(1,3,6)$的线性相关性.

解　令 $k_1\boldsymbol{\alpha}_1+k_2\boldsymbol{\alpha}_2+k_3\boldsymbol{\alpha}_3=\mathbf{0}$,即

$$k_1(1,1,1)+k_2(0,2,5)+k_3(1,3,6)=\mathbf{0}$$

得

$$\begin{cases}k_1 \qquad\quad +k_3=0\\ k_1+2k_2+3k_3=0\\ k_1+5k_2+6k_3=0\end{cases}\Rightarrow\begin{cases}k_1=k_2\\ k_3=-k_2\end{cases}$$

若令 $k_2=1$,则 $k_1=1,k_3=-1$,即存在不全为零的数 $k_1,k_2,\cdots,k_s$,使得 $k_1\boldsymbol{\alpha}_1+k_2\boldsymbol{\alpha}_2+k_3\boldsymbol{\alpha}_3=\mathbf{0}$,故向量组 $\boldsymbol{\alpha}_1,\boldsymbol{\alpha}_2,\boldsymbol{\alpha}_3$线性相关.

3.2.3　线性相关性的几个结论

由例 3.2.5 可以看出,要判断一个向量组的线性关系,都可以从式(3-2-2)出发,求出 $k_1,k_2,\cdots,k_s$,根据定义 3.2.3,判断该向量组的线性相关性.总结如下.

设 s 个 n 维向量组:

$$\boldsymbol{\alpha}_1=\begin{bmatrix}a_{11}\\ a_{21}\\ \vdots\\ a_{n1}\end{bmatrix},\boldsymbol{\alpha}_2=\begin{bmatrix}a_{12}\\ a_{22}\\ \vdots\\ a_{n2}\end{bmatrix},\cdots,\boldsymbol{\alpha}_s=\begin{bmatrix}a_{1s}\\ a_{2s}\\ \vdots\\ a_{ns}\end{bmatrix}$$

根据向量线性运算(或利用 3.1 节中的式(3-1-1)和式(3-1-2)),知 $k_1\boldsymbol{\alpha}_1+k_2\boldsymbol{\alpha}_2+\cdots+k_s\boldsymbol{\alpha}_s=\mathbf{0}$ 等价于齐次线性方程组:

$$\begin{cases}a_{11}k_1+a_{12}k_2+\cdots+a_{1s}k_s=0\\ a_{21}k_1+a_{22}k_2+\cdots+a_{2s}k_s=0\\ \vdots \qquad\quad \vdots \qquad\qquad\quad \vdots\\ a_{n1}k_1+a_{n2}k_2+\cdots+a_{ns}k_s=0\end{cases}\tag{3-2-3}$$

求解齐次线性方程组(3-2-3),得到 n 维向量组 $\boldsymbol{\alpha}_i=\begin{bmatrix}a_{1i}\\a_{2i}\\\vdots\\a_{ni}\end{bmatrix}$ $(i=1,2,\cdots,s)$的线性相关性.

定理 3.2.2 s 个 n 维向量组 $\boldsymbol{\alpha}_i=\begin{bmatrix}a_{1i}\\a_{2i}\\\vdots\\a_{ni}\end{bmatrix}$ $(i=1,2,\cdots,s)$线性相关的充要条件是齐次线性方程组(3-2-3)有非零解;线性无关的充要条件是该齐次线性方程组只有零解.

当向量组中所含向量个数与维数相同即 $s=n$ 时,齐次线性方程组(3-2-3)的方程个数与未知数个数相等,结合 1.5 节克莱姆法则中的定理 1.5.2 和推论,可得如下推论.

推论 3.2.1 n 个 n 维向量组 $\boldsymbol{\alpha}_i=\begin{bmatrix}a_{1i}\\a_{2i}\\\vdots\\a_{ni}\end{bmatrix}$ $(i=1,2,\cdots,n)$线性相关的充要条件是行列式 $D=|\boldsymbol{\alpha}_1,\boldsymbol{\alpha}_2,\cdots,\boldsymbol{\alpha}_n|=0$;线性无关的充要条件是行列式 $D\neq0$.

推论 3.2.2 当向量组中所含向量个数大于维数时,向量组一定线性相关.

例 3.2.6 证明向量组

$$\boldsymbol{\alpha}_1=[1,\ a,\ a^2,\ a^3],\quad \boldsymbol{\alpha}_2=[1,\ b,\ b^2,\ b^3]$$

$$\boldsymbol{\alpha}_3=[1,\ c,\ c^2,\ c^3],\quad \boldsymbol{\alpha}_4=[1,\ d,\ d^2,\ d^3]$$

线性无关,其中 a,b,c,d 各不相同.

证明 向量组由四个 4 维向量组成,于是

$$D=\begin{vmatrix}1&1&1&1\\a&b&c&d\\a^2&b^2&c^2&d^2\\a^3&b^3&c^3&d^3\end{vmatrix}=(b-a)(c-a)(d-a)(c-b)(d-b)(d-c)$$

由 a,b,c,d 各不相同可得 $D\neq0$,故 $\boldsymbol{\alpha}_1,\boldsymbol{\alpha}_2,\boldsymbol{\alpha}_3,\boldsymbol{\alpha}_4$ 线性无关.

下面给出向量组线性相关性的其他结论.

定理 3.2.3 向量组 $\boldsymbol{\alpha}_1,\boldsymbol{\alpha}_2,\cdots,\boldsymbol{\alpha}_m(m\geqslant2)$线性相关的充分必要条件是其中至

少有一个向量可由其余 $m-1$ 个向量线性表示.

推论 3.2.3　向量组 $\boldsymbol{\alpha}_1,\boldsymbol{\alpha}_2,\cdots,\boldsymbol{\alpha}_m(m\geqslant 2)$ 线性无关的充分必要条件是其中每一个向量都不能由其余 $m-1$ 个向量线性表示.

定理 3.2.4　若向量组 $\boldsymbol{\alpha}_1,\boldsymbol{\alpha}_2,\cdots,\boldsymbol{\alpha}_m$ 线性无关,而向量组 $\boldsymbol{\alpha}_1,\boldsymbol{\alpha}_2,\cdots,\boldsymbol{\alpha}_m,\boldsymbol{\beta}$ 线性相关,则 $\boldsymbol{\beta}$ 可由 $\boldsymbol{\alpha}_1,\boldsymbol{\alpha}_2,\cdots,\boldsymbol{\alpha}_m$ 线性表示,且表达式唯一.

证明　因向量组 $\boldsymbol{\alpha}_1,\boldsymbol{\alpha}_2,\cdots,\boldsymbol{\alpha}_m,\boldsymbol{\beta}$ 线性相关,所以存在不全为零的数 $k_1,k_2,\cdots,k_m,l$ 使得 $k_1\boldsymbol{\alpha}_1+k_2\boldsymbol{\alpha}_2+\cdots+k_m\boldsymbol{\alpha}_m+l\boldsymbol{\beta}=\mathbf{0}$ 成立. 若 $l=0$,则 $k_1\boldsymbol{\alpha}_1+k_2\boldsymbol{\alpha}_2+\cdots+k_m\boldsymbol{\alpha}_m=\mathbf{0}$,且 $k_1,k_2,\cdots,k_m$ 不全为 0,这与 $\boldsymbol{\alpha}_1,\boldsymbol{\alpha}_2,\cdots,\boldsymbol{\alpha}_m$ 线性无关矛盾. 故 $l\neq 0$. 于是

$$\boldsymbol{\beta}=-\frac{1}{l}(k_1\boldsymbol{\alpha}_1+k_2\boldsymbol{\alpha}_2+\cdots+k_m\boldsymbol{\alpha}_m)$$

表示法唯一可用反证法证明得到,留给读者解决.

定理 3.2.5　设 n 维向量组 $\boldsymbol{\alpha}_1,\boldsymbol{\alpha}_2,\cdots,\boldsymbol{\alpha}_s$ 线性相关,则向量组 $\boldsymbol{\alpha}_1,\boldsymbol{\alpha}_2,\cdots,\boldsymbol{\alpha}_s,\cdots,\boldsymbol{\alpha}_m(m>s)$ 也线性相关. 即若向量组中有一部分向量组(称为部分组)线性相关,则整个向量组线性相关.

证明　因为 $\boldsymbol{\alpha}_1,\boldsymbol{\alpha}_2,\cdots,\boldsymbol{\alpha}_s$ 线性相关,所以存在一组不全为零的数 $k_1,k_2,\cdots,k_s$,使得 $k_1\boldsymbol{\alpha}_1+k_2\boldsymbol{\alpha}_2+\cdots+k_s\boldsymbol{\alpha}_s=\mathbf{0}$,于是

$$k_1\boldsymbol{\alpha}_1+k_2\boldsymbol{\alpha}_2+\cdots+k_s\boldsymbol{\alpha}_s+0\boldsymbol{\alpha}_{s+1}+\cdots+0\boldsymbol{\alpha}_m=\mathbf{0}$$

因此,$\boldsymbol{\alpha}_1,\boldsymbol{\alpha}_2,\cdots,\boldsymbol{\alpha}_s,\cdots,\boldsymbol{\alpha}_m(m>s)$ 线性相关.

推论 3.2.4　若向量组线性无关,则它的任意一个部分组线性无关.

定理 3.2.5 和推论 3.2.4 可以简记为:部分组线性相关,则整体也线性相关;整体线性无关,则部分组也线性无关.

定理 3.2.6　如果 n 维向量组 $\boldsymbol{\alpha}_1,\boldsymbol{\alpha}_2,\cdots,\boldsymbol{\alpha}_s$ 线性无关,则在每个向量上都添加 m 个分量,所得到的 $n+m$ 维接长向量组也线性无关.

推论 3.2.5　如果 n 维向量组 $\boldsymbol{\alpha}_1,\boldsymbol{\alpha}_2,\cdots,\boldsymbol{\alpha}_s$ 线性相关,则在每一个向量上都去掉 $m(m<n)$ 个分量,所得的 $n-m$ 维截短向量组也线性相关.

定理 3.2.6 和推论 3.2.5 可以简记为:接长向量组线性相关,则截短向量组也线性相关;截短向量组线性无关,则接长组也线性无关.

例 3.2.7　若向量组 $\boldsymbol{\alpha}_1,\boldsymbol{\alpha}_2,\boldsymbol{\alpha}_3$ 线性无关,证明:向量 $\boldsymbol{\beta}_1-2\boldsymbol{\alpha}_1+\boldsymbol{\alpha}_2,\boldsymbol{\beta}_2=\boldsymbol{\alpha}_2+5\boldsymbol{\alpha}_3,\boldsymbol{\beta}_3=3\boldsymbol{\alpha}_1+4\boldsymbol{\alpha}_3$ 也线性无关.

证明　设有数 k_1,k_2,k_3,使得 $k_1\boldsymbol{\beta}_1+k_2\boldsymbol{\beta}_2+k_3\boldsymbol{\beta}_3=\mathbf{0}$ 成立,即

$$k_1(2\boldsymbol{\alpha}_1+\boldsymbol{\alpha}_2)+k_2(\boldsymbol{\alpha}_2+5\boldsymbol{\alpha}_3)+k_3(3\boldsymbol{\alpha}_1+4\boldsymbol{\alpha}_3)=\mathbf{0}$$

因为 $\boldsymbol{\alpha}_1,\boldsymbol{\alpha}_2,\boldsymbol{\alpha}_3$ 线性无关,则方程组 $\begin{cases}2k_1+3k_3=0\\k_1+k_2=0\\5k_2+4k_3=0\end{cases}$ 的系数行列式

$$D=\begin{vmatrix}2&0&3\\1&1&0\\0&5&4\end{vmatrix}=23\neq 0$$

只有零解 $k_1=k_2=k_3=0$,故向量组 $\boldsymbol{\beta}_1,\boldsymbol{\beta}_2,\boldsymbol{\beta}_3$ 也线性无关.

习题 3.2

1. 在三维空间中,向量组 $\boldsymbol{\alpha}_1,\boldsymbol{\alpha}_2$ 线性相关表示向量 $\boldsymbol{\alpha}_1$ 与 $\boldsymbol{\alpha}_2$ 共线,向量组 $\boldsymbol{\alpha}_1,\boldsymbol{\alpha}_2,\boldsymbol{\alpha}_3$ 线性相关表示这三个向量共面. 请作出解释.

2. 设 $\boldsymbol{\beta}=(1,1)$, $\boldsymbol{\alpha}_1=(1,-2)$, $\boldsymbol{\alpha}_2=(-2,4)$,问 $\boldsymbol{\beta}$ 能否由 $\boldsymbol{\alpha}_1,\boldsymbol{\alpha}_2$ 线性表示.

3. 判断下列向量的线性相关性:

(1)$\boldsymbol{\alpha}_1=(-2,1,-3,-1)$,$\boldsymbol{\alpha}_2=(-4,2,-5,-4)$,$\boldsymbol{\alpha}_3=(-2,1,-4,1)$;

(2)$\boldsymbol{\alpha}_1=\begin{bmatrix}1\\0\\-1\end{bmatrix}$,$\boldsymbol{\alpha}_2=\begin{bmatrix}-1\\-1\\2\end{bmatrix}$,$\boldsymbol{\alpha}_3=\begin{bmatrix}2\\3\\-5\end{bmatrix}$.

4. 当 t 为何值时,向量 $\boldsymbol{\alpha}_1=(1,1,0)$,$\boldsymbol{\alpha}_2=(1,3,-1)$,$\boldsymbol{\alpha}_3=(5,3,t)$ 线性相关?

5. 设向量组 $\boldsymbol{\alpha}_1,\boldsymbol{\alpha}_2,\boldsymbol{\alpha}_3$ 线性无关,$\boldsymbol{\beta}_1=\boldsymbol{\alpha}_1+2\boldsymbol{\alpha}_2+\boldsymbol{\alpha}_3$,$\boldsymbol{\beta}_2=2\boldsymbol{\alpha}_1+\boldsymbol{\alpha}_2+\boldsymbol{\alpha}_3$,$\boldsymbol{\beta}_3=\boldsymbol{\alpha}_1+\boldsymbol{\alpha}_2+2\boldsymbol{\alpha}_3$,证明:$\boldsymbol{\beta}_1,\boldsymbol{\beta}_2,\boldsymbol{\beta}_3$ 线性无关.

6. 设有 $\boldsymbol{\alpha}_1=(1,-2,4)$, $\boldsymbol{\alpha}_2=(0,1,2)$, $\boldsymbol{\alpha}_3=(-2,3,a)$,试问:

(1)a 取何值时,$\boldsymbol{\alpha}_1,\boldsymbol{\alpha}_2,\boldsymbol{\alpha}_3$ 线性相关?

(2)a 取何值时,$\boldsymbol{\alpha}_1,\boldsymbol{\alpha}_2,\boldsymbol{\alpha}_3$ 线性无关?

3.3 向量组的秩与矩阵的秩

3.3.1 向量组的极大无关组

引例 设向量组 T 为 $\boldsymbol{\alpha}_1=\begin{bmatrix}1\\0\end{bmatrix}$,$\boldsymbol{\alpha}_2=\begin{bmatrix}0\\1\end{bmatrix}$,$\boldsymbol{\alpha}_3=\begin{bmatrix}2\\0\end{bmatrix}$,$\boldsymbol{\alpha}_4=\begin{bmatrix}-3\\4\end{bmatrix}$,由上一节推论 3.2.2 我们知道,向量组 T 线性相关,它的部分组 $\boldsymbol{\alpha}_1,\boldsymbol{\alpha}_2$ 和 $\boldsymbol{\alpha}_2,\boldsymbol{\alpha}_3$ 都是线性无关的,如果再添加一个向量进去,部分组就变成线性相关了. 说明向量组 T 线性无关的部分组中最多含有两个向量.

为了确切地说明这一问题,我们引入极大线性无关组的概念.

定义 3.3.1　设向量组 T：$\boldsymbol{\alpha}_1,\boldsymbol{\alpha}_2,\cdots,\boldsymbol{\alpha}_m$ 中有一部分向量组 $\boldsymbol{\alpha}_1,\boldsymbol{\alpha}_2,\cdots,\boldsymbol{\alpha}_r$，满足：

(1)$\boldsymbol{\alpha}_1,\boldsymbol{\alpha}_2,\cdots,\boldsymbol{\alpha}_r$ 线性无关；

(2)在向量组 T 中任取一个向量 $\boldsymbol{\alpha}_i(i\neq 1,2,\cdots,r)$，$\boldsymbol{\alpha}_1,\boldsymbol{\alpha}_2,\cdots,\boldsymbol{\alpha}_r,\boldsymbol{\alpha}_i$ 线性相关，则称 $\boldsymbol{\alpha}_1,\boldsymbol{\alpha}_2,\cdots,\boldsymbol{\alpha}_r$ 是向量组 T 的一个**极大线性无关组**，简称为极大无关组.

根据 3.2 节定理 3.2.4 知，定义 3.3.1 中第二个条件等价于：向量组 T 中任意向量 $\boldsymbol{\alpha}_i$ 都可由 $\boldsymbol{\alpha}_1,\boldsymbol{\alpha}_2,\cdots,\boldsymbol{\alpha}_r$ 线性表示.

从定义 3.3.1 可看出，一个线性无关的向量组的极大无关组就是这个向量组本身.

显然，只含零向量的向量组没有极大无关组.

引例中向量组 T 的部分组 $\boldsymbol{\alpha}_1,\boldsymbol{\alpha}_2$ 和 $\boldsymbol{\alpha}_2,\boldsymbol{\alpha}_3$ 都是它的极大无关组，可见，向量组的极大无关组可能不是唯一的.

为了更深入地讨论向量组的极大无关组的性质，我们先来介绍两个向量组之间的关系.

定义 3.3.2　设有两个同维向量组：(Ⅰ)$\boldsymbol{\alpha}_1,\boldsymbol{\alpha}_2,\cdots,\boldsymbol{\alpha}_s$；(Ⅱ)$\boldsymbol{\beta}_1,\boldsymbol{\beta}_2,\cdots,\boldsymbol{\beta}_t$，若向量组(Ⅱ)中**每个** $\boldsymbol{\beta}_i(i=1,2,\cdots,t)$都可以由 $\boldsymbol{\alpha}_1,\boldsymbol{\alpha}_2,\cdots,\boldsymbol{\alpha}_s$ 线性表示，则称向量组(Ⅱ)可由向量组(Ⅰ)线性表示；否则，则称向量组(Ⅱ)不能由向量组(Ⅰ)线性表示.

若向量组(Ⅰ)和(Ⅱ)可以互相线性表示，则称它们**等价**. 记做(Ⅰ)$\cong$(Ⅱ).

容易证明，等价向量组有如下性质：

(1)反身性：任一向量组与它自身等价；

(2)对称性：若向量组(Ⅰ)与(Ⅱ)等价，则(Ⅱ)与(Ⅰ)也等价；

(3)传递性：若向量组(Ⅰ)与(Ⅱ)等价，(Ⅱ)与(Ⅲ)等价，则(Ⅰ)与(Ⅲ)也等价.

向量组之间的线性表示与向量组的线性相关性有如下联系：

定理 3.3.1　若向量组(Ⅰ)$\boldsymbol{\alpha}_1,\boldsymbol{\alpha}_2,\cdots,\boldsymbol{\alpha}_s$ 可以由向量组(Ⅱ)$\boldsymbol{\beta}_1,\boldsymbol{\beta}_2,\cdots,\boldsymbol{\beta}_t$ 线性表示，且 $s>t$，则向量组 $\boldsymbol{\alpha}_1,\boldsymbol{\alpha}_2,\cdots,\boldsymbol{\alpha}_s$ 线性相关.

定理 3.3.1 也可等价的叙述为：

推论 3.3.1　若向量组 $\boldsymbol{\alpha}_1,\boldsymbol{\alpha}_2,\cdots,\boldsymbol{\alpha}_s$ 线性无关且可由向量组 $\boldsymbol{\beta}_1,\boldsymbol{\beta}_2,\cdots,\boldsymbol{\beta}_t$ 线性表示，则 $s\leqslant t$.

推论 3.3.2　若向量组(Ⅰ)$\boldsymbol{\alpha}_1,\boldsymbol{\alpha}_2,\cdots,\boldsymbol{\alpha}_s$ 和(Ⅱ)$\boldsymbol{\beta}_1,\boldsymbol{\beta}_2,\cdots,\boldsymbol{\beta}_t$ 等价且都线性无关，则 $s=t$.

定理 3.3.1 表明：若一个向量组(Ⅰ)可用含较少个数的向量组线性表示，则向量组(Ⅰ)必线性相关. 推论 3.3.2 表明：两个等价的线性无关的向量组所含向量的个数相同.

由向量组等价的定义和上面的结论,可以得到极大线性无关组有以下性质:

(1)向量组与它的极大无关组等价.

(2)向量组的任意两个极大无关组等价.

(3)向量组的任意两个极大无关组所含向量的个数相同.

3.3.2 向量组的秩

一个向量组的所有极大无关组所含向量的个数相同,这反映了向量组本身的性质.因此,我们引进如下概念:

定义 3.3.3 向量组 $T:\boldsymbol{\alpha}_1,\boldsymbol{\alpha}_2,\cdots,\boldsymbol{\alpha}_s$ 的极大无关组所含向量的个数,称为该向量组的秩,记做 $r(T)$ 或 $r(\boldsymbol{\alpha}_1,\boldsymbol{\alpha}_2,\cdots,\boldsymbol{\alpha}_s)$.

我们规定:只含零向量的向量组的秩为 0.

n 维基本单位向量组 $\boldsymbol{\varepsilon}_1,\boldsymbol{\varepsilon}_2,\cdots,\boldsymbol{\varepsilon}_n$ 是线性无关的,它的极大无关组就是它本身,因此,$r(\boldsymbol{\varepsilon}_1,\boldsymbol{\varepsilon}_2,\cdots,\boldsymbol{\varepsilon}_n)=n$.

定理 3.3.2 向量组 $\boldsymbol{\alpha}_1,\boldsymbol{\alpha}_2,\cdots,\boldsymbol{\alpha}_s$ 线性无关的充要条件是 $r(\boldsymbol{\alpha}_1,\boldsymbol{\alpha}_2,\cdots,\boldsymbol{\alpha}_s)=s$,即它的秩等于它所含向量的个数.

定理 3.3.3 相互等价的向量组的秩相等.

定理 3.3.3 的逆命题不成立,即两个向量组的秩相等时,它们未必等价.

定理 3.3.4 如果两个向量组的秩相等且其中一个向量组可由另一个线性表出,则这两个向量组等价.

3.3.3 矩阵的秩

在 2.5 节中用非零子式的最高阶数定义过矩阵的秩,这里我们给出矩阵的秩的另一种定义.

设矩阵 $\boldsymbol{A}=\begin{bmatrix} a_{11} & a_{12} & \cdots & a_{1n} \\ a_{21} & a_{22} & \cdots & a_{2n} \\ \vdots & \vdots & & \vdots \\ a_{m1} & a_{m2} & \cdots & a_{mn} \end{bmatrix}$,按行分块,记为 $\boldsymbol{A}=\begin{bmatrix} \boldsymbol{\alpha}_1 \\ \boldsymbol{\alpha}_2 \\ \vdots \\ \boldsymbol{\alpha}_m \end{bmatrix}$,其中 $\boldsymbol{\alpha}_i=(a_{i1},a_{i2},\cdots,a_{in})$,$i=1,2,\cdots,m$,矩阵 A 也可按列分块,记为 $\boldsymbol{A}=(\boldsymbol{\beta}_1,\boldsymbol{\beta}_2,\cdots,\boldsymbol{\beta}_n)$,其中 $\boldsymbol{\beta}_j=(\boldsymbol{a}_{1j},\boldsymbol{a}_{2j},\cdots,\boldsymbol{a}_{nj})^{\mathrm{T}}$,$j=1,2,\cdots,n$,则称 $\boldsymbol{\alpha}_1,\boldsymbol{\alpha}_2,\cdots,\boldsymbol{\alpha}_m$ 为矩阵 $\boldsymbol{A}$ 的**行向量组**,$\boldsymbol{\beta}_1,\boldsymbol{\beta}_2,\cdots,\boldsymbol{\beta}_n$ 为矩阵 $\boldsymbol{A}$ 的**列向量组**.

定义 3.3.4　矩阵 $\boldsymbol{A}$ 的行向量组的秩称为矩阵 A 的行秩，而矩阵 A 的列向量组的秩称为矩阵 A 的列秩.

定理 3.3.5　任一矩阵的行秩与列秩相等，都等于该矩阵的秩.

3.3.4　向量组的秩和极大无关组的求法

定理 3.3.5 建立了向量组(无论是行向量组还是列向量组)的秩与矩阵的秩之间的联系，即向量组的秩可通过相应的矩阵的秩求得，其通常用的方法是：

若 $\boldsymbol{\alpha}_1,\boldsymbol{\alpha}_2,\cdots,\boldsymbol{\alpha}_n$ 是列向量组，构成矩阵 $\boldsymbol{A}=(\boldsymbol{\alpha}_1,\boldsymbol{\alpha}_2,\cdots,\boldsymbol{\alpha}_n)$，则 $r(\boldsymbol{A})=r(\boldsymbol{\alpha}_1,\boldsymbol{\alpha}_2,\cdots,\boldsymbol{\alpha}_n)$. 矩阵 $\boldsymbol{A}$ 的秩的计算方法在 2.5 节已学，用初等行变换把 $\boldsymbol{A}$ 化为阶梯形矩阵，则阶梯形矩阵非零行的行数即 $r(\boldsymbol{A})$. $\boldsymbol{\alpha}_1,\boldsymbol{\alpha}_2,\cdots,\boldsymbol{\alpha}_n$ 为行向量组时方法类似.

求向量组的极大无关组的方法是：先将向量组作为列向量构成矩阵 $\boldsymbol{A}$，然后对 $\boldsymbol{A}$ 实行初等行变换，把 $\boldsymbol{A}$ 化为行最简形矩阵，则由行最简形矩阵列之间的线性关系，就可以确定原向量组间的线性关系，从而确定其极大无关组.

例 3.3.1　设向量组 T：$\boldsymbol{\alpha}_1=(1\quad -1\quad 2\quad 1\quad 0)$，$\boldsymbol{\alpha}_2=(2\quad -2\quad 4\quad -2\quad 0)$，$\boldsymbol{\alpha}_3=(3\quad 0\quad 6\quad -1\quad 1)$，$\boldsymbol{\alpha}_4=(0\quad 3\quad 0\quad 0\quad 1)$，求向量组 T 的秩及一个极大无关组，并把其余向量用此极大无关组线性表示.

解　以 $\boldsymbol{\alpha}_1,\boldsymbol{\alpha}_2,\boldsymbol{\alpha}_3,\boldsymbol{\alpha}_4$ 为列向量构造矩阵 $\boldsymbol{A}$，用初等行变换把 $\boldsymbol{A}$ 化为简化阶梯形矩阵

$$\boldsymbol{A}=\begin{bmatrix}1 & 2 & 3 & 0\\ -1 & -2 & 0 & 3\\ 2 & 4 & 6 & 0\\ 1 & -2 & -1 & 0\\ 0 & 0 & 1 & 1\end{bmatrix}\to\begin{bmatrix}1 & 2 & 3 & 0\\ 0 & 1 & 1 & 0\\ 0 & 0 & 1 & 1\\ 0 & 0 & 0 & 0\\ 0 & 0 & 0 & 0\end{bmatrix}\to\begin{bmatrix}1 & 0 & 0 & -1\\ 0 & 1 & 0 & -1\\ 0 & 0 & 1 & 1\\ 0 & 0 & 0 & 0\\ 0 & 0 & 0 & 0\end{bmatrix}=(\boldsymbol{\beta}_1,\boldsymbol{\beta}_2,\boldsymbol{\beta}_3,\boldsymbol{\beta}_4)$$

因为 $r(\boldsymbol{A})=3$，所以 $r(T)=3$，又因为 $r(\boldsymbol{\beta}_1,\boldsymbol{\beta}_2,\boldsymbol{\beta}_3)=3$，所以 $\boldsymbol{\beta}_1,\boldsymbol{\beta}_2,\boldsymbol{\beta}_3$ 线性无关且是 $\boldsymbol{\beta}_1,\boldsymbol{\beta}_2,\boldsymbol{\beta}_3,\boldsymbol{\beta}_4$ 的一个极大无关组. 所以，相应地 $\boldsymbol{\alpha}_1,\boldsymbol{\alpha}_2,\boldsymbol{\alpha}_3$ 是向量组 T 的极大无关组. 由于 $\boldsymbol{\beta}_4=-\boldsymbol{\beta}_1-\boldsymbol{\beta}_2+\boldsymbol{\beta}_3$，相应地有 $\boldsymbol{\alpha}_4=-\boldsymbol{\alpha}_1-\boldsymbol{\alpha}_2+\boldsymbol{\alpha}_3$.

习题 3.3

1. 设向量组 $(2,1,1,1)^{\mathrm{T}}$，$(2,1,a,a)^{\mathrm{T}}$，$(3,2,1,a)^{\mathrm{T}}$，$(4,3,2,1)^{\mathrm{T}}$ 线性相关，求 a.

2. 求出参数 k 的值，使得矩阵 $\boldsymbol{A}=\begin{bmatrix}1 & 2 & 1 & 0\\ 3 & -1 & 0 & 2\\ -1 & k & 2 & -2\end{bmatrix}$ 的秩为 2.

3. 求向量组 $\boldsymbol{\alpha}_1=\begin{bmatrix}1\\2\\-1\\4\end{bmatrix},\boldsymbol{\alpha}_2=\begin{bmatrix}0\\1\\3\\2\end{bmatrix},\boldsymbol{\alpha}_3=\begin{bmatrix}3\\7\\0\\14\end{bmatrix},\boldsymbol{\alpha}_4=\begin{bmatrix}-1\\2\\-2\\0\end{bmatrix},\boldsymbol{\alpha}_5=\begin{bmatrix}5\\-1\\7\\10\end{bmatrix}$ 的秩及一个极大线性无关组，并把其余向量用该极大线性无关组线性表示.

4. 求下列矩阵的秩：

(1) $\begin{bmatrix}2&-1&4&-1\\4&-2&5&4\\2&-1&3&1\end{bmatrix}$；　　(2) $\begin{bmatrix}2&3&5&4&6\\1&2&2&3&2\\3&5&7&7&8\\1&1&3&1&4\end{bmatrix}$.

5. 判断下列向量组的线性相关性. 如果线性相关，写出其中一个向量由其余向量线性表示的表达式.

(1) $\boldsymbol{\alpha}_1=(3,4,-2,5),\boldsymbol{\alpha}_2=(2,-5,0,-3),\boldsymbol{\alpha}_3=(5,0,-1,2),\boldsymbol{\alpha}_4=(3,3,-1,5)$；

(2) $\boldsymbol{\alpha}_1=(1,-2,0,3),\boldsymbol{\alpha}_2=(2,5,-1,0),\boldsymbol{\alpha}_3=(3,4,-1,2)$.

6. 求下列向量组的秩及其一个极大线性无关组，并将其余向量用极大线性无关组线性表示：

(1) $\boldsymbol{\alpha}_1=\begin{bmatrix}1\\-1\\2\\4\end{bmatrix},\boldsymbol{\alpha}_2=\begin{bmatrix}0\\3\\1\\2\end{bmatrix},\boldsymbol{\alpha}_3=\begin{bmatrix}3\\0\\7\\14\end{bmatrix},\boldsymbol{\alpha}_4=\begin{bmatrix}1\\-1\\2\\0\end{bmatrix}$；

(2) $\boldsymbol{\alpha}_1=\begin{bmatrix}1\\1\\1\end{bmatrix},\boldsymbol{\alpha}_2=\begin{bmatrix}1\\1\\0\end{bmatrix},\boldsymbol{\alpha}_3=\begin{bmatrix}1\\0\\0\end{bmatrix},\ \boldsymbol{\alpha}_4=\begin{bmatrix}1\\-2\\-3\end{bmatrix}$.

3.4 向量的空间

空间的概念在数学中起着重要的作用. 所谓空间，就是在其元素之间以公理形式给出了某些关系的集合. 在解析几何里，我们已经见到平面或空间的向量. 两个向量的加法以及数乘法满足一定的运算规律. 向量空间正是解析几何里向量概念的一般化. 向量空间是线性代数中一个较为抽象的概念. 我们应了解向量空间、子空间、基底、维数、坐标等概念.

3.4.1　向量空间的概念

定义 3.4.1　设 V 是一个非空集合，P 是一个数域．如果在集合 V 中定义了两种运算：对于 $\forall \boldsymbol{\alpha},\boldsymbol{\beta}\in V$，有 $\boldsymbol{\alpha}+\boldsymbol{\beta}\in V$；对于 $\forall \boldsymbol{\alpha}\in V, k\in P$，有 $k\boldsymbol{\alpha}\in V$，则称集合 V 对于加法及数乘两种运算封闭．

定义 3.4.2　设 P 是一个数域，若非空集合 V 对于加法及数乘两种运算封闭，且这些运算满足下面八条公理，则称集合 V 是数域 P 上的向量空间．

对于 $\forall \boldsymbol{\alpha},\boldsymbol{\beta},\boldsymbol{\gamma}\in V, \forall k\in P$，有：

(1) $(\boldsymbol{\alpha}+\boldsymbol{\beta})+\boldsymbol{\gamma}=\boldsymbol{\alpha}+(\boldsymbol{\beta}+\boldsymbol{\gamma})$；

(2) $\boldsymbol{\alpha}+\boldsymbol{\beta}=\boldsymbol{\beta}+\boldsymbol{\alpha}$；

(3) 在 V 中存在这样的元素 0，使得对于 $\forall \boldsymbol{\alpha}\in V$，均有 $\boldsymbol{\alpha}+0=\boldsymbol{\alpha}$，我们称 0 为 V 的零元素；

(4) 对于 $\forall \boldsymbol{\alpha}\in V$，$\exists \boldsymbol{\alpha}'\in V$，使得 $\boldsymbol{\alpha}+\boldsymbol{\alpha}'=0$，我们称 $\boldsymbol{\alpha}'$ 为 $\boldsymbol{\alpha}$ 的负元素；

(5) $(k+l)\boldsymbol{\alpha}=k\boldsymbol{\alpha}+l\boldsymbol{\alpha}$；

(6) $k(\boldsymbol{\alpha}+\boldsymbol{\beta})=k\boldsymbol{\alpha}+k\boldsymbol{\beta}$；

(7) $(kl)\boldsymbol{\alpha}=k(l\boldsymbol{\alpha})$；

(8) $1\cdot\boldsymbol{\alpha}=\boldsymbol{\alpha}$．

向量空间的元素也称为向量．通常我们用小写的希腊字母 $\boldsymbol{\alpha},\boldsymbol{\beta},\boldsymbol{\gamma},\cdots$ 代表向量空间中的向量．

例 3.4.1　全体 $m\times n$ 矩阵的集合 V 构成数域 P 上的一个向量空间．

按照矩阵的加法和数乘运算，容易验证，集合 V 对于加法及数乘两种运算封闭，且这些运算满足上面的八条公理．

例 3.4.2　全体 n 维向量构成一个向量空间，记为 R^n．由此可知，向量空间 R^1 指数轴，R^2 指平面，R^3 指几何空间．

定义 3.4.3　设集合 W 是数域 P 上向量空间 V 的一个非空子集合，若集合 W 对于 V 的加法及数乘运算封闭，且满足八条公理，则称 W 为向量空间 V 的一个子空间．

例 3.4.3　在向量空间 V 中，由单个的零向量所组成的子集合是一个子空间，叫做**零子空间**．

例 3.4.4　在向量空间 R^n 中，齐次线性方程组

$$\begin{cases} a_{11}x_1+a_{12}x_2+\cdots+a_{1n}x_n=0 \\ a_{21}x_1+a_{22}x_2+\cdots+a_{2n}x_n=0 \\ \vdots \qquad \vdots \qquad \vdots \\ a_{s1}x_1+a_{s2}x_2+\cdots+a_{sn}x_n=0 \end{cases}$$

的全部解向量组成 R^n 的一个子空间. 这个子空间叫做齐次线性方程组的**解空间**.

3.4.2 向量空间的基底与维数

在三维几何空间 R^3 中,3 维基本单位向量 $\boldsymbol{\varepsilon}_1=\begin{bmatrix}1\\0\\0\end{bmatrix}$,$\boldsymbol{\varepsilon}_2=\begin{bmatrix}0\\1\\0\end{bmatrix}$,$\boldsymbol{\varepsilon}_3=\begin{bmatrix}0\\0\\1\end{bmatrix}$是线性无关的,而对于任一个向量 $\boldsymbol{\alpha}=\begin{bmatrix}a_1\\a_2\\a_3\end{bmatrix}$, 均有 $\boldsymbol{\alpha}=a_1\boldsymbol{\varepsilon}_1+a_2\boldsymbol{\varepsilon}_2+a_3\boldsymbol{\varepsilon}_3$,$\boldsymbol{\varepsilon}_1$,$\boldsymbol{\varepsilon}_2$,$\boldsymbol{\varepsilon}_3$ 被称为 R^3 的坐标系或基底,而(a_1,a_2,a_3)称为向量 $\boldsymbol{\alpha}$ 在基底 $\boldsymbol{\varepsilon}_1$,$\boldsymbol{\varepsilon}_2$,$\boldsymbol{\varepsilon}_3$ 下的坐标.

一般地,我们有如下的定义.

定义 3.4.4 设向量空间 V 中的 r 个向量 $\boldsymbol{\alpha}_1,\boldsymbol{\alpha}_2,\cdots,\boldsymbol{\alpha}_r$, 满足:

(1)$\boldsymbol{\alpha}_1,\boldsymbol{\alpha}_2,\cdots,\boldsymbol{\alpha}_r$ 线性无关;

(2)V 中任何一个向量都可以由 $\boldsymbol{\alpha}_1,\boldsymbol{\alpha}_2,\cdots,\boldsymbol{\alpha}_r$ 线性表示.

则称向量组 $\boldsymbol{\alpha}_1,\boldsymbol{\alpha}_2,\cdots,\boldsymbol{\alpha}_r$ 是向量空间 V 的一个基底,r 称为向量空间 V 的维数,记为 $\dim V=r$.

若向量空间 V 没有基,则 V 的维数为 0. 0 维向量空间只含一个零向量 $\mathbf{0}$.

请读者将向量空间 V 的基底(维数)与向量组的极大无关组(秩)的定义进行比较.

例 3.4.5 设向量空间 R^n 为全体 n 维列向量 $\begin{bmatrix}a_1\\a_2\\\vdots\\a_n\end{bmatrix}$$(a_i\in R)$构成的集合,在 R^n 中,n 维基本单位向量组 $\boldsymbol{\varepsilon}_1=\begin{bmatrix}1\\0\\0\\\vdots\\0\end{bmatrix}$,$\boldsymbol{\varepsilon}_2=\begin{bmatrix}0\\1\\0\\\vdots\\0\end{bmatrix}$,$\cdots$,$\boldsymbol{\varepsilon}_n=\begin{bmatrix}0\\0\\0\\\vdots\\1\end{bmatrix}$是 R^n 的一个基.

证明 因为 $\boldsymbol{\varepsilon}_1,\boldsymbol{\varepsilon}_2,\cdots,\boldsymbol{\varepsilon}_n$ 线性无关,且对任一向量 $\boldsymbol{\alpha}=(a_1,\ a_2,\ \cdots,\ a_n)^{\mathrm{T}}$, 均

有 $\boldsymbol{\alpha}=a_1\boldsymbol{\varepsilon}_1+a_2\boldsymbol{\varepsilon}_2+\cdots+a_n\boldsymbol{\varepsilon}_n$，故 $\boldsymbol{\varepsilon}_1,\boldsymbol{\varepsilon}_2,\cdots,\boldsymbol{\varepsilon}_n$ 是 R^n 的基底.

故 $\dim R^n=n$，即 R^n 是 n 维向量空间.

例 3.4.6　证明 R^n 中向量组 $\boldsymbol{e}_1=\begin{bmatrix}1\\0\\0\\\vdots\\0\end{bmatrix},\boldsymbol{e}_2=\begin{bmatrix}1\\1\\0\\\vdots\\0\end{bmatrix},\cdots,\boldsymbol{e}_n=\begin{bmatrix}1\\1\\1\\\vdots\\1\end{bmatrix}$ 也是 R^n 的基底.

证明　因为 $|\boldsymbol{e}_1,\ \boldsymbol{e}_2,\ \cdots,\ \boldsymbol{e}_n|=1\neq 0$，所以 $\boldsymbol{e}_1,\boldsymbol{e}_2,\cdots,\boldsymbol{e}_n$ 线性无关. 而对任一向量 $\boldsymbol{\alpha}=[a_1,\ a_2,\ \cdots,\ a_n]^{\mathrm{T}}$，均有

$$\boldsymbol{\alpha}=(a_1-a_2)\boldsymbol{e}_1+(a_2-a_3)\boldsymbol{e}_2+\cdots+(a_{n-1}-a_n)\boldsymbol{e}_{n-1}+a_n\boldsymbol{e}_n$$

故 $\boldsymbol{e}_1,\boldsymbol{e}_2,\cdots,\boldsymbol{e}_n$ 为 R^n 的基底.

例 3.4.7　R^n 中任意 n 个线性无关的向量都是 R^n 的基.

证明　设 $\boldsymbol{\alpha}_1,\boldsymbol{\alpha}_2,\cdots,\boldsymbol{\alpha}_n$ 是 R^n 中 n 个线性无关的向量，对任意的 $\boldsymbol{\alpha}\in R^n$，则 $n+1$ 个 n 维向量 $\boldsymbol{\alpha}_1,\boldsymbol{\alpha}_2,\cdots,\boldsymbol{\alpha}_n,\alpha$ 线性相关，根据 3.2 节中定理 3.3.4，$\boldsymbol{\alpha}$ 可由 $\boldsymbol{\alpha}_1,\boldsymbol{\alpha}_2,\cdots,\boldsymbol{\alpha}_n$ 线性表示，由定义 3.4.4 知，$\boldsymbol{\alpha}_1,\boldsymbol{\alpha}_2,\cdots,\boldsymbol{\alpha}_n$ 是 R^n 的一个基.

3.4.3　向量空间中向量的坐标

定义 3.4.5　设 $\boldsymbol{\alpha}_1,\boldsymbol{\alpha}_2,\cdots,\boldsymbol{\alpha}_r$ 是向量空间 V 的一个基底，向量空间 V 中任一向量 $\boldsymbol{\alpha}$ 可唯一线性表示为

$$\boldsymbol{\alpha}=x_1\boldsymbol{\alpha}_1+x_2\boldsymbol{\alpha}_2+\cdots+x_r\boldsymbol{\alpha}_r$$

则 $\boldsymbol{\alpha}_1,\boldsymbol{\alpha}_2,\cdots,\boldsymbol{\alpha}_r$ 的系数构成的有序数组 $(x_1,x_2,\cdots,x_r)$ 称为 $\boldsymbol{\alpha}$ 关于基底 $\boldsymbol{\alpha}_1,\boldsymbol{\alpha}_2,\cdots,\boldsymbol{\alpha}_r$ 的**坐标**.

显然，向量空间 V 中的同一个向量可以由不同的基底来线性表示，不过该向量在不同基底下的坐标是不同的. 在例 3.4.5 和例 3.4.6 中，$\boldsymbol{\alpha}$ 在 $\boldsymbol{\varepsilon}_1,\boldsymbol{\varepsilon}_2,\cdots,\boldsymbol{\varepsilon}_n$ 下的坐标是 $(a_1,\ a_2,\ \cdots,\ a_n)$，在 $\boldsymbol{e}_1,\boldsymbol{e}_2,\cdots,\boldsymbol{e}_n$ 下的坐标是 $(a_1-a_2,a_2-a_3,\cdots,a_{n-1}-a_n,a_n)$.

同一向量在不同基底下的坐标有内在的联系，这涉及到过渡矩阵的知识，在此不作叙述.

例 3.4.8　设 $\boldsymbol{A}=(\boldsymbol{\alpha}_1,\boldsymbol{\alpha}_2,\boldsymbol{\alpha}_3)=\begin{bmatrix}1&0&1\\0&1&2\\1&0&2\end{bmatrix}$，$\boldsymbol{B}=(\boldsymbol{\beta}_1,\boldsymbol{\beta}_2)=\begin{bmatrix}1&-1\\3&0\\0&3\end{bmatrix}$，验证 $\boldsymbol{\alpha}_1,\boldsymbol{\alpha}_2,\boldsymbol{\alpha}_3$ 是 R^3 的一个基，并把 $\boldsymbol{\beta}_1,\boldsymbol{\beta}_2$ 用这个基表示.

解 要证明 $\boldsymbol{\alpha}_1,\boldsymbol{\alpha}_2,\boldsymbol{\alpha}_3$ 是 R^3 的一个基，只要证明 $\boldsymbol{\alpha}_1,\boldsymbol{\alpha}_2,\boldsymbol{\alpha}_3$ 线性无关，即证 $A\sim E$.

设 $\boldsymbol{\beta}_1=x_{11}\boldsymbol{\alpha}_1+x_{21}\boldsymbol{\alpha}_2+x_{31}\boldsymbol{\alpha}_3,\boldsymbol{\beta}_2=x_{12}\boldsymbol{\alpha}_1+x_{22}\boldsymbol{\alpha}_2+x_{32}\boldsymbol{\alpha}_3$，即

$$(\boldsymbol{\beta}_1,\boldsymbol{\beta}_2)=(\boldsymbol{\alpha}_1,\boldsymbol{\alpha}_2,\boldsymbol{\alpha}_3)\begin{bmatrix}x_{11}&x_{12}\\x_{21}&x_{22}\\x_{31}&x_{32}\end{bmatrix}$$

记为 $\boldsymbol{B}=\boldsymbol{A}\boldsymbol{X}$.

对矩阵 $[\boldsymbol{A}\quad\boldsymbol{B}]$ 进行初等变换，若 $\boldsymbol{A}$ 能变成 $\boldsymbol{E}$，则 $\boldsymbol{\alpha}_1,\boldsymbol{\alpha}_2,\boldsymbol{\alpha}_3$ 是 R^3 的一个基，且当 $\boldsymbol{A}$ 变成 $\boldsymbol{E}$ 时，$\boldsymbol{B}$ 变成 $\boldsymbol{X}=\boldsymbol{A}^{-1}\boldsymbol{B}$.

$$[\boldsymbol{A}\quad\boldsymbol{B}]=\begin{bmatrix}1&0&1&1&-1\\0&1&2&3&0\\1&0&2&0&3\end{bmatrix}\xrightarrow{r_3-r_1}\begin{bmatrix}1&0&1&1&-1\\0&1&2&3&0\\0&0&1&-1&4\end{bmatrix}$$

$$\xrightarrow[r_2-2r_3]{r_1-r_3}\begin{bmatrix}1&0&0&2&-5\\0&1&0&5&-8\\0&0&1&-1&4\end{bmatrix}$$

因为 $\boldsymbol{A}\sim\boldsymbol{E}$，故 $\boldsymbol{\alpha}_1,\boldsymbol{\alpha}_2,\boldsymbol{\alpha}_3$ 是 R^3 的一个基，且

$$(\boldsymbol{\beta}_1,\boldsymbol{\beta}_2)=(\boldsymbol{\alpha}_1,\boldsymbol{\alpha}_2,\boldsymbol{\alpha}_3)\begin{bmatrix}2&-5\\5&-8\\-1&4\end{bmatrix}$$

$$\boldsymbol{\beta}_1=2\boldsymbol{\alpha}_1+5\boldsymbol{\alpha}_2-\boldsymbol{\alpha}_3,\boldsymbol{\beta}_2=-5\boldsymbol{\alpha}_1-8\boldsymbol{\alpha}_2+4\boldsymbol{\alpha}_3$$

由上式可知，$\boldsymbol{\beta}_1$ 关于基 $\boldsymbol{\alpha}_1,\boldsymbol{\alpha}_2,\boldsymbol{\alpha}_3$ 的坐标为 $(2,5,-1)$，$\boldsymbol{\beta}_2$ 关于基 $\boldsymbol{\alpha}_1,\boldsymbol{\alpha}_2,\boldsymbol{\alpha}_3$ 的坐标为 $(-5,-8,4)$.

习题 3.4

1. 在三维几何空间中，所有通过原点的平面的集合能否形成向量空间？

2. 证明集合 $V=\{\boldsymbol{x}=(0,x_2,\cdots,x_n)^{\mathrm{T}}\mid x_2,\cdots,x_n\in\mathbf{R}\}$ 是一个向量空间.

3. 设 $\boldsymbol{\alpha},\boldsymbol{\beta}$ 是两个已知的 n 维向量，设集合 $V=\{\boldsymbol{x}=\lambda\boldsymbol{\alpha}+\mu\boldsymbol{\beta}\mid\lambda,\mu\in\mathbf{R}\}$，证明 V 是一个向量空间(一般称为由向量 $\boldsymbol{\alpha},\boldsymbol{\beta}$ 所生成的向量空间).

4. 证明 $\boldsymbol{\alpha}_1=(1,1,1,1)^{\mathrm{T}}$，$\boldsymbol{\alpha}_2=(1,3,1,0)^{\mathrm{T}}$，$\boldsymbol{\alpha}_3=(1,0,1,0)^{\mathrm{T}}$，$\boldsymbol{\alpha}_4=(1,0,0,1)^{\mathrm{T}}$，是 R^4 的一个基.

5. 证明 $\boldsymbol{\alpha}_1=(1,1,0),\boldsymbol{\alpha}_2=(0,0,2),\boldsymbol{\alpha}_3=(0,3,2)$ 为 R^3 的基，并求 $\boldsymbol{\beta}=(5,9,-2)$ 在此基下的坐标.

本章小结

1. 向量的概念及线性运算.

2. 向量的线性运算满足的性质:

(1) $\boldsymbol{\alpha}+\boldsymbol{\beta}=\boldsymbol{\beta}+\boldsymbol{\alpha}$;

(2) $(\boldsymbol{\alpha}+\boldsymbol{\beta})+\boldsymbol{\gamma}=\boldsymbol{\alpha}+(\boldsymbol{\beta}+\boldsymbol{\gamma})$;

(3) $\boldsymbol{\alpha}+\mathbf{0}=\boldsymbol{\alpha}$;

(4) $\boldsymbol{\alpha}+(-\boldsymbol{\alpha})=\mathbf{0}$;

(5) $k(\boldsymbol{\alpha}+\boldsymbol{\beta})=k\boldsymbol{\alpha}+k\boldsymbol{\beta}$;

(6) $(k+l)\boldsymbol{\alpha}=k\boldsymbol{\alpha}+l\boldsymbol{\alpha}$;

(7) $(kl)\boldsymbol{\alpha}=k(l\boldsymbol{\alpha})$;

(8) $1\cdot\boldsymbol{\alpha}=\boldsymbol{\alpha}$.

其中,$\boldsymbol{\alpha},\boldsymbol{\beta},\boldsymbol{\gamma}$ 是 n 维向量,$\mathbf{0}$ 是 n 维零向量,k 和 l 为任意实数.

3. 线性组合、线性表示的定义.

4. n 维向量 $\boldsymbol{\varepsilon}_1=(1,0,\cdots,0),\boldsymbol{\varepsilon}_2=(0,1,\cdots,0),\cdots,\boldsymbol{\varepsilon}_n=(0,0,\cdots,1)$ 称为 n 维**基本单位向量组**.

5. 线性相关、线性无关的定义.

6. 线性相关性的结论:

$k_1\boldsymbol{\alpha}_1+k_2\boldsymbol{\alpha}_2+\cdots+k_s\boldsymbol{\alpha}_s=\mathbf{0}$ 等价于齐次线性方程组

$$\begin{cases}a_{11}k_1+a_{12}k_2+\cdots+a_{1s}k_s=0\\a_{21}k_1+a_{22}k_2+\cdots+a_{2s}k_s=0\\\vdots\qquad\qquad\vdots\qquad\qquad\quad\vdots\\a_{n1}k_1+a_{n2}k_2+\cdots+a_{ns}k_s=0\end{cases}$$

其中

$$\boldsymbol{\alpha}_1=\begin{bmatrix}a_{11}\\a_{21}\\\vdots\\a_{n1}\end{bmatrix},\boldsymbol{\alpha}_2=\begin{bmatrix}a_{12}\\a_{22}\\\vdots\\a_{n2}\end{bmatrix},\cdots,\boldsymbol{\alpha}_n=\begin{bmatrix}a_{1s}\\a_{2s}\\\vdots\\a_{ns}\end{bmatrix}$$

(1) s 个 n 维向量组 $\boldsymbol{\alpha}_i=\begin{bmatrix}a_{1i}\\a_{2i}\\\vdots\\a_{ni}\end{bmatrix}(i=1,2,\cdots,s)$ 线性相关的充要条件是上面的齐次线性方程组有非零解;线性无关的充要条件是该齐次线性方程组只有零解.

(2)n 个 n 维向量组 $\boldsymbol{\alpha}_i=\begin{bmatrix}a_{1i}\\a_{2i}\\\vdots\\a_{ni}\end{bmatrix}(i=1,2,\cdots,n)$线性相关的充要条件是行列式 $D=|\boldsymbol{\alpha}_1,\boldsymbol{\alpha}_2,\cdots,\boldsymbol{\alpha}_n|=0$;线性无关的充要条件是行列式 $D\neq 0$.

(3)当向量组中所含向量个数大于维数时,向量组一定线性相关.

(4)向量组 $\boldsymbol{\alpha}_1,\boldsymbol{\alpha}_2,\cdots,\boldsymbol{\alpha}_m(m\geqslant 2)$线性相关的充分必要条件是其中至少有一个向量可由其余 $m-1$ 个向量线性表示.

(5)向量组 $\boldsymbol{\alpha}_1,\boldsymbol{\alpha}_2,\cdots,\boldsymbol{\alpha}_m(m\geqslant 2)$线性无关的充分必要条件是其中每一个向量都不能由其余 $m-1$ 个向量线性表示.

(6)若向量组 $\boldsymbol{\alpha}_1,\boldsymbol{\alpha}_2,\cdots,\boldsymbol{\alpha}_m$ 线性无关,而向量组 $\boldsymbol{\alpha}_1,\boldsymbol{\alpha}_2,\cdots,\boldsymbol{\alpha}_m,\boldsymbol{\beta}$ 线性相关,则 $\boldsymbol{\beta}$ 可由 $\boldsymbol{\alpha}_1,\boldsymbol{\alpha}_2,\cdots,\boldsymbol{\alpha}_m$ 线性表示,且表达式唯一.

(7)设 n 维向量组 $\boldsymbol{\alpha}_1,\boldsymbol{\alpha}_2,\cdots,\boldsymbol{\alpha}_s$ 线性相关,则向量组 $\boldsymbol{\alpha}_1,\boldsymbol{\alpha}_2,\cdots,\boldsymbol{\alpha}_s,\cdots,\boldsymbol{\alpha}_m(m>s)$也线性相关.

(8)若向量组线性无关,则它的任意一个部分组线性无关.

(9)如果 n 维向量组 $\boldsymbol{\alpha}_1,\boldsymbol{\alpha}_2,\cdots,\boldsymbol{\alpha}_s$ 线性无关,则在每个向量上都添加 m 个分量,所得到的 $n+m$ 维接长向量组也线性无关.

(10)如果 n 维向量组 $\boldsymbol{\alpha}_1,\boldsymbol{\alpha}_2,\cdots,\boldsymbol{\alpha}_s$ 线性相关,则在每一个向量上都去掉 $m(m<n)$个分量,所得的 $n-m$ 维截短向量组也线性相关.

(7)~(10)可以简记为:部分组线性相关,则整体也线性相关;整体线性无关,则部分组也线性无关;接长向量组线性相关,则截短组也线性相关;截短向量组线性无关,则接长组也线性无关.

7. 向量组的秩、极大线性无关组的概念、两向量组等价的定义.

8. 相关结论:

(1)若向量组(Ⅰ)$\boldsymbol{\alpha}_1,\boldsymbol{\alpha}_2,\cdots,\boldsymbol{\alpha}_s$ 可以由向量组(Ⅱ)$\boldsymbol{\beta}_1,\boldsymbol{\beta}_2,\cdots,\boldsymbol{\beta}_t$ 线性表示,且 $s>t$,则向量组 $\boldsymbol{\alpha}_1,\boldsymbol{\alpha}_2,\cdots,\boldsymbol{\alpha}_s$ 线性相关.

(2)若向量组 $\boldsymbol{\alpha}_1,\boldsymbol{\alpha}_2,\cdots,\boldsymbol{\alpha}_s$ 线性无关且可由向量组 $\boldsymbol{\beta}_1,\boldsymbol{\beta}_2,\cdots,\boldsymbol{\beta}_t$ 线性表示,则$s\leqslant t$.

(3)若向量组(Ⅰ)$\boldsymbol{\alpha}_1,\boldsymbol{\alpha}_2,\cdots,\boldsymbol{\alpha}_s$ 和(Ⅱ)$\boldsymbol{\beta}_1,\boldsymbol{\beta}_2,\cdots,\boldsymbol{\beta}_t$ 等价且都线性无关,则$s=t$.

(4)向量组 $\boldsymbol{\alpha}_1,\boldsymbol{\alpha}_2,\cdots,\boldsymbol{\alpha}_s$ 线性无关的充要条件是 $r(\boldsymbol{\alpha}_1,\boldsymbol{\alpha}_2,\cdots,\boldsymbol{\alpha}_s)=s$,即它的秩等于它所含向量的个数.

(5)相互等价的向量组的秩相等.

(6)如果两个向量组的秩相等且其中一个向量组可由另一个线性表出,则这两个向量组等价.

9. 矩阵的行秩和列秩的定义.

10. 任一矩阵的行秩与列秩相等,都等于该矩阵的秩.

11. 求向量组的极大无关组的方法:先将向量组作为列向量构成矩阵 $\boldsymbol{A}$,然后对 $\boldsymbol{A}$ 实行初等行变换,把 $\boldsymbol{A}$ 化为行最简形矩阵,则由行最简形矩阵列之间的线性关系,就可以确定原向量组间的线性关系,从而确定其极大无关组.

12. 向量空间及其子空间的概念;向量空间的基底和维数的概念;向量空间中向量的坐标的定义.

13. R^n 中任意 n 个线性无关的向量都是 R^n 的基.

总习题 3

一、填空题

1. 若 $\boldsymbol{\alpha}=(2,1,-2)^{\mathrm{T}},\boldsymbol{\beta}=(0,3,1)^{\mathrm{T}},\boldsymbol{\gamma}=(0,0,k-2)^{\mathrm{T}}$ 是 R^3 的基,则 k 满足关系式________.

2. n 维向量组 $\boldsymbol{\alpha}_1=(1,1,\cdots,1),\boldsymbol{\alpha}_2=(2,2,\cdots,2),\cdots,\boldsymbol{\alpha}_m=(m,m,\cdots,m)$ 的秩为________.

二、解答题

1. 设向量 $\boldsymbol{\alpha}_1=(-8,8,5),\boldsymbol{\alpha}_2=(-4,2,3),\boldsymbol{\alpha}_3=(2,1,-2)$,数 k 使得 $\boldsymbol{\alpha}_1-k\boldsymbol{\alpha}_2-2\boldsymbol{\alpha}_3=\mathbf{0}$,求 k 的值.

2. 求下列矩阵的秩:

(1) $\begin{bmatrix} 1 & 2 & 1 & 3 \\ 3 & 4 & -3 & 2 \\ 5 & 7 & -1 & 9 \\ 2 & 3 & 2 & 7 \end{bmatrix}$;　　(2) $\begin{bmatrix} 1 & -1 & -1 & 1 & 2 \\ 2 & 3 & 8 & -3 & -1 \\ 2 & 1 & 2 & 1 & 2 \\ 1 & 2 & 5 & -2 & 8 \end{bmatrix}$.

3. $\boldsymbol{A}=\begin{bmatrix} 1 & 2 & 1 & 2 \\ 1 & 3 & -2 & b \\ 2 & 5 & a & 3 \\ 3 & 4 & 9 & 8 \end{bmatrix}$,对不同的 a,b 值,求 $\boldsymbol{A}$ 的秩.

4. 已知向量组 $\boldsymbol{\beta}_1=(0,1,-1)^{\mathrm{T}},\boldsymbol{\beta}_2=(a,2,1)^{\mathrm{T}},\boldsymbol{\beta}_3=(b,1,0)^{\mathrm{T}}$,与向量组 $\boldsymbol{\alpha}_1=(1,2,-3)^{\mathrm{T}},\boldsymbol{\alpha}_2=(3,0,1)^{\mathrm{T}},\boldsymbol{\alpha}_3=(9,6,-7)^{\mathrm{T}}$ 具有相同的秩,且 $\boldsymbol{\beta}_3$ 可由 $\boldsymbol{\alpha}_1,\boldsymbol{\alpha}_2,\boldsymbol{\alpha}_3$ 线性表示,求 a,b 的值.

5. 判定下述向量组线性相关性:

(1) $\boldsymbol{\alpha}=(1,1,0),\boldsymbol{\beta}=(0,1,1),\ \boldsymbol{\gamma}=(1,0,1)$;

(2) $\boldsymbol{\alpha}=(1,3,0),\boldsymbol{\beta}=(1,1,2),\boldsymbol{\gamma}=(3,-1,10)$;

(3)$\boldsymbol{\alpha}=(1,3,0)$，$\boldsymbol{\beta}=(-\frac{1}{3},-1,0)$.

6. 设向量组 $\boldsymbol{\alpha}_1,\boldsymbol{\alpha}_2,\boldsymbol{\alpha}_3$ 线性无关,判定以下向量组的线性相关性：

(1)$\boldsymbol{\beta}_1=\boldsymbol{\alpha}_1+2\boldsymbol{\alpha}_2+3\boldsymbol{\alpha}_3,\boldsymbol{\beta}_2=3\boldsymbol{\alpha}_1-\boldsymbol{\alpha}_2+4\boldsymbol{\alpha}_3,\boldsymbol{\beta}_3=\boldsymbol{\alpha}_2+\boldsymbol{\alpha}_3$；

(2)$\boldsymbol{\beta}_1=\boldsymbol{\alpha}_1+\boldsymbol{\alpha}_2,\boldsymbol{\beta}_2=\boldsymbol{\alpha}_2+\boldsymbol{\alpha}_3,\boldsymbol{\beta}_3=\boldsymbol{\alpha}_3+\boldsymbol{\alpha}_1$.

7. 设三维向量组 $\boldsymbol{\alpha}_1=\begin{bmatrix}1\\2\\1\end{bmatrix},\boldsymbol{\alpha}_1=\begin{bmatrix}0\\-1\\1\end{bmatrix},\boldsymbol{\alpha}_1=\begin{bmatrix}2\\-2\\3\end{bmatrix},\boldsymbol{\beta}=\begin{bmatrix}4\\3\\4\end{bmatrix}$,问 $\boldsymbol{\beta}$ 是否为 $\boldsymbol{\alpha}_1$，$\boldsymbol{\alpha}_2,\boldsymbol{\alpha}_3$ 的线性组合？若是,求出表达式.

8. 判断下列集合是否为向量空间,并说明理由：

(1)$V_1=\{\boldsymbol{x}=(x_1,x_2,\cdots,x_n)\mid x_1+x_2+\cdots+x_n=0,x_1,x_2,\cdots,x_n\in\mathbf{R}\}$；

(2)$V_2=\{\boldsymbol{x}=(x_1,x_2,\cdots,x_n)\mid x_1+x_2+\cdots+x_n=1,x_1,x_2,\cdots,x_n\in\mathbf{R}\}$.

三、证明题

1. 设 $\mathbf{A}$ 是秩为 r 的 $m\times n$ 矩阵,证明 $\mathbf{A}$ 必可表示成 r 个秩为 1 的 $m\times n$ 的矩阵之和.

2. 证明集合 $V=\{\boldsymbol{x}=(1,x_2,\cdots,x_n)^{\mathrm{T}}\mid x_2,\cdots x_n\in\mathbf{R}\}$不是向量空间.

3. 设向量组 $\boldsymbol{\alpha}_1,\boldsymbol{\alpha}_2,\cdots,\boldsymbol{\alpha}_m$ 与 $\boldsymbol{\beta}_1,\boldsymbol{\beta}_2,\cdots,\boldsymbol{\beta}_m$ 有如下关系式：

$$\boldsymbol{\beta}_1=\boldsymbol{\alpha}_1,\quad \boldsymbol{\beta}_2=\boldsymbol{\alpha}_1+\boldsymbol{\alpha}_2,\cdots,\quad \boldsymbol{\beta}_m=\boldsymbol{\alpha}_1+\boldsymbol{\alpha}_2+\cdots+\boldsymbol{\alpha}_m$$

证明向量组 $\boldsymbol{\alpha}_1,\boldsymbol{\alpha}_2,\cdots,\boldsymbol{\alpha}_m$ 与向量组 $\boldsymbol{\beta}_1,\boldsymbol{\beta}_2,\cdots,\boldsymbol{\beta}_m$ 等价.

第 4 章　线性方程组

在科学、工程和经济管理等方面的实际问题中，经常需要对线性方程组进行求解. 所以，对一般线性方程组的理论与解法的研究显得及其重要.

在 1.5 节已经学习了求解线性方程组的克莱姆法则. 但利用克莱姆法则在求解线性方程组时有一定的限制(线性方程组中方程的个数与未知量的个数相等，方程组的系数行列式不等于零). 即使在能应用克莱姆法则解方程组时，也需计算 $n+1$ 个 n 阶行列式(n 为未知数个数)，计算量非常大.

本章将对一般的 n 元线性方程组的求解问题进行研究. 利用第 3 章向量的理论，对方程组解的判定定理、解的结构以及如何求解并得到解等问题进行讨论.

4.1　线性方程组的消元法

在中学数学中，解二元、三元线性方程组时曾用过消元法，实际上，消元法比克莱姆法则求解线性方程组更具有普遍性. 但当未知数个数增加时，消元法就不再快速有效了. 如果将消元法的本质思想与矩阵知识相结合，能否找出一种快速求解 n 元线性方程组($n\geqslant 3$)的方法？实际上，这种方法是行得通的，本节将进行介绍.

4.1.1　消元法

先举例用消元法解线性方程组，通过解题过程得出消元法与矩阵初等变换之间的联系.

例 4.1.1　求解线性方程组

$$\begin{cases} 2x_1 - x_2 + 5x_3 = 2 & \text{①} \\ x_1 - x_2 + 2x_3 = 2 & \text{②} \\ -x_1 + 2x_2 + x_3 = 4 & \text{③} \end{cases}$$

解　为解题表达方便，记下面符号：

(1) ①↔②表示交换方程①与②.

(2)②－2①表示方程②减去方程①的 2 倍. 类似的，③＋①表示方程③加方程①，③－②表示方程③减去方程②.

(3) $\frac{1}{2}$③表示方程③乘以$\frac{1}{2}$.

则消元法解方程组可表示如下：

$$\begin{cases} 2x_1 - x_2 + 5x_3 = 2 & ① \\ x_1 - x_2 + 2x_3 = 2 & ② \\ -x_1 + 2x_2 + x_3 = 4 & ③ \end{cases} \xrightarrow{①\leftrightarrow②} \begin{cases} x_1 - x_2 + 2x_3 = 2 & ① \\ 2x_1 - x_2 + 5x_3 = 2 & ② \\ -x_1 + 2x_2 + x_3 = 4 & ③ \end{cases}$$

$$\xrightarrow[③+①]{②-2①} \begin{cases} x_1 - x_2 + 2x_3 = 2 & ① \\ x_2 + x_3 = -2 & ② \\ x_2 + 3x_3 = 6 & ③ \end{cases}$$

$$\xrightarrow{③-②} \begin{cases} x_1 - x_2 + 2x_3 = 2 & ① \\ x_2 + x_3 = -2 & ② \\ 2x_3 = 8 & ③ \end{cases}$$

$$\xrightarrow{\frac{1}{2}③} \begin{cases} x_1 - x_2 + 2x_3 = 2 & ① \\ x_2 + x_3 = -2 & ② \\ x_3 = 4 & ③ \end{cases} \qquad (4-1-1)$$

得 $x_3 = 4, x_2 = -6, x_1 = -12$.

系数矩阵是阶梯形矩阵的方程组称为**阶梯形方程组**. 例如上面例题 4.1.1 中最后得到的方程组(4－1－1)就是阶梯形方程组，由下往上计算，很快得到方程组的解.

由例 4.1.1 容易发现，消元法解线性方程组，实质上是反复地对方程组进行变换，得到阶梯形方程组. 而所作的变换，也只有以下三种类型：

(1)交换方程组中某两个方程的位置；

(2)用一个非零数乘某一个方程；

(3)用一个数乘以某一个方程后加到另一个方程上(即一个方程减去另一个方程的倍数).

称以上三种变换为线性方程组的初等变换.

显然，线性方程组的初等变换不改变原方程组的解，且它与矩阵的初等行变换极其相似. 所以，消元法与矩阵是必然有联系的.

定义 4.1.1 如果两个方程组有相同的解集合，就称它们是同解的或等价的方程组.

很明显，消元法解线性方程组时，得到的阶梯形方程组与原方程组是同解的.

4.1.2　消元法与矩阵初等变换的关系

消元法解线性方程组的过程中，未知数并没有参与运算，只有未知数的系数和常数项参与了运算. 对线性方程组的初等变换，实质上就是对由未知数系数与常数项构成的矩阵实施初等行变换，变成阶梯形矩阵，得到方程组的解.

定义 4.1.2　设 n 元线性方程组

$$\begin{cases} a_{11}x_1 + a_{12}x_2 + \cdots + a_{1n}x_n = b_1 \\ a_{21}x_1 + a_{22}x_2 + \cdots + a_{2n}x_n = b_2 \\ \vdots \qquad \vdots \qquad \vdots \\ a_{m1}x_1 + a_{m2}x_2 + \cdots + a_{mn}x_n = b_m \end{cases} \tag{4-1-2}$$

由未知数的系数所组成的矩阵称为线性方程组的**系数矩阵**，记为

$$\boldsymbol{A} = \begin{bmatrix} a_{11} & a_{12} & \cdots & a_{1n} \\ a_{21} & a_{22} & \cdots & a_{2n} \\ \vdots & \vdots & & \vdots \\ a_{m1} & a_{m2} & \cdots & a_{mn} \end{bmatrix}$$

线性方程组的系数和常数项构成的矩阵称为线性方程组的**增广矩阵**，记为 $\bar{\boldsymbol{A}}$ 或 $\widetilde{\boldsymbol{A}}$，即

$$\widetilde{\boldsymbol{A}} = \begin{bmatrix} a_{11} & a_{12} & \cdots & a_{1n} & b_1 \\ a_{21} & a_{22} & \cdots & a_{2n} & b_2 \\ \vdots & \vdots & & \vdots & \vdots \\ a_{m1} & a_{m2} & \cdots & a_{mn} & b_m \end{bmatrix}$$

由未知数构成的矩阵称为**未知数向量**，记为 $\boldsymbol{X} = (x_1, x_2, \cdots, x_n)^{\mathrm{T}}$.

常数项构成的矩阵称为**常数项向量**，记为 $\boldsymbol{b} = (b_1, b_2, \cdots, b_m)^{\mathrm{T}}$，则增广矩阵按分块矩阵法可记为 $\widetilde{\boldsymbol{A}} = [\boldsymbol{A} \quad \boldsymbol{b}]$ 或 $\widetilde{\boldsymbol{A}} = [\boldsymbol{A} \vdots \boldsymbol{b}]$.

于是线性方程组(4-1-2)可用矩阵表示为

$$\boldsymbol{AX} = \boldsymbol{b} \tag{4-1-3}$$

消元法解线性方程组(4-1-3)的方法，实质上就是对方程组(4-1-3)的增广矩阵 $\widetilde{\boldsymbol{A}} = [\boldsymbol{A} \vdots \boldsymbol{b}]$ 作初等行变换，化为阶梯形矩阵，从而得到方程组的解.

例 4.1.2　求解线性方程组

$$\begin{cases} x_1 + x_2 + x_3 + x_4 = 1 \\ 3x_1 + 2x_2 + x_3 + x_4 = -3 \\ x_2 + 3x_3 + 2x_4 = 5 \\ 5x_1 + 4x_2 + 3x_3 + 3x_4 = -1 \end{cases}$$

解 对方程组的增广矩阵作初等行变换，过程如下：

$$\widetilde{\boldsymbol{A}} = [\boldsymbol{A} \vdots \boldsymbol{b}] = \begin{bmatrix} 1 & 1 & 1 & 1 & 1 \\ 3 & 2 & 1 & 1 & -3 \\ 0 & 1 & 3 & 2 & 5 \\ 5 & 4 & 3 & 3 & -1 \end{bmatrix} \xrightarrow[r_4+(-5)r_1]{r_2+(-3)r_1} \begin{bmatrix} 1 & 1 & 1 & 1 & 1 \\ 0 & -1 & -2 & -2 & -6 \\ 0 & 1 & 3 & 2 & 5 \\ 0 & -1 & -2 & -2 & -6 \end{bmatrix}$$

$$\xrightarrow[r_4+(-1)r_2]{r_3+r_2} \begin{bmatrix} 1 & 1 & 1 & 1 & 1 \\ 0 & -1 & -2 & -2 & -6 \\ 0 & 0 & 1 & 0 & -1 \\ 0 & 0 & 0 & 0 & 0 \end{bmatrix} = \boldsymbol{B}$$

则得到阶梯形方程组（$\boldsymbol{B}$ 为阶梯形矩阵）：

$$\begin{cases} x_1 + x_2 + x_3 + x_4 = 1 \\ -x_2 - 2x_3 - 2x_4 = -6 \\ x_3 = -1 \end{cases} \tag{4-1-4}$$

得到方程组的一般解：$\begin{cases} x_1 = -6 + x_4 \\ x_2 = 8 - 2x_4 \\ x_3 = -1 \end{cases}$（$x_4$ 自由取值时，方程组有无穷多解）.

我们在第 2 章学习过阶梯形矩阵可用初等行变换化成行最简形矩阵，这里将矩阵 $\boldsymbol{B}$ 作如下变变换：

$$\boldsymbol{B} \xrightarrow[r_2+2r_3]{r_1+r_2} \begin{bmatrix} 1 & 0 & -1 & -1 & -5 \\ 0 & -1 & 0 & -2 & -8 \\ 0 & 0 & 1 & 0 & -1 \\ 0 & 0 & 0 & 0 & 0 \end{bmatrix} \xrightarrow[r_1+r_3]{-r_2} \begin{bmatrix} 1 & 0 & 0 & -1 & -6 \\ 0 & 1 & 0 & 2 & 8 \\ 0 & 0 & 1 & 0 & -1 \\ 0 & 0 & 0 & 0 & 0 \end{bmatrix}$$

它所表示的方程组为

$$\begin{cases} x_1 - x_4 = -6 \\ x_2 + 2x_4 = 8 \\ x_3 = -1 \end{cases} \tag{4-1-5}$$

也可得到方程组的一般解：$\begin{cases} x_1 = -6 + x_4 \\ x_2 = 8 - 2x_4 \\ x_3 = -1 \end{cases}$.

通过观察，行最简形矩阵所表示的方程组(4-1-5)比阶梯形矩阵表示的方程组(4-1-4)更容易求解. 所以，我们将解线性方程组的方法加以改进，解线性方程组时，对方程组的增广矩阵 $\widetilde{\boldsymbol{A}}=[\boldsymbol{A}\ \vdots\ \boldsymbol{b}]$ 作初等行变换，化为行最简形矩阵，从而得到方程组的解.

习题 4.1

求解下列线性方程组，要求使用矩阵初等行变换表示过程.

(1) $\begin{cases}3x_1-x_2+5x_3=2\\x_1-x_2+2x_3=1\\x_1-2x_2-x_3=5\end{cases}$；　(2) $\begin{cases}2x_1-3x_2+x_3=6\\x_1-x_2+2x_3=1\\x_1-2x_2-x_3=5\end{cases}$；

(3) $\begin{cases}2x_1-3x_2+x_3=5\\x_1-x_2+2x_3=1\\x_1-2x_2-x_3=5\end{cases}$.

4.2　线性方程组解的判定

本节我们将利用矩阵的秩的概念，来讨论线性方程组是否有解，有解时是唯一解还是无穷多解.

在 4.1 节例 4.1.2 中的线性方程组，求解时有

$$\widetilde{\boldsymbol{A}}=[\boldsymbol{A}\ \vdots\ \boldsymbol{b}]\rightarrow\begin{bmatrix}1&0&0&-1&-6\\0&1&0&2&8\\0&0&1&0&-1\\0&0&0&0&0\end{bmatrix}$$

得到方程组有无穷多解. 如果改变方程组中某一个方程，会有什么结论？我们通过举例加以说明.

例 4.2.1　求解线性方程组

$$\begin{cases}x_1+x_2+x_3+x_4=1\\3x_1+2x_2+x_3+x_4=-3\\x_2+3x_3+2x_4=5\\5x_1+4x_2+3x_3+4x_4=0\end{cases}$$

它由 4.1 节例 4.1.2 中线性方程组的第四个方程改为 $5x_1+4x_2+3x_3+4x_4=0$ 而得到.

解 类似 4.1 节例 4.1.2 的方法,有

$$\widetilde{\boldsymbol{A}}=[\boldsymbol{A} \vdots \boldsymbol{b}]=\begin{bmatrix}1 & 1 & 1 & 1 & 1\\3 & 2 & 1 & 1 & -3\\0 & 1 & 3 & 2 & 5\\5 & 4 & 3 & 4 & 0\end{bmatrix}\rightarrow\begin{bmatrix}1 & 0 & 0 & 0 & -5\\0 & 1 & 0 & 0 & 6\\0 & 0 & 1 & 0 & -1\\0 & 0 & 0 & 1 & 1\end{bmatrix}$$

可得到方程组的唯一解:$\begin{cases}x_1=-5\\x_2=6\\x_3=-1\\x_4=1\end{cases}$.

例 4.2.2 求解线性方程组

$$\begin{cases}x_1+x_2+x_3+x_4=1\\3x_1+2x_2+x_3+x_4=-3\\x_2+3x_3+2x_4=5\\5x_1+4x_2+3x_3+3x_4=1\end{cases}$$

它由 4.1 节例 4.1.2 中线性方程组的第四个方程改为 $5x_1+4x_2+3x_3+3x_4=1$ 而得到.

解 同样,类似 4.1 节例 4.1.2 的方法,有

$$\widetilde{\boldsymbol{A}}=[\boldsymbol{A} \vdots \boldsymbol{b}]=\begin{bmatrix}1 & 1 & 1 & 1 & 1\\3 & 2 & 1 & 1 & -3\\0 & 1 & 3 & 2 & 5\\5 & 4 & 3 & 3 & 1\end{bmatrix}\rightarrow\begin{bmatrix}1 & 0 & 0 & -1 & -6\\0 & 1 & 0 & 2 & 8\\0 & 0 & 1 & 0 & -1\\0 & 0 & 0 & 0 & 2\end{bmatrix}$$

可得到方程组无解.

4.2.1 非齐次线性方程组解的判定

将例 4.2.1、例 4.2.2 和 4.1 节例 4.1.2 三个例题进行比较,容易发现,线性方程组解的情况是由方程组中方程之间的关系所决定的,而方程组中的方程又取决于未知数系数和常数项.

所以,线性方程组解的情况是由增广矩阵中每个行向量(按行分块)之间的关系决定的,更确切地说,是由增广矩阵的秩和系数矩阵的秩的关系决定的. 分析如下:

设 n 元线性方程组

$$\begin{cases} a_{11}x_1 + a_{12}x_2 + \cdots + a_{1n}x_n = b_1 \\ a_{21}x_1 + a_{22}x_2 + \cdots + a_{2n}x_n = b_2 \\ \vdots \qquad \vdots \qquad \vdots \\ a_{m1}x_1 + a_{m2}x_2 + \cdots + a_{mn}x_n = b_m \end{cases} \tag{4-2-1}$$

求解过程中，增广矩阵可化为下面形式的行最简形矩阵（如有必要，可重新安排各方程中未知数的次序，得下面的形式）：

$$\begin{bmatrix} 1 & 0 & \cdots & 0 & b_{11} & \cdots & b_{1,n-r} & d_1 \\ 0 & 1 & \cdots & 0 & b_{21} & \cdots & b_{2,n-r} & d_2 \\ \vdots & \vdots & & \vdots & \vdots & & \vdots & \vdots \\ 0 & 0 & \cdots & 1 & b_{r,1} & \cdots & b_{r,n-r} & d_r \\ 0 & 0 & \cdots & 0 & 0 & \cdots & 0 & d_{r+1} \\ 0 & 0 & \cdots & 0 & 0 & \cdots & 0 & 0 \\ \vdots & \vdots & & \vdots & \vdots & & \vdots & \vdots \\ 0 & 0 & \cdots & 0 & 0 & \cdots & 0 & 0 \end{bmatrix}$$

其对应的线性方程组为

$$\begin{cases} x_1 + b_{11}x_{r+1} + \cdots + b_{1,n-r}x_n = d_1 \\ x_2 + b_{21}x_{r+1} + \cdots + b_{2,n-r}x_n = d_2 \\ \vdots \qquad \vdots \qquad \vdots \\ x_r + b_{r1}x_{r+1} + \cdots + b_{r,n-r}x_n = d_r \\ \qquad 0 = d_{r+1} \\ \qquad 0 = 0 \\ \qquad \vdots \\ \qquad 0 = 0 \end{cases} \tag{4-2-2}$$

线性方程组(4-2-2)与要求解的线性方程组(4-2-1)$\boldsymbol{A}_{m\times n}\boldsymbol{X}=\boldsymbol{b}$ 同解.

(1)当 $d_{r+1}\neq 0$ 时，$r(\boldsymbol{A})=r$，$r(\boldsymbol{A}\vdots\boldsymbol{b})=r+1$，即 $r(\boldsymbol{A}\vdots\boldsymbol{b})\neq r(\boldsymbol{A})$. 显然，线性方程组(4-2-2)无解，故原线性方程组 $\boldsymbol{A}_{m\times n}\boldsymbol{X}=\boldsymbol{b}$ 无解.

(2)当 $d_{r+1}=0$ 时，有 $r(\boldsymbol{A}\vdots\boldsymbol{b})=r(\boldsymbol{A})=r$，这时，线性方程组(4-2-2)有解，故原线性方程组 $\boldsymbol{A}_{m\times n}\boldsymbol{X}=\boldsymbol{b}$ 有解. 又有以下两种情况：

①若 $r=n$，则线性方程组(4-2-2)即为 $\begin{cases} x_1=d_1 \\ x_2=d_2 \\ \vdots \\ x_n=d_n \end{cases}$，故原线性方程组 $\boldsymbol{A}_{m\times n}\boldsymbol{X}=b$ 有唯一解.

②若 $r<n$，则线性方程组(4-2-2)可写为 $\begin{cases} x_1=-b_{11}x_{r+1}-\cdots-b_{1,n-r}x_n+d_1 \\ x_2=-b_{21}x_{r+1}-\cdots-b_{2,n-r}x_n+d_2 \\ \quad\vdots \qquad\qquad\quad \vdots \qquad\qquad \vdots \\ x_r=-b_{r1}x_{r+1}-\cdots-b_{r,n-r}x_n+d_r \end{cases}$，

其中未知量 $x_{r+1},x_{r+2},\cdots,x_n$ 可以取任意值，故线性方程组(4-2-2)有无穷多组解，故原线性方程组 $\boldsymbol{A}_{m\times n}\boldsymbol{X}=\boldsymbol{b}$ 有无穷多组解.

综上所述，得到以下定理.

定理 4.2.1 线性方程组 $\boldsymbol{A}_{m\times n}\boldsymbol{X}=\boldsymbol{b}$ 有解的充要条件是 $r(\boldsymbol{A}\vdots\boldsymbol{b})=r(\boldsymbol{A})$.

定理 4.2.2 当线性方程组 $\boldsymbol{A}_{m\times n}\boldsymbol{X}=\boldsymbol{b}$ 有解时：

(1)若 $r(\boldsymbol{A}\vdots\boldsymbol{b})=r(\boldsymbol{A})=r=n$，则方程组有唯一解.

(2)若 $r(\boldsymbol{A}\vdots\boldsymbol{b})=r(\boldsymbol{A})=r<n$，则方程组有无穷多解.

推论 4.2.1 线性方程组 $\boldsymbol{A}_{m\times n}\boldsymbol{X}=\boldsymbol{b}$ 无解的充要条件是 $r(\boldsymbol{A}\vdots\boldsymbol{b})\neq r(\boldsymbol{A})$.

4.2.2 齐次线性方程组解的判定

设 n 元齐次线性方程组

$$\begin{cases} a_{11}x_1+a_{12}x_2+\cdots+a_{1n}x_n=0 \\ a_{21}x_1+a_{22}x_2+\cdots+a_{2n}x_n=0 \\ \quad\vdots \qquad\qquad \vdots \qquad\qquad\quad \vdots \\ a_{m1}x_1+a_{m2}x_2+\cdots+a_{mn}x_n=0 \end{cases} \tag{4-2-3}$$

由于它的系数矩阵与增广矩阵的秩总是相等的，即 $r(\boldsymbol{A}\vdots\boldsymbol{b})=r(\boldsymbol{A})$，根据定理 4.2.1，齐次线性方程组总是有解的，零解恒为它的解，再由定理 4.2.2 可得到如下结论.

定理 4.2.3 齐次线性方程组 $\boldsymbol{A}_{m\times n}\boldsymbol{X}=\boldsymbol{0}$ 只有唯一零解的充要条件是 $r(\boldsymbol{A})=n$.

定理 4.2.4 齐次线性方程组 $\boldsymbol{A}_{m\times n}\boldsymbol{X}=\boldsymbol{0}$ 有非零解的充要条件是 $r(\boldsymbol{A})<n$.

注：齐次线性方程组有非零解是指有无穷多解.

例 4.2.3 判定线性方程组 $\begin{cases} x_1-2x_2+3x_3-x_4=1 \\ 3x_1-5x_2+5x_3-3x_4=2 \\ 2x_1-3x_2+2x_3-2x_4=1 \end{cases}$ 是否有解.

解 对增广矩阵 $\widetilde{\boldsymbol{A}}$ 作初等行变换，化为阶梯形矩阵

$$\widetilde{\boldsymbol{A}}=\begin{bmatrix} 1 & -2 & 3 & -1 & 1 \\ 3 & -5 & 5 & -3 & 2 \\ 2 & -3 & 2 & -2 & 1 \end{bmatrix} \xrightarrow[r_2+(-2)r_1]{r_2+(-3)r_1} \begin{bmatrix} 1 & -2 & 3 & -1 & 1 \\ 0 & 1 & -4 & 0 & -1 \\ 0 & 1 & -4 & 0 & -1 \end{bmatrix}$$

$$\xrightarrow[r_1+2r_2]{r_3+(-1)r_2}\begin{bmatrix}1 & 0 & -5 & -1 & -1\\0 & 1 & -4 & 0 & -1\\0 & 0 & 0 & 0 & 0\end{bmatrix}$$

由于 $r(\boldsymbol{A}\vdots\boldsymbol{b})=r(\boldsymbol{A})=2<4$,所以方程组有无穷多解,且方程组的解可表示为

$$\begin{cases}x_1=-1+5x_3+x_4\\x_2=-1+4x_4\end{cases}$$

x_3,x_4 为自由未知量.

例 4.2.4　λ 取何值时,方程组 $\begin{cases}(\lambda+3)x_1+x_2+2x_3=0\\\lambda x_1+(\lambda-1)x_2+x_3=0\\3(\lambda+1)x_1+\lambda x_2+(\lambda+3)x_3=0\end{cases}$ 有非零解?

解法 1　此方程组未知数个数与方程个数相等,可以利用 1.4 节所学的推论 1.4.2,直接计算系数行列式:

$$D=\begin{vmatrix}\lambda+3 & 1 & 2\\\lambda & \lambda-1 & 1\\3(\lambda+1) & \lambda & \lambda+3\end{vmatrix}\overset{c_1+(-1)c_2}{\underset{c_1+(-1)c_3}{=}}\begin{vmatrix}\lambda & 1 & 2\\0 & \lambda-1 & 1\\\lambda & \lambda & \lambda+3\end{vmatrix}$$

$$\overset{r_3+(-1)r_1}{=}\begin{vmatrix}\lambda & 1 & 2\\0 & \lambda-1 & 1\\0 & \lambda-1 & \lambda+1\end{vmatrix}\overset{r_3+(-1)r_2}{=}\begin{vmatrix}\lambda & 1 & 2\\0 & \lambda-1 & 1\\0 & 0 & \lambda\end{vmatrix}$$

$$=\lambda^2(\lambda-1)$$

令 $D=0$,即 $\lambda=0$ 或 $\lambda=1$ 时,方程组有非零解.

解法 2　应用定理 4.2.4,求出系数矩阵的秩:

$$\boldsymbol{A}=\begin{bmatrix}\lambda+3 & 1 & 2\\\lambda & \lambda-1 & 1\\3(\lambda+1) & \lambda & \lambda+3\end{bmatrix}\xrightarrow[r_3+(-3)r_2]{r_1+(-1)r_2}\begin{bmatrix}3 & 2-\lambda & 1\\\lambda & \lambda-1 & 1\\3 & 3-2\lambda & \lambda\end{bmatrix}$$

$$\xrightarrow{r_3+(-1)r_1}\begin{bmatrix}3 & 2-\lambda & 1\\\lambda & \lambda-1 & 1\\0 & 1-\lambda & \lambda-1\end{bmatrix}=\boldsymbol{B}$$

当 $\lambda=1$ 时,$r(\boldsymbol{A})=2<3$,方程组有非零解.

当 $\lambda\neq1$ 时,矩阵 $\boldsymbol{B}$ 可化为

$$\boldsymbol{B}\xrightarrow{\frac{1}{\lambda-1}r_3}\begin{bmatrix}3 & 2-\lambda & 1\\\lambda & \lambda-1 & 1\\0 & 1 & -1\end{bmatrix}\xrightarrow[r_1+r_3]{r_2+r_3}\begin{bmatrix}3 & 3-\lambda & 0\\\lambda & \lambda & 0\\0 & 1 & -1\end{bmatrix}$$

当 $\lambda=0$ 时,$r(\boldsymbol{A})=2<3$,方程组有非零解.

习题 4.2

1. 判定方程组$\begin{cases}x_1-3x_2-6x_3+5x_4=0\\2x_1+x_2+4x_3-2x_4=1\\5x_1-x_2+2x_3+x_4=7\end{cases}$解的情况.

2. 当λ为何值时,齐次线性方程组$\begin{cases}(\lambda-2)x_1-3x_2-2x_3=0\\-x_1+(\lambda-8)x_2-2x_3=0\\2x_1+14x_2+(\lambda+3)x_3=0\end{cases}$有非零解?并且求出它的一般解.

3. 当a,b为何值时,线性方程组$\begin{cases}x_1+2x_2+ax_3=4\\x_1+bx_2+x_3=3\\x_1+2x_2+x_3=3\end{cases}$有唯一解,有无穷多解,无解?

4. 判断下列线性方程组的解的情况:

(1)$\begin{cases}x_1+x_2+x_3=1\\3x_1+3x_2+3x_3=3\\5x_1+5x_2+5x_3=0\end{cases}$;
(2)$\begin{cases}x_1+x_2+x_3=1\\3x_1+3x_2+3x_3=3\\5x_1+5x_2+5x_3=5\end{cases}$;

(3)$\begin{cases}x_1+3x_2+2x_3=0\\x_1+5x_2+x_3=0\\3x_1+5x_2+8x_3=0\end{cases}$;
(4)$\begin{cases}x_1-x_2+5x_3-x_4=0\\x_1+x_2-2x_3+3x_4=0\\3x_1-x_2+8x_3+x_4=0\\x_1+3x_2-9x_3+7x_4=0\end{cases}$.

5. 齐次线性方程组$\begin{cases}\lambda x+y+z=0\\x+\lambda y-z=0\\2x-y+z=0\end{cases}$,当$\lambda$为何值时,有非零解?

4.3 齐次线性方程组解的结构与求解

在上一节学习了如何判定线性方程组的解,当方程组有解时,只有唯一解或无穷多解这两种可能. 当方程组有无穷多解时,解与解之间是什么关系?如何将这无限多个解表示出来,这就是我们要讨论的解的结构. 本节先讨论齐次线性方程组解的结构,并讨论如何求解齐次线性方程组.

4.3.1　齐次线性方程组解的结构

为了研究齐次线性方程组解的结构，先讨论它的解的性质.

设齐次线性方程组为

$$\begin{cases} a_{11}x_1 + a_{12}x_2 + \cdots + a_{1n}x_n = 0 \\ a_{21}x_1 + a_{22}x_2 + \cdots + a_{2n}x_n = 0 \\ \vdots \qquad\quad \vdots \qquad\qquad\quad \vdots \\ a_{m1}x_1 + a_{m2}x_2 + \cdots + a_{mn}x_n = 0 \end{cases} \tag{4-3-1}$$

为了叙述的方便，将方程组(4－3－1)记为 $\boldsymbol{AX}=\boldsymbol{0}$，其解 $x_1=k_1,x_2=k_2,\cdots,x_n=k_n$ 记为 $\boldsymbol{x}=(k_1,k_2,\cdots,k_n)$，称 $\boldsymbol{x}$ 为**解向量**.

性质 4.3.1　如果$\boldsymbol{\xi}_1,\boldsymbol{\xi}_2$ 是齐次线性方程组 $\boldsymbol{AX}=\boldsymbol{0}$ 的解，则 $\boldsymbol{\xi}_1+\boldsymbol{\xi}_2$ 也是 $\boldsymbol{AX}=\boldsymbol{0}$ 的解.

性质 4.3.2　如果 $\boldsymbol{\xi}_1$ 是齐次线性方程组 $\boldsymbol{AX}=\boldsymbol{0}$ 的解，k 是任意常数，则 $k\boldsymbol{\xi}_1$ 也是 $\boldsymbol{AX}=\boldsymbol{0}$ 的解.

性质 4.3.3　如果 $\boldsymbol{\xi}_1,\boldsymbol{\xi}_2,\cdots,\boldsymbol{\xi}_n$ 都是齐次线性方程组 $\boldsymbol{AX}=\boldsymbol{0}$ 的解，$k_1,k_2,\cdots,k_n$ 是任意常数，则 $k_1\boldsymbol{\xi}_1+k_2\boldsymbol{\xi}_2+\cdots+k_n\boldsymbol{\xi}_n$ 也是 $\boldsymbol{AX}=\boldsymbol{0}$ 的解.

由以上性质得知，若齐次线性方程组有非零解，则它会有无穷多解，这些解组成一个 n 维向量组. 若能求出这个向量组的一个极大无关组，就能用它的线性组合来表示它的全部解. 这个极大无关组在线性方程组的解的理论中，称为齐次线性方程组的基础解系.

定义 4.3.1　设 $\boldsymbol{\xi}_1,\boldsymbol{\xi}_2,\cdots,\boldsymbol{\xi}_t$ 是齐次线性方程组 $\boldsymbol{AX}=\boldsymbol{0}$ 的解向量，且满足：

(1)$\boldsymbol{\xi}_1,\boldsymbol{\xi}_2,\cdots,\boldsymbol{\xi}_t$ 线性无关；

(2)齐次线性方程组的任意一个解向量都可由 $\boldsymbol{\xi}_1,\boldsymbol{\xi}_2,\cdots,\boldsymbol{\xi}_t$ 线性表示，则称 $\boldsymbol{\xi}_1,\boldsymbol{\xi}_2,\cdots,\boldsymbol{\xi}_t$ 是齐次线性方程组 $\boldsymbol{AX}=\boldsymbol{0}$ 一个的**基础解系**.

显然，当齐次线性方程组有非零解时，它就一定有基础解系.

定理 4.3.1　如果齐次线性方程组 $\boldsymbol{A}_{m\times n}\boldsymbol{X}=\boldsymbol{0}$的系数矩阵 $\boldsymbol{A}$ 的秩 $r(\boldsymbol{A})=r<n$，则 $\boldsymbol{A}_{m\times n}\boldsymbol{X}-\boldsymbol{0}$的基础解系中有 $n-r$ 个解向量.

证明　因齐次线性方程组 $\boldsymbol{A}_{m\times n}\boldsymbol{X}=\boldsymbol{0}$ 中，$r(\boldsymbol{A})=r<n$，则增广矩阵实施初等行变换，可化为如下形式的行最简形矩阵：

$$\begin{bmatrix} 1 & 0 & \cdots & 0 & b_{1,r+1} & \cdots & b_{1n} & 0 \\ 0 & 1 & \cdots & 0 & b_{2,r+1} & \cdots & b_{2n} & 0 \\ \vdots & \vdots & & \vdots & \vdots & & \vdots & \vdots \\ 0 & 0 & \cdots & 1 & b_{r,r+1} & \cdots & b_{rn} & 0 \\ 0 & 0 & \cdots & 0 & 0 & \cdots & 0 & 0 \\ \vdots & \vdots & & \vdots & \vdots & & \vdots & \vdots \\ 0 & 0 & \cdots & 0 & 0 & \cdots & 0 & 0 \end{bmatrix}$$

齐次线性方程组 $\boldsymbol{A}_{m\times n}\boldsymbol{X}=\boldsymbol{0}$ 与下面线性方程组同解，

$$\begin{cases} x_1=-b_{1,r+1}x_{r+1}-b_{1,r+2}x_{r+2}-\cdots-b_{1n}x_n \\ x_2=-b_{2,r+1}x_{r+1}-b_{2,r+2}x_{r+2}-\cdots-b_{2n}x_n \\ \qquad\vdots \qquad\qquad \vdots \qquad\qquad \vdots \\ x_r=-b_{r,r+1}x_{r+1}-b_{r,r+2}x_{r+2}-\cdots-b_{rn}x_n \end{cases}$$

其中 $x_{r+1},x_{r+2},\cdots,x_n$ 为自由未知量，可以任意取值.

若对这 $n-r$ 个自由未知量分别取：

$$\begin{bmatrix} 1 \\ 0 \\ \vdots \\ 0 \end{bmatrix},\begin{bmatrix} 0 \\ 1 \\ \vdots \\ 0 \end{bmatrix},\cdots,\begin{bmatrix} 0 \\ 0 \\ \vdots \\ 1 \end{bmatrix}$$

则可得方程组 $\boldsymbol{A}_{m\times n}\boldsymbol{X}=\boldsymbol{0}$ 的 $n-r$ 个解：

$$\boldsymbol{\xi}_1=\begin{bmatrix} -b_{1,r+1} \\ -b_{2,r+1} \\ \vdots \\ -b_{r,r+1} \\ 1 \\ 0 \\ \vdots \\ 0 \end{bmatrix},\ \boldsymbol{\xi}_2=\begin{bmatrix} -b_{1,r+2} \\ -b_{2,r+2} \\ \vdots \\ -b_{r,r+2} \\ 0 \\ 1 \\ \vdots \\ 0 \end{bmatrix},\cdots,\boldsymbol{\xi}_{n-r}=\begin{bmatrix} -b_{1n} \\ -b_{2n} \\ \vdots \\ -b_{rn} \\ 0 \\ 0 \\ \vdots \\ 1 \end{bmatrix}$$

现证明 $\boldsymbol{\xi}_1,\boldsymbol{\xi}_2,\cdots,\boldsymbol{\xi}_{n-r}$ 是齐次线性方程组 $\boldsymbol{A}_{m\times n}\boldsymbol{X}=\boldsymbol{0}$ 的一个基础解系.

(1)因为 $\begin{bmatrix} 1 \\ 0 \\ 0 \\ \vdots \\ 0 \end{bmatrix},\begin{bmatrix} 0 \\ 1 \\ 0 \\ \vdots \\ 0 \end{bmatrix},\cdots,\begin{bmatrix} 0 \\ 0 \\ 0 \\ \vdots \\ 1 \end{bmatrix}$ 线性无关，所以 $\boldsymbol{\xi}_1,\boldsymbol{\xi}_2,\cdots,\boldsymbol{\xi}_{n-r}$ 线性无关；

(2)齐次线性方程组 $\boldsymbol{A}_{m\times n}\boldsymbol{X}=\boldsymbol{0}$ 的任意一组解

$$\boldsymbol{\xi}=\begin{bmatrix}k_1\\k_2\\\vdots\\k_r\\k_{r+1}\\\vdots\\k_n\end{bmatrix}=\begin{bmatrix}-b_{1,r+1}k_{r+1}-\cdots-b_{1n}k_n\\-b_{2,r+1}k_{r+1}-\cdots-b_{2n}k_n\\\vdots\\-b_{r,r+1}k_{r+1}-\cdots-b_{rn}k_n\\k_{r+1}\\\vdots\\k_n\end{bmatrix}$$

$$=k_{r+1}\boldsymbol{\xi}_1+k_{r+2}\boldsymbol{\xi}_2+\cdots+k_n\boldsymbol{\xi}_{n-r}$$

即方程组 $\boldsymbol{A}_{m\times n}\boldsymbol{X}=\boldsymbol{0}$ 任意一组解都可以由 $\boldsymbol{\xi}_1,\boldsymbol{\xi}_2,\cdots,\boldsymbol{\xi}_{n-r}$ 线性表示.

故 $\boldsymbol{\xi}_1,\boldsymbol{\xi}_2,\cdots,\boldsymbol{\xi}_{n-r}$ 是齐次线性方程组 $\boldsymbol{A}_{m\times n}\boldsymbol{X}=\boldsymbol{0}$ 的一个基础解系,方程组的全部解可表示成

$$\boldsymbol{\xi}=k_1\boldsymbol{\xi}_1+k_2\boldsymbol{\xi}_2+\cdots+k_{n-r}\boldsymbol{\xi}_{n-r} \tag{4-3-2}$$

其中,$k_1,k_2,\cdots,k_{n-r}$ 是任意常数,上式称为齐次线性方程组 $\boldsymbol{A}_{m\times n}\boldsymbol{X}=\boldsymbol{0}$ 的**通解**.

注:由于自由未知量 $x_{r+1},x_{r+2},\cdots,x_n$ 可以任意取值,所以基础解系不唯一,但基础解系所含向量的个数都是 $n-r$ 个.可以证明:齐次线性方程组(4-3-1)的任意 $n-r$ 个线性无关的解向量均可以构成它的一个基础解系.

4.3.2　齐次线性方程组的求解

定理 4.3.1 的证明过程为我们提供了求齐次线性方程组 $\boldsymbol{A}_{m\times n}\boldsymbol{X}=\boldsymbol{0}$ 的基础解系及通解的具体方法.

例 4.3.1　求齐次线性方程组 $\begin{cases}x_1+2x_2-3x_3-x_4=0\\2x_1+3x_2+x_3+2x_4=0\\-x_1-2x_2+4x_3+3x_4=0\\2x_1+3x_2+2x_3+4x_4=0\end{cases}$ 的通解.

解　对增广矩阵 $\widetilde{\boldsymbol{A}}$ 施行如下初等行变换:

$$\widetilde{\boldsymbol{A}}=\begin{bmatrix}1&2&-3&-1&0\\2&3&1&2&0\\-1&-2&4&3&0\\2&3&2&4&0\end{bmatrix}\xrightarrow[\substack{r_3+r_1\\r_4+(-2)r_1}]{r_2+(-2)r_1}\begin{bmatrix}1&2&-3&-1&0\\0&-1&7&4&0\\0&0&1&2&0\\0&-1&8&6&0\end{bmatrix}$$

$$\xrightarrow[r_4-r_2]{r_1+2r_2}\begin{bmatrix}1&0&11&7&0\\0&-1&7&4&0\\0&0&1&2&0\\0&0&1&2&0\end{bmatrix}\xrightarrow[\substack{r_4-r_3\\r_1+(-11)r_3\\-r_2}]{r_2+(-7)r_3}\begin{bmatrix}1&0&0&-15&0\\0&1&0&10&0\\0&0&1&2&0\\0&0&0&0&0\end{bmatrix}$$

因为 $r(\mathbf{A})=r(\widetilde{\mathbf{A}})=3<4$，$n-r=1$，故原方程组有无穷多解，且基础解系中仅含一个解向量.

原方程组的同解方程组为

$$\begin{cases}x_1=15x_4\\x_2=-10x_4\\x_3=-2x_4\end{cases}$$

其中 x_4 为自由未知量.

令自由未知量 $x_4=1$，得到原方程组的一个基础解系：

$$\boldsymbol{\xi}=\begin{bmatrix}15\\-10\\-2\\1\end{bmatrix},$$

故原方程组的通解为

$$\boldsymbol{x}=k\boldsymbol{\xi}=k\begin{bmatrix}15\\-10\\-2\\1\end{bmatrix}$$

其中 k 为任意常数.

例 4.3.2 求线性方程组 $\begin{cases}x_1-x_2-x_3+x_4=0\\x_1-x_2+x_3-3x_4=0\\x_1-x_2-2x_3+3x_4=0\end{cases}$ 的通解.

解 对增广矩阵 $\widetilde{\mathbf{A}}$ 施行如下初等行变换：

$$\widetilde{\mathbf{A}}=\begin{bmatrix}1&-1&-1&1&0\\1&-1&1&-3&0\\1&-1&-2&3&0\end{bmatrix}\xrightarrow[r_3-r_1]{r_2-r_1}\begin{bmatrix}1&-1&-1&1&0\\0&0&2&-4&0\\0&0&-1&2&0\end{bmatrix}$$

$$\xrightarrow{\frac{1}{2}r_2}\begin{bmatrix}1&-1&-1&1&0\\0&0&1&-2&0\\0&0&-1&2&0\end{bmatrix}\xrightarrow[r_3+r_2]{r_1+r_2}\begin{bmatrix}1&-1&0&-1&0\\0&0&1&-2&0\\0&0&0&0&0\end{bmatrix}$$

因为 $r(\mathbf{A})=r(\widetilde{\mathbf{A}})=2<4$，$n-r=2$，故原方程组有无穷多解，且基础解系中含两个解向量.

原方程组的同解方程组为

$$\begin{cases}x_1=x_2+x_4\\x_3=2x_4\end{cases}$$

其中 x_2, x_4 为自由未知量.

令自由未知量 $\begin{bmatrix} x_2 \\ x_4 \end{bmatrix} = \begin{bmatrix} 1 \\ 0 \end{bmatrix}$ 或 $\begin{bmatrix} 0 \\ 1 \end{bmatrix}$,得到原方程组的一个基础解系：

$$\boldsymbol{\xi}_1 = \begin{bmatrix} 1 \\ 1 \\ 0 \\ 0 \end{bmatrix}, \boldsymbol{\xi}_2 = \begin{bmatrix} 1 \\ 0 \\ 2 \\ 1 \end{bmatrix}$$

故原方程组的通解为

$$\boldsymbol{x} = k_1 \boldsymbol{\xi}_1 + k_2 \boldsymbol{\xi}_2 = k_1 \begin{bmatrix} 1 \\ 1 \\ 0 \\ 0 \end{bmatrix} + k_2 \begin{bmatrix} 1 \\ 0 \\ 2 \\ 1 \end{bmatrix}$$

其中 k_1, k_2 为任意常数.

习题 4.3

1. 求解线性方程组 $\begin{cases} 2x_1 + 2x_2 - x_3 = 0 \\ x_1 - 2x_2 + 4x_3 = 0 \\ 5x_1 + 8x_2 + 2x_3 = 0 \end{cases}$.

2. 求线性方程组 $\begin{cases} x_1 + x_2 - x_3 - x_4 = 0 \\ 2x_1 - 5x_2 + 3x_3 + 2x_4 = 0 \\ 7x_1 - 7x_2 + 3x_3 + x_4 = 0 \end{cases}$ 的通解.

3. 求线性方程组 $\begin{cases} x_1 + 2x_2 - 2x_3 + 2x_4 - x_5 = 0 \\ x_1 + 2x_2 - x_3 + 3x_4 - 2x_5 = 0 \\ 2x_1 + 4x_2 - 7x_3 + x_4 + x_5 = 0 \end{cases}$ 的通解.

4. 求线性方程组 $\begin{cases} x_1 - 2x_2 + x_3 - x_4 + x_5 = 0 \\ 2x_1 + x_2 - x_3 + 2x_4 - 3x_5 = 0 \\ 3x_1 - 2x_2 - x_3 + x_4 - 2x_5 = 0 \\ 2x_1 - 5x_2 + x_3 - 2x_4 + 2x_5 = 0 \end{cases}$ 的通解.

5. 设 $\boldsymbol{\alpha}_1, \boldsymbol{\alpha}_2, \boldsymbol{\alpha}_3$ 是 $\boldsymbol{Ax} = \boldsymbol{0}$ 的基础解系，问以下向量组是不是它的基础解系？

(1) $\boldsymbol{\alpha}_1$, $\boldsymbol{\alpha}_1 - \boldsymbol{\alpha}_2$, $\boldsymbol{\alpha}_1 - \boldsymbol{\alpha}_2 - \boldsymbol{\alpha}_3$；　(2) $\boldsymbol{\alpha}_1 - \boldsymbol{\alpha}_2$, $\boldsymbol{\alpha}_2 - \boldsymbol{\alpha}_3$, $\boldsymbol{\alpha}_3 - \boldsymbol{\alpha}_1$.

4.4 非齐次线性方程组解的结构

本节将讨论非齐次线性方程组解的结构和解法.

为了研究非齐次线性方程组解的结构,先讨论它的解的性质.

设非齐次线性方程组为

$$\begin{cases} a_{11}x_1+a_{12}x_2+\cdots+a_{1n}x_n=b_1 \\ a_{21}x_1+a_{22}x_2+\cdots+a_{2n}x_n=b_2 \\ \quad\vdots \qquad\quad \vdots \qquad\qquad\quad \vdots \\ a_{m1}x_1+a_{m2}x_2+\cdots+a_{mn}x_n=b_m \end{cases} \tag{4-4-1}$$

当它的常数项都等于零时,就得到4.3节的齐次线性方程组(4-3-1),称它为非齐次线性方程组(4-4-1)的导出组.

非齐次线性方程组(4-4-1)的解与其导出组(4-3-1)的解之间有如下关系.

性质 4.4.1 若 $\boldsymbol{\xi}_1,\boldsymbol{\xi}_2$ 是非齐次线性方程组 $\boldsymbol{AX}=\boldsymbol{b}$ 的解,则 $\boldsymbol{\xi}_1-\boldsymbol{\xi}_2$ 是其导出组 $\boldsymbol{AX}=\boldsymbol{0}$ 的解.

性质 4.4.2 若 $\boldsymbol{\eta}$ 是非齐次线性方程组 $\boldsymbol{AX}=\boldsymbol{b}$ 的解,$\boldsymbol{\xi}$ 是导出组 $\boldsymbol{AX}=\boldsymbol{0}$的解,则 $\boldsymbol{\eta}+\boldsymbol{\xi}$ 是非齐次线性方程组 $\boldsymbol{AX}=\boldsymbol{b}$ 的解.

定理 4.4.1 设 $\boldsymbol{\eta}$ 是非齐次线性方程组 $\boldsymbol{AX}=\boldsymbol{b}$ 的一个解(称为一个特解),$\boldsymbol{\xi}$ 是导出组 $\boldsymbol{AX}=\boldsymbol{0}$的通解,则 $\boldsymbol{\eta}+\boldsymbol{\xi}$ 是非齐次线性方程组的通解.

由定理4.4.1知,若非齐次线性方程组有无穷多解,则只需求出它的一个解(特解)$\boldsymbol{\eta}$,并求出其导出组的一个基础解系 $\boldsymbol{\xi}_1,\boldsymbol{\xi}_2,\cdots,\boldsymbol{\xi}_{n-r}$,则非齐次线性方程组的通解可表示为

$$\boldsymbol{\xi}=\boldsymbol{\eta}+k_1\boldsymbol{\xi}_1+k_2\boldsymbol{\xi}_2+\cdots+k_{n-r}\boldsymbol{\xi}_{n-r}$$

其中 $k_1,k_2,\cdots,k_{n-r}$是任意常数.

例 4.4.1 求非齐次线性方程组$\begin{cases} x_1-x_2-x_3-x_4=1 \\ x_1-2x_2+x_3+3x_4=-3 \\ 3x_1-4x_2-x_3+x_4=-1 \\ x_1-3x_2+3x_3+7x_4=-7 \end{cases}$的通解.

解 对增广矩阵 $\widetilde{\boldsymbol{A}}$ 施行如下初等行变换:

$$\widetilde{\boldsymbol{A}}=\begin{bmatrix} 1 & -1 & -1 & -1 & 1 \\ 1 & -2 & 1 & 3 & -3 \\ 3 & -4 & -1 & 1 & -1 \\ 1 & -3 & 3 & 7 & -7 \end{bmatrix} \xrightarrow[\substack{r_3-3r_1 \\ r_4-r_1}]{r_2-r_1} \begin{bmatrix} 1 & -1 & -1 & -1 & 1 \\ 0 & -1 & 2 & 4 & -4 \\ 0 & -1 & 2 & 4 & -4 \\ 0 & -2 & 4 & 8 & -8 \end{bmatrix}$$

$$\xrightarrow[\substack{r_4-2r_2\\ r_1-r_2}]{r_3-r_2}\begin{bmatrix}1 & 0 & -3 & -5 & 5\\ 0 & -1 & 2 & 4 & -4\\ 0 & 0 & 0 & 0 & 0\\ 0 & 0 & 0 & 0 & 0\end{bmatrix}\xrightarrow{-r_2}\begin{bmatrix}1 & 0 & -3 & -5 & 5\\ 0 & 1 & -2 & -4 & 4\\ 0 & 0 & 0 & 0 & 0\\ 0 & 0 & 0 & 0 & 0\end{bmatrix}$$

因为 $r(\boldsymbol{A})=r(\widetilde{\boldsymbol{A}})=2<4, n-r=2$，故原方程组有无穷多解，且导出组的基础解系中含两个解向量.

原方程组的同解方程组为

$$\begin{cases}x_1=3x_3+5x_4+5\\ x_2=2x_3+4x_4+4\end{cases}$$

其中 x_3, x_4 为自由未知量.

令自由未知量 $\begin{bmatrix}x_3\\ x_4\end{bmatrix}=\begin{bmatrix}1\\ 0\end{bmatrix}$或$\begin{bmatrix}0\\ 1\end{bmatrix}$，得到导出组的一个基础解系：

$$\boldsymbol{\xi}_1=\begin{bmatrix}3\\ 2\\ 1\\ 0\end{bmatrix},\ \boldsymbol{\xi}_2=\begin{bmatrix}5\\ 4\\ 0\\ 1\end{bmatrix}$$

令自由未知量 $\begin{bmatrix}x_3\\ x_4\end{bmatrix}=\begin{bmatrix}0\\ 0\end{bmatrix}$，得到原方程组的一个特解 $\boldsymbol{\eta}=\begin{bmatrix}5\\ 4\\ 0\\ 0\end{bmatrix}$. 故原方程组的通解为

$$\boldsymbol{x}=k_1\boldsymbol{\xi}_1+k_2\boldsymbol{\xi}_2+\boldsymbol{\eta}=k_1\begin{bmatrix}3\\ 2\\ 1\\ 0\end{bmatrix}+k_2\begin{bmatrix}5\\ 4\\ 0\\ 1\end{bmatrix}+\begin{bmatrix}5\\ 4\\ 0\\ 0\end{bmatrix}$$

其中 k_1, k_2 为任意常数.

例 4.4.2　求非齐次线性方程组$\begin{cases}2x_1-x_2+x_3-x_4-2x_5=6\\ x_1-x_2+2x_3+x_4-x_5=3\\ x_1-3x_2+4x_3+3x_4-x_5=11\end{cases}$的通解.

解　对增广矩阵 $\widetilde{\boldsymbol{A}}$ 施行如下初等行变换：

$$\widetilde{\boldsymbol{A}}=\begin{bmatrix}2 & -1 & 1 & -1 & -2 & 6\\ 1 & -1 & 2 & 1 & -1 & 3\\ 1 & -3 & 4 & 3 & -1 & 11\end{bmatrix}\xrightarrow{r_2\leftrightarrow r_1}\begin{bmatrix}1 & -1 & 2 & 1 & -1 & 3\\ 2 & -1 & 1 & -1 & -2 & 6\\ 1 & -3 & 4 & 3 & -1 & 11\end{bmatrix}$$

$$\xrightarrow[r_3-r_1]{r_2-2r_1}\begin{bmatrix}1&-1&2&1&-1&3\\0&1&-3&-3&0&0\\0&-2&2&2&0&8\end{bmatrix}\xrightarrow[r_1+r_2]{r_3+2r_2}\begin{bmatrix}1&0&-1&-2&-1&3\\0&1&-3&-3&0&0\\0&0&-4&-4&0&8\end{bmatrix}$$

$$\xrightarrow[\substack{r_1+r_3\\r_2+3r_3}]{-\frac{1}{4}r_3}\begin{bmatrix}1&0&0&-1&-1&1\\0&1&0&0&0&-6\\0&0&1&1&0&-2\end{bmatrix}$$

因为 $r(\mathbf{A})=r(\widetilde{\mathbf{A}})=3<5$，$n-r=2$，故原方程组有无穷多解，且导出组的基础解系中含两个解向量.

原方程组的同解方程组为

$$\begin{cases}x_1=x_4+x_5+1\\x_2=-6\\x_3=-x_4-2\end{cases}$$

其中 x_4,x_5 为自由未知量.

令自由未知量 $\begin{bmatrix}x_4\\x_5\end{bmatrix}=\begin{bmatrix}1\\0\end{bmatrix}$或$\begin{bmatrix}0\\1\end{bmatrix}$，得到导出组的一个基础解系：

$$\boldsymbol{\xi}_1=\begin{bmatrix}1\\0\\-1\\1\\0\end{bmatrix},\ \boldsymbol{\xi}_2=\begin{bmatrix}1\\0\\0\\0\\1\end{bmatrix}$$

令自由未知量 $\begin{bmatrix}x_4\\x_5\end{bmatrix}=\begin{bmatrix}0\\0\end{bmatrix}$，得到原方程组的一个特解 $\boldsymbol{\eta}=\begin{bmatrix}1\\-6\\-2\\0\\0\end{bmatrix}$. 故原方程组的通解为

$$\boldsymbol{x}=k_1\boldsymbol{\xi}_1+k_2\boldsymbol{\xi}_2+\boldsymbol{\eta}=k_1\begin{bmatrix}1\\0\\-1\\1\\0\end{bmatrix}+k_2\begin{bmatrix}1\\0\\0\\0\\1\end{bmatrix}+\begin{bmatrix}1\\-6\\-2\\0\\0\end{bmatrix}$$

其中 k_1,k_2 为任意常数.

例 4.4.3　讨论线性方程组$\begin{cases} x_1 \qquad\quad +x_3=\lambda \\ 4x_1+x_2+2x_3=\lambda+2 \\ 6x_1+x_2+4x_3=2\lambda+3 \end{cases}$的解的情况.若有解,求出其通解.

解　对增广矩阵 $\widetilde{\boldsymbol{A}}$ 施行如下初等行变换:

$$\widetilde{\boldsymbol{A}}=\begin{bmatrix} 1 & 0 & 1 & \lambda \\ 4 & 1 & 2 & \lambda+2 \\ 6 & 1 & 4 & 2\lambda+3 \end{bmatrix} \xrightarrow[r_3-6r_1]{r_2-4r_1} \begin{bmatrix} 1 & 0 & 1 & \lambda \\ 0 & 1 & -2 & -3\lambda+2 \\ 0 & 1 & -2 & -4\lambda+3 \end{bmatrix}$$

$$\xrightarrow{r_3-r_2} \begin{bmatrix} 1 & 0 & 1 & \lambda \\ 0 & 1 & -2 & 2-3\lambda \\ 0 & 0 & 0 & 1-\lambda \end{bmatrix}$$

当 $\lambda=1$ 时,$r(\boldsymbol{A})=r(\widetilde{\boldsymbol{A}})=2<3$,方程组有无穷多解.此时,原方程组为

$$\begin{cases} x_1 \qquad\quad +x_3=1 \\ 4x_1+x_2+2x_3=3 \\ 6x_1+x_2+4x_3=5 \end{cases}$$

它的增广矩阵对应的行最简形矩阵为

$$\widetilde{\boldsymbol{A}} \longrightarrow \begin{bmatrix} 1 & 0 & 1 & 1 \\ 0 & 1 & -2 & -1 \\ 0 & 0 & 0 & 0 \end{bmatrix}$$

原方程组的同解方程组为

$$\begin{cases} x_1=-x_3+1 \\ x_2=2x_3-1 \end{cases}$$

其中 x_3 为自由未知量.

令自由未知量 $x_3=1$,得到基础解系 $\boldsymbol{\xi}=[-1\quad 2\quad 1]^{\mathrm{T}}$.

令自由未知量 $x_3=0$,得到特解 $\boldsymbol{\eta}=[1\quad -1\quad 0]^{\mathrm{T}}$.

故原方程组的通解为

$$\boldsymbol{x}=k\boldsymbol{\xi}+\boldsymbol{\eta}=k\,[-1\quad 2\quad 1]^{\mathrm{T}}+[1\quad -1\quad 0]^{\mathrm{T}}$$

其中 k 为任意常数.

当 $\lambda\neq 1$ 时,$r(\boldsymbol{A})=2$,$r(\widetilde{\boldsymbol{A}})=3$,$r(\boldsymbol{A})\neq r(\widetilde{\boldsymbol{A}})$,方程组无解.

习题 4.4

1. 解下列线性方程组:

(1)$\begin{cases} x_1+2x_2+2x_3=2 \\ 2x_1+5x_2+2x_3=4 \\ x_1+2x_2+4x_3=6 \end{cases}$; (2)$\begin{cases} x_1+4x_2-2x_3+3x_4=6 \\ 2x_1+2x_2+4x_4=2 \\ 3x_1+2x_2+2x_3-3x_4=1 \\ x_1+2x_2+3x_3-3x_4=8 \end{cases}$.

2. 求线性方程组$\begin{cases} x_1+2x_2-x_3+3x_4+x_5=2 \\ -x_1-2x_2+x_3-x_4+3x_5=4 \\ 2x_1+4x_2-2x_3+6x_4+3x_5=6 \end{cases}$的通解.

3. 求下列线性方程组的通解.

(1)$\begin{cases} x_1+2x_2+3x_3+4x_4=5 \\ x_1-2x_2+x_3+x_4=1 \end{cases}$; (2)$\begin{cases} x_1+x_2-2x_4=-6 \\ 4x_1-x_2-x_3-x_4=1 \\ 3x_1-x_2-x_3=3 \end{cases}$;

(3)$\begin{cases} x_1+x_2+x_3+x_4+x_5=7 \\ 3x_1+2x_2+x_3+x_4-3x_5=-2 \\ x_2+2x_3+2x_4+6x_5=23 \\ 5x_1+4x_2+3x_3+3x_4-x_5=12 \end{cases}$; (4)$\begin{cases} 2x_1-x_2+4x_3-3x_4=-4 \\ x_1+x_3-x_4=-3 \\ 3x_1+x_2+x_3=1 \\ 7x_1+7x_3-3x_4=3 \end{cases}$.

4.5 应用实例

4.5.1 交通流量

下图是某城市的公路交通网络图.

交叉路口由两条单向车道组成. 下图给出了在交通高峰时段每小时进入和离开路口的车辆数. 计算在两个交叉路口间车辆的数量.

解 在每一路口,进入车辆与离开车辆肯定相等,所以得到非齐次线性方程组:

$$\begin{cases} x_1+450=x_2+610 \\ x_2+520=x_3+480 \\ x_3+390=x_4+600 \\ x_4+640=x_1+310 \end{cases},即\begin{cases} x_1-x_2=160 \\ x_2-x_3=-40 \\ x_3-x_4=210 \\ x_4-x_1=-330 \end{cases}$$

则有

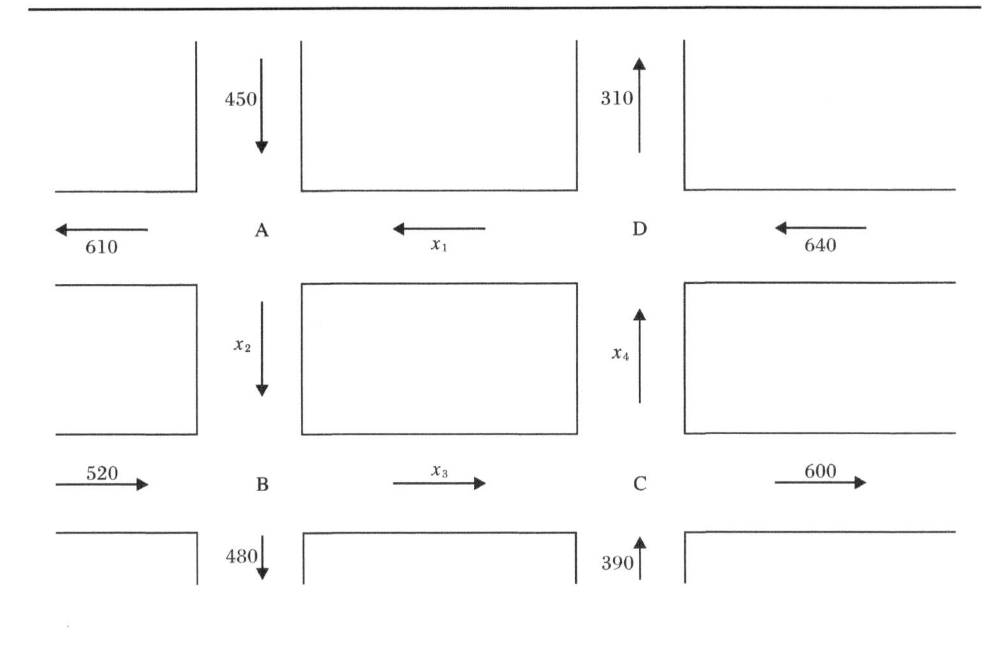

$$\tilde{\mathbf{A}}=\begin{bmatrix}1 & -1 & 0 & 0 & 160\\0 & 1 & -1 & 0 & -40\\0 & 0 & 1 & -1 & 210\\-1 & 0 & 0 & 1 & -330\end{bmatrix}\rightarrow\begin{bmatrix}1 & 0 & 0 & -1 & 330\\0 & 1 & 0 & -1 & 170\\0 & 0 & 1 & -1 & 210\\0 & 0 & 0 & 0 & 0\end{bmatrix}$$

得同解方程组$\begin{cases}x_1=x_4+330\\x_2=x_4+170\\x_3=x_4+210\end{cases}$

若知道某一路口的车辆数量，则其他路口的车辆数量即可求得.

4.5.2　化学方程式

在光合作用下，植物利用太阳提供的辐射能将二氧化碳和水转化为葡萄糖和氧气，该化学反应的方程式为

$$x_1CO_2+x_2H_2O\rightarrow x_3O_2+x_4C_6H_{12}O_6$$

为平衡该方程式，需适当选择 x_1,x_2,x_3,x_4，使得方程式两边的碳、氢和氧原子数量分别相等.

解　我们可以得到如下方程组：

$$\begin{cases} x_1 = 6x_4 \\ 2x_1+x_2=2x_3+6x_4 \\ 2x_2=12x_4 \end{cases}, \text{即} \begin{cases} x_1 \qquad -6x_4=0 \\ 2x_1+x_2-2x_3-6x_4=0 \\ 2x_2 \qquad -12x_4=0 \end{cases}$$

得到 $x_1=x_2=x_3=6x_4$，若令 $x_4=1$，则 $x_1=x_2=x_3=6$，即化学方程式的形式为

$$6CO_2+6H_2O \rightarrow 6O_2+C_6H_{12}O_6$$

注：在实际问题中，要考虑各变量的实际意义. 如本应用实例中的各变量应为非负整数.

本章小结

1. 阶梯形方程组、线性方程组的初等变换、同解的或等价的方程组等概念.

2. 线性方程组的系数矩阵、增广矩阵等概念.

3. 线性方程组解的判定：

(1)线性方程组 $\boldsymbol{A}_{m\times n}\boldsymbol{X}=\boldsymbol{b}$ 有解的充要条件是 $r(\boldsymbol{A}\vdots\boldsymbol{b})=r(\boldsymbol{A})$.

①若 $r(\boldsymbol{A}\vdots\boldsymbol{b})=r(\boldsymbol{A})=r=n$，则方程组有唯一解.

②若 $r(\boldsymbol{A}\vdots\boldsymbol{b})=r(\boldsymbol{A})=r<n$，则方程组有无穷多解.

(2)线性方程组 $\boldsymbol{A}_{m\times n}\boldsymbol{X}=\boldsymbol{b}$ 无解的充要条件是 $r(\boldsymbol{A}\vdots\boldsymbol{b})\neq r(\boldsymbol{A})$.

(3)齐次线性方程组 $\boldsymbol{A}_{m\times n}\boldsymbol{X}=\boldsymbol{0}$ 只有唯一零解的充要条件是 $r(\boldsymbol{A})=n$.

(4)齐次线性方程组 $\boldsymbol{A}_{m\times n}\boldsymbol{X}=\boldsymbol{0}$ 有非零解的充要条件是 $r(\boldsymbol{A})<n$.

4. 齐次线性方程组 $\boldsymbol{AX}=\boldsymbol{0}$解的性质：

(1)若 $\boldsymbol{\xi}_1,\boldsymbol{\xi}_2$ 是 $\boldsymbol{AX}=\boldsymbol{0}$ 的解，则 $\boldsymbol{\xi}_1+\boldsymbol{\xi}_2$ 也是 $\boldsymbol{AX}=\boldsymbol{0}$ 的解.

(2)若 $\boldsymbol{\xi}_1$ 是 $\boldsymbol{AX}=\boldsymbol{0}$ 的解，k 是任意常数，则 $k\boldsymbol{\xi}_1$ 也是 $\boldsymbol{AX}=\boldsymbol{0}$ 的解.

(3)若 $\boldsymbol{\xi}_1,\boldsymbol{\xi}_2,\cdots,\boldsymbol{\xi}_n$ 都是 $\boldsymbol{AX}=\boldsymbol{0}$ 的解，$k_1,k_2,\cdots,k_n$ 是任意常数，则 $k_1\boldsymbol{\xi}_1+k_2\boldsymbol{\xi}_2+\cdots+k_n\boldsymbol{\xi}_n$ 也是 $\boldsymbol{AX}=\boldsymbol{0}$ 的解.

5. 基础解系、通解等的定义.

6. 若齐次线性方程组 $\boldsymbol{A}_{m\times n}\boldsymbol{X}=\boldsymbol{0}$的系数矩阵 $\boldsymbol{A}$ 的秩 $r(\boldsymbol{A})=r<n$，则 $\boldsymbol{A}_{m\times n}\boldsymbol{X}=0$ 的基础解系中有 $n-r$ 个解向量.

7. 非齐次线性方程组 $\boldsymbol{AX}=\boldsymbol{b}$ 的解与其导出组 $\boldsymbol{AX}=\boldsymbol{0}$的解之间的关系：

(1)若 $\boldsymbol{\xi}_1,\boldsymbol{\xi}_2$ 是非齐次线性方程组 $\boldsymbol{AX}=\boldsymbol{b}$ 的解，则 $\boldsymbol{\xi}_1-\boldsymbol{\xi}_2$ 是其导出组 $\boldsymbol{AX}=\boldsymbol{0}$ 的解.

(2)若 $\boldsymbol{\eta}$ 是非齐次线性方程组 $\boldsymbol{AX}=\boldsymbol{b}$ 的解，$\boldsymbol{\xi}$ 是导出组 $\boldsymbol{AX}=\boldsymbol{0}$ 的解，则 $\boldsymbol{\eta}+\boldsymbol{\xi}$ 是非齐次线性方程组 $\boldsymbol{AX}=\boldsymbol{b}$ 的解.

(3)设 $\boldsymbol{\eta}$ 是非齐次线性方程组 $\boldsymbol{AX}=\boldsymbol{b}$ 的一个解(称为一个特解)，$\boldsymbol{\xi}$ 是导出组 $\boldsymbol{AX}=\boldsymbol{0}$ 的通解，则 $\boldsymbol{\eta}+\boldsymbol{\xi}$ 是非齐次线性方程组的通解.

8. 齐次线性方程组 $\boldsymbol{A}_{m\times n}\boldsymbol{X}=\boldsymbol{0}$ 与非齐次线性方程组的通解的求法.

总习题 4

一、选择题

1. 齐次线性方程组 $x_1+x_2+\cdots+x_n=0$ 的基础解系中解向量个数为(　　).

A. 0　　B. 1　　C. $n-1$　　D. n

2. 线性方程组 $\boldsymbol{AX}=\boldsymbol{b}$，$\boldsymbol{A}$ 是 6×8 阵，若 $r(\boldsymbol{A})=r(\boldsymbol{Ab})=6$，则 $\boldsymbol{AX}=\boldsymbol{b}$ 有(　　).

A. 唯一解　　B. 无穷多解　　C. 无解　　D. 无法确定

3. 设 $\boldsymbol{A}$ 为 n 阶实矩阵，$\boldsymbol{A}^{\mathrm{T}}$ 是 $\boldsymbol{A}$ 的转置矩阵，则对于线性方程组(Ⅰ)：$\boldsymbol{AX}=\boldsymbol{0}$ 和(Ⅱ)：$\boldsymbol{A}^{\mathrm{T}}\boldsymbol{AX}=\boldsymbol{0}$，必有(　　).

A.(Ⅰ)与(Ⅱ)同解

B.(Ⅱ)的解是(Ⅰ)的解，但(Ⅰ)的解不是(Ⅱ)的解

C.(Ⅰ)的解不是(Ⅱ)的解，(Ⅱ)的解也不是(Ⅰ)的解

D.(Ⅰ)的解是(Ⅱ)的解，但(Ⅱ)的解不是(Ⅰ)的解

二、填空题

1. 设 $\boldsymbol{A}$ 为 n 阶矩阵，则存在两个不相等的 n 阶矩阵 $\boldsymbol{B}$，$\boldsymbol{C}$ 使 $\boldsymbol{AB}=\boldsymbol{AC}$ 的充要条件为________.

2. 若 $\boldsymbol{\xi}_1$，$\boldsymbol{\xi}_2$ 是方程组 $\begin{cases}2x_1-x_2+x_3=1\\-x_1+3x_2-x_3=2\\x_1+2x_2+tx_3=3\end{cases}$ 的两个不同的解，则 $t=$________.

3. 线性方程组 $\begin{cases}x_1-x_2=a_1\\x_2-x_3=a_2\\x_3-x_4=a_3\\x_4-x_5=a_4\\x_5-x_1=a_5\end{cases}$ 有解的充要条件是________.

三、解答题

1. 当 a 与 b 取什么值时，线性方程组 $\begin{cases}x_1+x_2+x_3+x_4+x_5=1\\3x_1+2x_2+x_3+x_4-3x_5=a\\x_2+2x_3+2x_4+6x_5=3\\5x_1+4x_2+3x_3+3x_4-x_5=b\end{cases}$ 有解？在有解的情况下，求它的一般解.

2. 设$A=\begin{bmatrix}1&1&2\\2&2&4\\3&3&6\end{bmatrix}$,求秩为 2 的三阶方阵 B,使 $AB=0$.

3. 求下列齐次线性方程组的基础解系,并求通解:

(1)$\begin{cases}x_1-8x_2+10x_3+2x_4=0\\2x_1+4x_2+5x_3-x_4=0\\3x_1+8x_2+6x_3-2x_4=0\end{cases}$; (2)$\begin{cases}2x_1-3x_2-2x_3+x_4=0\\3x_1+5x_2+4x_3-2x_4=0\\8x_1+7x_2+6x_3-3x_4=0\end{cases}$;

(3)$\begin{cases}x_1+x_2+2x_3+2x_4+7x_5=0\\2x_1+3x_2+4x_3+5x_4=0\\3x_1+5x_2+6x_3+8x_4=0\end{cases}$; (4)$\begin{cases}x_1-2x_2+4x_3-7x_4=0\\2x_1+x_2-2x_3+x_4=0\\3x_1-x_2+2x_3-4x_4=0\end{cases}$

4. λ 取何值时,方程组$\begin{cases}\lambda x_1+x_2+x_3=1\\x_1+\lambda x_2+x_3=\lambda\\x_1+x_2+\lambda x_3=\lambda^2\end{cases}$有唯一解、无解、有无穷多解?

5. 确定 a,b 的值使下列线性方程组有解,并求其解:

$$\begin{cases}x_1+2x_2-2x_3+2x_4=2\\x_2-x_3-x_4=1\\x_1+x_2-x_3+3x_4=a\\x_1-x_2+x_3+5x_4=b\end{cases}$$

6. 求线性方程组$\begin{cases}x_1+3x_2+5x_3-4x_4=1\\x_1+3x_2+2x_3-2x_4+x_5=-1\\x_1-2x_2+x_3-x_4-x_5=3\\x_1-4x_2+x_3+x_4-x_5=3\\x_1+2x_2+x_3-x_4+x_5=-1\end{cases}$的通解.

四、应用题

1. 下面的化学反应可以在工业过程中应用,如砷(AsH_3)的生产.请配平方程式

$$MnS+As_2Cr_{10}O_{35}+H_2SO_4\rightarrow HMnO_4+AsH_3+CrS_3O_{12}+H_2O.$$

2. (1)求下图中网络的交通流量的通解.

(2)假设流量必须以标示的方向流动,求分支 x_2,x_3,x_4,x_5 的流量的最小值.

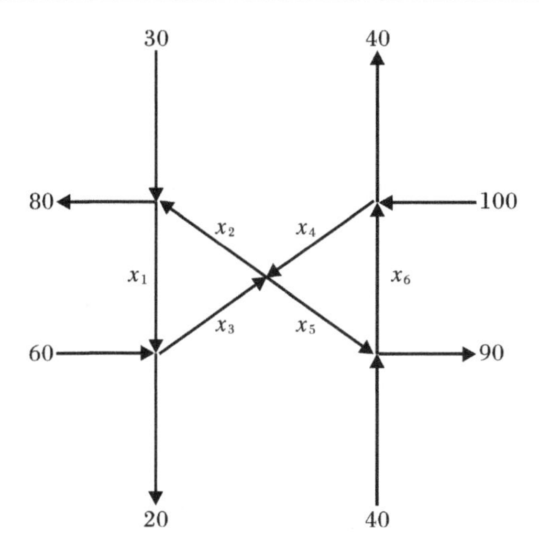
30
40
80
100
x_2
x_4
x_1
x_6
x_3
x_5
60
90
20
40

第 5 章　特征值与特征向量

在本章中，我们将应用在第 4 章中建立的线性方程组的解的理论和求解方法，给出方阵的特征值和特征向量的具体方法，研讨方阵化成对角矩阵的问题，并具体应用到实对称矩阵的对角化问题上. 同时我们将在本章的后面给出一些实际应用的例子.

5.1　方阵的特征值与特征向量

5.1.1　特征值与特征向量的定义

设 $\boldsymbol{A}$ 为 n 阶方阵，$\boldsymbol{p}$ 是某个 n 维非零列向量，一般来说，n 维列向量 $\boldsymbol{Ap}$ 未必与 $\boldsymbol{p}$ 线性相关，也就是说向量 $\boldsymbol{Ap}$ 未必正好是向量 $\boldsymbol{p}$ 的倍数. 如果对于取定的 n 阶方阵 $\boldsymbol{A}$，存在某个 n 维非零列向量 $\boldsymbol{p}$，使得 $\boldsymbol{Ap}$ 正好是 $\boldsymbol{p}$ 的倍数，即存在某个数 λ 使得 $\boldsymbol{Ap}=\lambda\boldsymbol{p}$，那么我们对于具有这种特征的 n 维非零列向量 $\boldsymbol{p}$ 和对应的数 λ 特别感兴趣，因为他们在实际问题中有广泛的应用. 下面我们先考察一个实例.

例 5.1.1 (工业增长模型)　我们考察一个在第三世界可能出现的有关污染与工业发展的工业增长模型. 设 P 是现在污染的程度，D 是现在工业发展水平(二者都由各种适当指标来度量，例如，对于污染来说，空气中一氧化碳的含量及河流中的污染物程度等). 设 P' 和 D' 分别是五年后的污染程度和工业发展水平. 假定根据其他发展中国家类似的经验，国际发展机构认为，以下简单的线性模型是随后五年污染和工业发展有用的预测公式：

$$P'=P+2D,D'=2P+D$$

或写成矩阵形式

$$\begin{bmatrix}P'\\D'\end{bmatrix}=\boldsymbol{A}\begin{bmatrix}P\\D\end{bmatrix}$$

其中 $\boldsymbol{A}=\begin{bmatrix}1&2\\2&1\end{bmatrix}$.

如果最初我们有 $P=1,D=1$，那么，我们就能算出

$$P'=1\times1+2\times1=3, D'=2\times1+1\times1=3$$

若 $P=3, D=3$，可得

$$P'=1\times3+2\times3=9, D'=2\times3+1\times3=9$$

推广这些计算，我们知道，对 $P=a, D=a$，我们可以得到 $P'=3a, D'=3a$，也就是说，若 $\begin{bmatrix}P\\D\end{bmatrix}=\begin{bmatrix}a\\a\end{bmatrix}$，那么

$$\begin{bmatrix}P'\\D'\end{bmatrix}=\begin{bmatrix}1&2\\2&1\end{bmatrix}\begin{bmatrix}a\\a\end{bmatrix}=\begin{bmatrix}3a\\3a\end{bmatrix}=3\begin{bmatrix}a\\a\end{bmatrix},\ a\neq\mathbf{0}$$

所以，对矩阵 $\boldsymbol{A}$ 来说，数 $\lambda=3$ 具有特殊的意义，因为对任意一个形如 $\boldsymbol{p}=\begin{bmatrix}a\\a\end{bmatrix}$ 的向量来说，都有 $\boldsymbol{Ap}=3\boldsymbol{p}$. 数 $\lambda=3$ 就称为 A 的一个特征值，而 $\boldsymbol{p}=\begin{bmatrix}a\\a\end{bmatrix}(a\neq\mathbf{0})$ 就 A 的相应的特征向量.

下面给出方阵的特征值和特征向量严格定义.

定义 5.1.1　设 $\boldsymbol{A}=(a_{ij})$ 为 n 阶实方阵，如果存在某个数 λ 和某个 n 维非零列向量 $\boldsymbol{p}$ 满足

$$\boldsymbol{Ap}=\lambda\boldsymbol{p}$$

则称 λ 是 $\boldsymbol{A}$ 的一个**特征值**，称 $\boldsymbol{p}$ 是 $\boldsymbol{A}$ 的**属于这个特征值 λ 的一个特征向量**.

为了给出具体求特征值和特征向量的方法，我们把 $\boldsymbol{Ap}=\lambda\boldsymbol{p}$ 改写成 $(\lambda\boldsymbol{E}_n-\boldsymbol{A})\boldsymbol{p}=\mathbf{0}$. 再把 λ 看成待定参数，那么 $\boldsymbol{p}$ 就是齐次线性方程组 $(\lambda\boldsymbol{E}_n-\boldsymbol{A})\boldsymbol{x}=\mathbf{0}$ 的任意一个非零解. 显然，它有非零解当且仅当它的系数行列式为零：$|\lambda\boldsymbol{E}_n-\boldsymbol{A}|=0$.

定义 5.1.2　带参数 λ 的 n 阶方阵 $\lambda\boldsymbol{E}_n-\boldsymbol{A}$ 称为 $\boldsymbol{A}$ 的**特征方阵**，它的行列式 $|\lambda\boldsymbol{E}_n-\boldsymbol{A}|$ 称为 $\boldsymbol{A}$ 的**特征多项式**，称 $|\lambda\boldsymbol{E}_n-\boldsymbol{A}|=0$ 为 $\boldsymbol{A}$ 的**特征方程**.

根据行列式的定义可得下面等式：

$$|\lambda\boldsymbol{E}_n-\boldsymbol{A}|=\begin{bmatrix}\lambda-a_{11}&-a_{12}&\cdots&-a_{1n}\\-a_{21}&\lambda-a_{22}&\cdots&-a_{2n}\\\vdots&\vdots&&\vdots\\-a_{n1}&-a_{n2}&\cdots&\lambda-a_{nn}\end{bmatrix}\tag{5-1-1}$$

在省略的各项中不含 λ 的方次高于 $n-2$ 的项，所以 n 阶方阵 $\boldsymbol{A}$ 的特征多项式一定是 λ 的 n 次多项式. $\boldsymbol{A}$ 的特征方程的 n 个根（复根，包括实根或虚根，r 重根按 r 个计算）就是 $\boldsymbol{A}$ 的 n 个特征值. 在复数范围内，n 阶方阵一定有 n 个特征值.

综上所述，对于给定的 n 阶实方阵 $\boldsymbol{A}=(a_{ij})$，求它的特征值就是求它的特征多项式(5-1-1)的 n 个根. 对于任意取定的一个特征值 λ_0 的特征向量，就是对应的齐次线性方程组 $(\lambda_0\boldsymbol{E}_n-\boldsymbol{A})\boldsymbol{x}=\mathbf{0}$ 的所有的非零解.

注意:虽然零向量也是$(\lambda_0\boldsymbol{E}_n-\boldsymbol{A})x=\boldsymbol{0}$的解,但$\boldsymbol{0}$不是$\boldsymbol{A}$的特征向量

例 5.1.2 任意取定$\boldsymbol{A}$的一个特征值λ_0. 如果$\boldsymbol{p}_1$和$\boldsymbol{p}_2$都是$\boldsymbol{A}$的属于特征值λ_0的特征向量,则对任意使$k_1\boldsymbol{p}_1+k_2\boldsymbol{p}_2\neq\boldsymbol{0}$的实数$k_1$和$k_2$,$\boldsymbol{p}=k_1\boldsymbol{p}_1+k_2\boldsymbol{p}_2$必是$A$的属于特征值$\lambda_0$的特征向量.

证明 由所设条件知

$$\boldsymbol{A}\boldsymbol{p}=\boldsymbol{A}(k_1\boldsymbol{p}_1+k_2\boldsymbol{p}_2)=k_1\boldsymbol{A}\boldsymbol{p}_1+k_2\boldsymbol{A}\boldsymbol{p}_2=\lambda_0(k_1\boldsymbol{p}_1+k_2\boldsymbol{p}_2)=\lambda_0\boldsymbol{p}$$

由此可见,$\boldsymbol{A}$的属于同一个特征值λ_0的若干个特征向量的任意非零线性组合必是$\boldsymbol{A}$的属于特征值λ_0的特征向量.

任意取定$\boldsymbol{A}$的一个特征值λ_0. 因为λ_0是$|\lambda\boldsymbol{E}_n-\boldsymbol{A}|=0$的根,$(\lambda_0\boldsymbol{E}_n-\boldsymbol{A})\boldsymbol{x}=\boldsymbol{0}$必有无穷多个解,所以$\boldsymbol{A}$的属于任意特征值$\lambda_0$的特征向量一定有无穷多个. 那么自然要问:属于取定特征值的线性无关的特征向量的最大个数是多少?

为此,考虑由特征值λ_0确定的齐次线性方程组$(\lambda_0\boldsymbol{E}_n-\boldsymbol{A})\boldsymbol{x}=\boldsymbol{0}$的解空间

$$V_{\lambda_0}=\{\boldsymbol{p}\,|\,\boldsymbol{A}\boldsymbol{p}=\lambda_0\boldsymbol{p}\}$$

它的任意一个基,也就是齐次线性方程组$(\lambda_0\boldsymbol{E}_n-\boldsymbol{A})\boldsymbol{x}=\boldsymbol{0}$的任意一个基础解集$\{\boldsymbol{\xi}_1,\boldsymbol{\xi}_2,\cdots,\boldsymbol{\xi}_s\}$,就是$\boldsymbol{A}$的属于这个特征值的$\lambda_0$的最大个数的线性无关的特征向量组. 其中的基向量个数为

$$s=n-r(\lambda_0\boldsymbol{E}_n-\boldsymbol{A})$$

所以这个最大个数就是齐次线性方程组$(\lambda_0\boldsymbol{E}_n-\boldsymbol{A})\boldsymbol{x}=\boldsymbol{0}$的自由未知量个数. 而$\boldsymbol{A}$的属于这个特征值$\lambda_0$的特征向量全体就是$\boldsymbol{i}=\sum_{n=1}^{s}k_i\boldsymbol{\xi}_i$,这里$k_1,k_2,k_3,\cdots,k_s$是任意的不全为零的实数。

例 5.1.3 设$\boldsymbol{A}=\begin{bmatrix}1&2\\2&4\end{bmatrix}$,求出$\boldsymbol{A}$的所有的特征值和特征向量.

解 $\boldsymbol{A}$的特征方阵为$\lambda\boldsymbol{E}_n-\boldsymbol{A}=\begin{bmatrix}\lambda-1&-2\\-2&\lambda-4\end{bmatrix}$. $\boldsymbol{A}$的特征方程为

$$|\lambda\boldsymbol{E}_n-\boldsymbol{A}|=\begin{vmatrix}\lambda-1&-2\\-2&\lambda-4\end{vmatrix}=\lambda(\lambda-5)=0$$

它的两个根是$\lambda_1=0$,$\lambda_2=5$,这就是$\boldsymbol{A}$的两个特征值.

用来求特征向量的齐次线性方程组为

$$\begin{bmatrix}\lambda-1&-2\\-2&\lambda-4\end{bmatrix}\begin{bmatrix}x_1\\x_2\end{bmatrix}=\begin{bmatrix}0\\0\end{bmatrix}$$

即

$$\begin{cases}(\lambda-1)x_1-2x_2=0\\-2x_1+(\lambda-4)x_2=0\end{cases}$$

属于 $\lambda_1=0$ 的特征向量满足线性方程组$\begin{cases}-x_1-2x_2=0\\-2x_1-4x_2=0\end{cases}$，可取解 $\boldsymbol{p}_1=\begin{bmatrix}-2\\1\end{bmatrix}$.

属于 $\lambda_2=5$ 的特征向量满足线性方程组$\begin{cases}4x_1-2x_2=0\\-2x_1+x_2=0\end{cases}$，可取解 $\boldsymbol{p}_2=\begin{bmatrix}1\\2\end{bmatrix}$.

$\boldsymbol{p}_1$ 和 $\boldsymbol{p}_2$ 就是 A 的两个线性无关的特征向量，容易验证

$$\boldsymbol{A}\boldsymbol{p}_1=\begin{bmatrix}1&2\\2&4\end{bmatrix}\begin{bmatrix}-2\\1\end{bmatrix}=\begin{bmatrix}0\\0\end{bmatrix}=0\begin{bmatrix}-2\\1\end{bmatrix}=\lambda_1\boldsymbol{p}_1$$

$$\boldsymbol{A}\boldsymbol{p}_2=\begin{bmatrix}1&2\\2&4\end{bmatrix}\begin{bmatrix}1\\2\end{bmatrix}=\begin{bmatrix}5\\10\end{bmatrix}=5\begin{bmatrix}1\\2\end{bmatrix}=\lambda_2\boldsymbol{p}_2$$

属于 $\lambda_1=0$ 的特征向量全体为 $k_1\boldsymbol{p}_1$，k_1 为任意非零常数；属于 $\lambda_2=5$ 的特征向量全体为 $k_1\boldsymbol{p}_2$，k_2 为任意非零常数.

例 5.1.4　当 $|2\boldsymbol{E}_n-\boldsymbol{A}|=0$ 时，根据特征值的定义知道，2 就是 $\boldsymbol{A}$ 的特征值. 当 $|\boldsymbol{E}_n+\boldsymbol{A}|=0$ 时，因为 $|-\boldsymbol{E}_n-\boldsymbol{A}|=(-1)^n|\boldsymbol{E}_n+\boldsymbol{A}|=0$，所以，$-1$ 是 $\boldsymbol{A}$ 的特征值.

例 5.1.5　设 $\boldsymbol{A}$ 为非单位矩阵的 n 阶方阵. 若 $r(\boldsymbol{A}+\boldsymbol{E}_n)+r(\boldsymbol{A}-\boldsymbol{E}_n)=n$，那么，$-1$ 是不是 $\boldsymbol{A}$ 的特征值？

解　因为 $\boldsymbol{A}\neq\boldsymbol{E}_n$，所以必有 $\boldsymbol{A}-\boldsymbol{E}_n\neq\boldsymbol{0}$，$r(\boldsymbol{A}-\boldsymbol{E}_n)\geqslant 1$. 再根据

$$r(\boldsymbol{A}+\boldsymbol{E}_n)+r(\boldsymbol{A}-\boldsymbol{E}_n)=n$$

知道，必有 $r(\boldsymbol{A}+\boldsymbol{E}_n)<n$，即 $|\boldsymbol{A}+\boldsymbol{E}_n|=0$. 所以，$-1$ 一定是 $\boldsymbol{A}$ 的特征值.

5.1.2　关于特征值和特征向量的若干结论

首先，我们指出以下几个重要事实.

命题 5.1.1　实方阵的特征值未必是实数，特征向量也未必是实向量.

例 5.1.6　求 $\boldsymbol{A}=\begin{bmatrix}0&1\\-1&0\end{bmatrix}$的特征值和特征向量.

解　容易求出特征方程

$$|\lambda\boldsymbol{E}_2-\boldsymbol{A}|=\begin{vmatrix}\lambda&-1\\1&\lambda\end{vmatrix}=\lambda^2+1=0$$

的两个根：$\lambda_1=i$，$\lambda_2=-i$，这里，i 是纯虚数.

用来求特征向量的齐次线性方程组为

$$\begin{bmatrix}\lambda&-1\\1&\lambda\end{bmatrix}\begin{bmatrix}x_1\\x_2\end{bmatrix}=\begin{bmatrix}0\\0\end{bmatrix}$$

属于特征值 $\lambda_1=i$ 的特征向量满足$\begin{cases}ix_1-x_2=0\\x_1+ix_2=0\end{cases}$,可取特征向量 $\boldsymbol{p}_1=\begin{bmatrix}1\\i\end{bmatrix}$.

属于特征值 $\lambda_2=-i$ 的特征向量满足$\begin{cases}-ix_1-x_2=0\\x_1-ix_2=0\end{cases}$,可取特征向量 $\boldsymbol{p}_2=\begin{bmatrix}1\\-i\end{bmatrix}$.

此例说明,虽然 $\boldsymbol{A}$ 是实方阵,但是它的特征值和特征向量都不是实的。

命题 5.1.2 三角矩阵的特征值就是它的全体对角元.

例如,设 $\boldsymbol{A}$ 是上三角矩阵:

$$\boldsymbol{A}=\begin{bmatrix}a_1 & * & \cdots & * \\ 0 & a_2 & \cdots & * \\ \vdots & \vdots & & \vdots \\ 0 & 0 & \cdots & a_n\end{bmatrix}$$

则

$$|\lambda\boldsymbol{E}_n-\boldsymbol{A}|=\begin{vmatrix}\lambda-a & -* & \cdots & -* \\ 0 & \lambda-a_2 & \cdots & -* \\ \vdots & \vdots & \lambda-a_3 & \vdots \\ 0 & 0 & \cdots & \lambda-a_n\end{vmatrix}=\prod_{i=1}^{n}(\lambda-a_i)$$

它的 n 个根就是 $\boldsymbol{A}$ 的 n 个对角元.

命题 5.1.3 一个向量 $\boldsymbol{p}$ 不可能是属于同一个方阵 $\boldsymbol{A}$ 的不同特征值的特征向量.

事实上,如果

$$\boldsymbol{Ap}=\lambda\boldsymbol{p}\ ,\ \boldsymbol{Ap}=\mu\boldsymbol{p}$$

则$(\lambda-\mu)\boldsymbol{p}=\boldsymbol{0}$. 因为 $\boldsymbol{p}\neq\boldsymbol{0}$,所以必有 $\lambda=\mu$.

其次,我们证明以下三个常用的基本结论.

定理 5.1.1 n 阶方阵 $\boldsymbol{A}$ 和它的转置矩阵 $\boldsymbol{A}^{\mathrm{T}}$ 必有相同的特征值.

注意:$\boldsymbol{A}$ 和 $\boldsymbol{A}^{\mathrm{T}}$ 未必有相同的特征向量,即 $\boldsymbol{Ap}=\lambda\boldsymbol{p}$ 时未必有 $\boldsymbol{A}^{\mathrm{T}}\boldsymbol{p}=\lambda\boldsymbol{p}$. 例如,取 $\boldsymbol{A}=\begin{bmatrix}1 & 1\\0 & 1\end{bmatrix}$, $\boldsymbol{p}=\begin{bmatrix}1\\0\end{bmatrix}$,$\lambda=1$, 则有

$$\begin{bmatrix}1 & 1\\0 & 1\end{bmatrix}\begin{bmatrix}1\\0\end{bmatrix}=1\times\begin{bmatrix}1\\0\end{bmatrix},\ \begin{bmatrix}1 & 0\\1 & 1\end{bmatrix}\begin{bmatrix}1\\0\end{bmatrix}=\begin{bmatrix}1\\1\end{bmatrix}\neq1\times\begin{bmatrix}1\\0\end{bmatrix},\ \begin{bmatrix}1 & 0\\1 & 1\end{bmatrix}\begin{bmatrix}0\\1\end{bmatrix}=1\times\begin{bmatrix}0\\1\end{bmatrix}$$

这说明 $\boldsymbol{A}$ 和 $\boldsymbol{A}^{\mathrm{T}}$ 的属于同一个特征值的特征向量可以是不相同的.

定理 5.1.2 设 λ_1, λ_2, $\cdots$, λ_n 是 n 阶方阵 $\boldsymbol{A}=(a_{ij})_{n\times m}$ 的全体特征值,则必有

$$\sum_{i=1}^{n}\lambda=\sum_{i=1}^{n}a_{ii}=tr(\boldsymbol{A}),\ \prod_{i=1}^{n}\lambda_i=|\boldsymbol{A}|$$

这里,$tr(\mathbf{A})$为 $\boldsymbol{A}=(a_{ii})_{n\times n}$中的 n 个对角元之和,称为 $\boldsymbol{A}$ 的迹(trace). $|\boldsymbol{A}|$为 $\boldsymbol{A}$

的行列式.

证明　在关于变量 λ 的恒等式

$$|\lambda \boldsymbol{E}_n - \boldsymbol{A}| = (\lambda-\lambda_1)(\lambda-\lambda_2)\cdots(\lambda-\lambda_n)$$
$$= \lambda^n - (\sum_{i=1}^{n}\lambda_i)\lambda^{n-1} + \cdots + (-1)^n\prod_{i=1}^{n}\lambda_i$$

中取 $\lambda=0$ 即得 $|-\boldsymbol{A}|=(-1)^n\prod_{i=1}^{n}\lambda_i$，所以必有

$$|\boldsymbol{A}| = \prod_{i=1}^{n}\lambda_i$$

再根据行列式定义可得

$$|\lambda \boldsymbol{E}_n - \boldsymbol{A}| = (\lambda-a_{11})(\lambda-a_{22})\cdots(\lambda-a_{nn}) + \{(n!-1)\text{ 个不含 }\lambda^n\text{ 和 }\lambda^{n-1}\text{ 项}\}$$
$$= \lambda^n - (\sum_{i=1}^{n}a_{ii})\lambda^{n-1} + \cdots + \{(n!-1)\text{ 个不含 }\lambda^n\text{ 和 }\lambda^{n-1}\text{ 项}\}.$$

比较上面$|\lambda \boldsymbol{E}_2-\boldsymbol{A}|$的两个展开式中的 λ^{n-1} 项的系数，即得

$$\sum_{i=1}^{n}\lambda_i = \sum_{i=1}^{n}a_{ii}$$

我们将上述证明思路以二阶方阵为例说明如下. 设 $\boldsymbol{A}=\begin{bmatrix}a_{11} & a_{12}\\ a_{21} & a_{22}\end{bmatrix}$. 它的特征方程为

$$|\lambda \boldsymbol{E}_2 - \boldsymbol{A}| = \begin{vmatrix}\lambda-a_{11} & -a_{12}\\ -a_{21} & \lambda-a_{22}\end{vmatrix}$$
$$= \lambda^2 - (a_{11}+a_{22})\lambda + (a_{11}a_{22}-a_{12}a_{21}) = 0$$

又 $\boldsymbol{A}$ 的两个特征值 λ_1,λ_2 满足

$$|\lambda \boldsymbol{E}_n - \boldsymbol{A}| = (\lambda-\lambda_1)(\lambda-\lambda_2) = \lambda^2 - (\lambda_1+\lambda_2)\lambda + \lambda_1\lambda_2 = 0$$

比较这两个方程的系数，即得

$$\lambda_1+\lambda_2 = a_{11}+a_{22} = tr(\boldsymbol{A})$$
$$\lambda_1\lambda_2 = a_{11}a_{22}-a_{12}a_{21} = |\boldsymbol{A}|$$

定理 5.1.3　设 $\boldsymbol{A}$ 为 n 阶方阵，$f(x)=a_n\boldsymbol{A}^m+a_{m-1}\boldsymbol{A}^{m-1}+\cdots+a_1x+a_0$ 为 m 次对应的 $\boldsymbol{A}$ 的方阵多项式. 如果 $\boldsymbol{A}\boldsymbol{p}=\lambda\boldsymbol{p}$，则必有 $f(\boldsymbol{A})\boldsymbol{p}=f(\lambda)\boldsymbol{p}$. 这说明 $f(\lambda)$是 $f(\boldsymbol{A})$的特征值. 特别，当 $f(\boldsymbol{A})=\boldsymbol{0}$ 时，必有 $f(\lambda)=0$，即当 $f(\boldsymbol{A})=\boldsymbol{0}$ 时，$\boldsymbol{A}$ 的特征值是对应的 m 次多项式 $f(x)$的根.

证明　先用归纳法证明. 对于任何自然数 k，都有 $\boldsymbol{A}^k\boldsymbol{p}=\lambda^k\boldsymbol{p}$.

当 $k=1$ 时，显然有 $\boldsymbol{A}\boldsymbol{p}=\lambda\boldsymbol{p}$. 假设 $\boldsymbol{A}^k\boldsymbol{p}=\lambda^k\boldsymbol{p}$ 成立，则必有

$$A^{k+1}p=A(A^kp)=A(\lambda^kp)=\lambda^kAp=\lambda^{k+1}p$$

因此,对于任何自然数 k,都有 $A^kp=\lambda^kp$.

于是,必有

$$\begin{aligned} f(A)p &= (a_mA^m+a_{m-1}A^{m-1}+\cdots+a_1A+a_0E_n)p \\ &= a_m(A^mp)+a_{m-1}(A^{m-1}p)+\cdots+a_1(Ap)+a_0(E_np) \\ &= (a_m\lambda^m+a_{m-1}\lambda^{m-1}+\cdots+a_1\lambda+a_0)p \\ &= f(\lambda)p \end{aligned}$$

当 $f(A)=0$ 时,必有 $f(A)p=f(\lambda)p$,因为 $p\neq 0$,所以 $f(\lambda)=0$.

因此,求方阵多项式的特征值有非常简便的计算方法.只要 λ 是 A 的一个特征值,那么 $f(\lambda)$ 一定是 $f(A)$ 的特征值.

例 5.1.7 设 $A=\begin{bmatrix}1 & 2\\ 0 & 3\end{bmatrix}$,求 $B=A^2-2A+3E_2$ 的所有特征值.

解 因为上三角矩阵 A 的特征值就是它的对角元 1 和 3,而由 $B=A^2-2A+3E_2$ 知道,对应的多项式为 $f(x)=x^2-2x+3$,所以 B 的特征值就是 $f(1)=2$, $f(3)=6$.

当然,对于本题来说,也可以直接求出 $B=\begin{bmatrix}2 & 4\\ 0 & 6\end{bmatrix}$.但是一般来说,求出 $f(A)$ 并非易事!

例 5.1.8 求出以下特殊的 n 阶方阵 A 的所有可能的特征值(m 是某个正整数):

(1)$A^m=0$;(2)$A^2=E_n$.

解 设 $Ap=\lambda p$,则 $A^mp=\lambda^mp$,$p\neq 0$.

(1)由 $\lambda^mp=A^mp=0\times 0=0$ 和 $p\neq 0$ 知道 $\lambda=0$;

(2)由 $\lambda^2p=A^2p=E_np=p$ 和 $p\neq 0$ 知道 $\lambda^2=1$,即 $\lambda=\pm 1$.

注:上述两个特殊的方阵分别称为幂零矩阵与对合矩阵.因此,幂零矩阵的特征值必为 0,对合矩阵的特征值必为 ± 1.

5.1.3 关于求特征值和特征向量的一般方法

下面我们通过实例介绍求方阵的特征值和特征向量的一般方法.

例 5.1.9 求出 $A=\begin{bmatrix}6 & 2 & 4\\ 2 & 3 & 2\\ 4 & 2 & 6\end{bmatrix}$ 的特征值与线性无关的特征向量.

解 先求出 A 的特征多项式:

$$|\lambda E_3-A|=\begin{vmatrix}\lambda-6 & -2 & -4\\ -2 & \lambda-3 & -2\\ -4 & -2 & \lambda-6\end{vmatrix}\overline{\overline{c_1+(-1)\times c_3}}\begin{vmatrix}\lambda-2 & -2 & -4\\ 0 & \lambda-3 & -2\\ 2-\lambda & -2 & \lambda-6\end{vmatrix}$$

$$\overline{\overline{r_3+r_1}}\begin{vmatrix}\lambda-2 & -2 & -4\\ 0 & \lambda-3 & -2\\ 0 & -4 & \lambda-10\end{vmatrix}=(\lambda-2)[(\lambda-3)(\lambda-10)-2\times4]$$

$$=(\lambda-2)(\lambda^2-13\lambda+22)=(\lambda-2)^2(\lambda-11)$$

因此，$\boldsymbol{A}$ 的特征值为 $\lambda_1=\lambda_2=2$，$\lambda_3=11$.

用来求特征向量的齐次线性方程组为

$$(\lambda\boldsymbol{E}_3-\boldsymbol{A})\boldsymbol{x}=\begin{bmatrix}\lambda-6 & -2 & -4\\ -2 & \lambda-3 & -2\\ -4 & -2 & \lambda-6\end{bmatrix}\begin{bmatrix}x_1\\ x_2\\ x_3\end{bmatrix}=0$$

属于 $\lambda_1=\lambda_2=2$ 的特征向量 $\boldsymbol{p}=\begin{bmatrix}x_1\\ x_2\\ x_3\end{bmatrix}$ 满足

$$\begin{cases}-4x_1-2x_2-4x_3=0\\ -2x_1-x_2-2x_3=0\\ -4x_1-2x_2-4x_3=0\end{cases}$$

即 $x_2=-2(x_1+x_3)$. 据此可求出两个线性无关的特征向量

$$\boldsymbol{p}_1=\begin{bmatrix}1\\ -2\\ 0\end{bmatrix},\ \boldsymbol{p}_2=\begin{bmatrix}0\\ -2\\ 1\end{bmatrix}$$

属于 $\lambda_3=11$ 的特征向量 $\boldsymbol{p}=\begin{bmatrix}x_1\\ x_2\\ x_3\end{bmatrix}$ 满足

$$\begin{cases}5x_1-2x_2-4x_3=0\\ -2x_1+8x_2-2x_3=0\\ -4x_1-2x_2+5x_3=0\end{cases}$$

在前两个方程组中消去 x_3，可得 $9x_1-18x_2=0$，即 $x_1=2x_2$. 在后面两个方程中消去 x_1，可得 $18x_2-9x_3=0$，即 $x_3=2x_2$. 于是可求出特征向量

$$\boldsymbol{p}_3=\begin{bmatrix}2\\ 1\\ 2\end{bmatrix}$$

说明：(1)求出三个特征值以后，应检验一下它们的和是否等于方阵的迹，它们的积是否等于方阵的行列式的值：

$$\lambda_1+\lambda_2+\lambda_3=2+2+11=15$$

$$tr(\boldsymbol{A})=6+3+6=15$$

$$|\boldsymbol{A}|=\begin{bmatrix}6&3&4\\2&3&2\\4&2&6\end{bmatrix}=\begin{bmatrix}2&2&4\\0&3&2\\-2&2&6\end{bmatrix}=\begin{bmatrix}2&2&4\\0&3&2\\0&4&10\end{bmatrix}$$

$$=2\times(30-8)=44$$

$$\lambda_1\cdot\lambda_2\cdot\lambda_3=2\times2\times11=44$$

如果不成立，则应重新求特征值. 否则求出的是错误的特征向量.

(2)属于 $\lambda_1=\lambda_2=2$ 的特征向量全体为$\{k_1\boldsymbol{p}_2+k_2\boldsymbol{p}_2\mid k_1,k_2\in\mathbf{R}$ 且 k_1,k_2 不全为零$\}$.

属于 $\lambda_3=11$ 的特征向量全体为$\{k\boldsymbol{p}_3\mid k\in\mathbf{R}$ 且 $k\neq0\}$.

(3)在实际解题时，不一定非要写出用来求特征向量的齐次线性方程组$(\lambda\boldsymbol{E}_3-\boldsymbol{A})\boldsymbol{x}=\boldsymbol{0}$，可借用特征行列式$|\lambda\boldsymbol{E}_3-\boldsymbol{A}|$的元素直接写出所需的齐次线性方程组. 这是由于特征矩阵与特征多项式的元素及其排列位置是一致的：

$$\lambda\boldsymbol{E}_3-\boldsymbol{A}=\begin{bmatrix}\lambda-6&-2&-4\\-2&\lambda-3&-2\\-4&-2&\lambda-6\end{bmatrix},\ |\lambda\boldsymbol{E}_3-\boldsymbol{A}|=\begin{bmatrix}\lambda-6&-2&-4\\-2&\lambda-3&-2\\-4&-2&\lambda-6\end{bmatrix}$$

例 5.1.10 设 n 阶方阵 $\boldsymbol{A}=(a_{ij})$ 的每一行中的元素之和同为 a，证明：a 必为 $\boldsymbol{A}$ 的特征值，并求出 $\boldsymbol{A}$ 的属于这个 a 的特征向量 $\boldsymbol{p}$.

证 取 $\boldsymbol{p}=\begin{bmatrix}1\\1\\\vdots\\1\end{bmatrix}$，显然有

$$\boldsymbol{A}\boldsymbol{p}=\begin{bmatrix}a_{11}&a_{11}&\cdots&a_{11}\\a_{11}&a_{11}&\cdots&a_{11}\\\vdots&\vdots&&\vdots\\a_{11}&a_{11}&\cdots&a_{11}\end{bmatrix}\begin{bmatrix}1\\1\\\vdots\\1\end{bmatrix}=a\boldsymbol{p}$$

因此 a 是矩阵 $\boldsymbol{A}$ 的一个特征值，而 $\boldsymbol{p}$ 是 $\boldsymbol{A}$ 的属于特征值 a 的特征向量.

习题 5.1

1. 证明：方阵 $\boldsymbol{A}$ 有 0 特征值当且仅当 $\boldsymbol{A}$ 为不可逆矩阵.

2. 已知三阶矩阵 $\boldsymbol{A}$ 的特征值为 1,1 和 -2,求出下面行列式的值：

$$|\boldsymbol{A}-\boldsymbol{E}_3|,\ |\boldsymbol{A}+2\boldsymbol{E}_3|,\ |\boldsymbol{A}^2+3\boldsymbol{A}-4\boldsymbol{E}_3|$$

3. 设 $\boldsymbol{A}$ 是三阶方阵. 如果已知 $|2\boldsymbol{E}_3+\boldsymbol{A}|=0$, $|2\boldsymbol{E}_3+\boldsymbol{A}|=0$, $|\boldsymbol{E}_3-\boldsymbol{A}|=0$, 求出行列式 $|\boldsymbol{E}+\boldsymbol{A}+\boldsymbol{A}^2|$ 的值.

4. 设 n 阶矩阵 $\boldsymbol{A}$ 满足 $\boldsymbol{A}^2=\boldsymbol{A}$,求出 $\boldsymbol{A}$ 的所有可能的特征值.

5. 已知 n 阶可逆转矩阵 $\boldsymbol{A}$ 的特征值为 $\lambda_1, \lambda_2, \cdots, \lambda_n$,求出 $\boldsymbol{A}^{-1}$ 的全体特征值.

6. 求出以下方阵的特征和线性无关的特征向量：

$$(1)\boldsymbol{A}=\begin{bmatrix}1 & -3 & 3\\ 3 & -5 & 3\\ 6 & -6 & 4\end{bmatrix};\ (2)\boldsymbol{A}=\begin{bmatrix}1 & 1 & 1 & 1\\ 1 & 1 & -1 & -1\\ 1 & -1 & 1 & -1\\ 1 & -1 & -1 & 1\end{bmatrix}$$

7. 如果 n 阶矩阵 $\boldsymbol{A}$ 中的所有元素都是 1,求出 $\boldsymbol{A}$ 的所有特征值,并求出 $\boldsymbol{A}$ 的属于特征值 $\lambda=n$ 的特征向量.

8. 设 n 阶特征矩阵 $\boldsymbol{A}$ 满足 $\boldsymbol{A}^2+4\boldsymbol{A}+4\boldsymbol{E}_n=\boldsymbol{0}$, 求出 $\boldsymbol{A}$ 的所有特征值.

9. 求出 k 的值,使得 $\boldsymbol{p}=\begin{bmatrix}1\\ k\\ 1\end{bmatrix}$ 是 $\boldsymbol{A}=\begin{bmatrix}2 & 1 & 1\\ 1 & 2 & 2\\ 1 & 1 & 2\end{bmatrix}$ 的逆矩阵的特征向量.

10. 求出 a 和 b 的值,使得 $\boldsymbol{p}=\begin{bmatrix}1\\ -2\\ 3\end{bmatrix}$ 是 $\boldsymbol{A}=\begin{bmatrix}3 & 2 & -1\\ a & -2 & 2\\ 3 & b & -1\end{bmatrix}$ 的特征向量,并求出对应的特征值.

11. 已知 12 是 $\boldsymbol{A}=\begin{bmatrix}7 & 4 & -1\\ 4 & 7 & -1\\ -4 & a & 4\end{bmatrix}$ 的一个特征值,求出 a 的值和另外两个特征值.

5.2　相似矩阵与矩阵可对角化的条件

对角矩阵是最简单的一类矩阵. 对于任一 n 阶方阵 $\boldsymbol{A}$,是否可将它化为对角矩阵,并保持 $\boldsymbol{A}$ 的许多原有性质,在理论和应用方面都具有重要意义. 在本节中,我们将深入讨论如何把方阵化成对角矩阵的问题.

5.2.1 相似矩阵及其性质

定义 5.2.1 设 $\boldsymbol{A},\boldsymbol{B}$ 为 n 阶矩阵,如果存在一个 n 阶可逆矩阵 $\boldsymbol{P}$,使得

$$\boldsymbol{P}^{-1}\boldsymbol{A}\boldsymbol{P}=\boldsymbol{B} \tag{5-2-1}$$

则称矩阵 $\boldsymbol{A}$ 与 $\boldsymbol{B}$ 相似,记做 $\boldsymbol{A}\sim\boldsymbol{B}$.

例 5.2.1 设 $\boldsymbol{A}=\begin{bmatrix}3&4\\5&2\end{bmatrix}$,$\boldsymbol{P}=\begin{bmatrix}1&-1\\-1&2\end{bmatrix}$,$\boldsymbol{Q}=\begin{bmatrix}4&1\\-5&1\end{bmatrix}$,则矩阵 $\boldsymbol{P},\boldsymbol{Q}$ 都可逆. 由

$$\boldsymbol{P}^{-1}\boldsymbol{A}\boldsymbol{P}=\begin{bmatrix}1&-1\\-1&2\end{bmatrix}^{-1}\begin{bmatrix}3&4\\5&2\end{bmatrix}\begin{bmatrix}1&-1\\-1&2\end{bmatrix}=\begin{bmatrix}1&9\\2&4\end{bmatrix}$$

可知 $\boldsymbol{A}\sim\begin{bmatrix}1&9\\2&4\end{bmatrix}$. 又

$$\boldsymbol{Q}^{-1}\boldsymbol{A}\boldsymbol{Q}=\begin{bmatrix}4&1\\-5&1\end{bmatrix}^{-1}\begin{bmatrix}3&4\\5&2\end{bmatrix}\begin{bmatrix}4&1\\-5&1\end{bmatrix}=\begin{bmatrix}-2&0\\0&7\end{bmatrix}$$

所以 $\boldsymbol{A}\sim\begin{bmatrix}-2&0\\0&7\end{bmatrix}$.

由此可以看出,与 $\boldsymbol{A}$ 相似的矩阵不是唯一的,也未必是对角矩阵. 然而,对某些矩阵,如果适当选取可逆矩阵 $\boldsymbol{P}$,就有可能使 $\boldsymbol{P}^{-1}\boldsymbol{A}\boldsymbol{P}$ 成为对角矩阵.

相似是同阶矩阵之间的一种重要关系,且具有下述基本性质. 设 $\boldsymbol{A},\boldsymbol{B},\boldsymbol{C}$ 为 n 阶矩阵.

(1)反身性:$\boldsymbol{A}\sim\boldsymbol{A}$.

证明 $\boldsymbol{E}^{-1}\boldsymbol{A}\boldsymbol{E}=\boldsymbol{A}$,可以直接得到这一结论.

(2)对称性:如果 $\boldsymbol{A}\sim\boldsymbol{B}$,则 $\boldsymbol{B}\sim\boldsymbol{A}$.

证明 由 $\boldsymbol{A}\sim\boldsymbol{B}$ 可知,存在可逆矩阵 $\boldsymbol{P}$,$\boldsymbol{P}^{-1}\boldsymbol{A}\boldsymbol{P}=\boldsymbol{B}$,则 $\boldsymbol{A}=\boldsymbol{P}\boldsymbol{B}\boldsymbol{P}^{-1}=(\boldsymbol{P}^{-1})^{-1}\boldsymbol{B}\boldsymbol{P}^{-1}$.

所以 $\boldsymbol{B}\sim\boldsymbol{A}$.

(3)传递性:如果 $\boldsymbol{A}\sim\boldsymbol{B}$, $\boldsymbol{B}\sim\boldsymbol{C}$, 则 $\boldsymbol{A}\sim\boldsymbol{C}$.

证明 由 $\boldsymbol{A}\sim\boldsymbol{B}$, $\boldsymbol{B}\sim\boldsymbol{C}$, 必存在 n 阶可逆矩阵 $\boldsymbol{P},\boldsymbol{Q}$,有

$$\boldsymbol{P}^{-1}\boldsymbol{A}\boldsymbol{P}=\boldsymbol{B},\ \boldsymbol{Q}^{-1}\boldsymbol{B}\boldsymbol{Q}=\boldsymbol{C}$$

于是 $\boldsymbol{Q}^{-1}(\boldsymbol{P}^{-1}\boldsymbol{A}\boldsymbol{P})\boldsymbol{Q}=\boldsymbol{C}$, 即

$$(\boldsymbol{P}\boldsymbol{Q})^{-1}\boldsymbol{A}(\boldsymbol{P}\boldsymbol{Q})=\boldsymbol{C}$$

由此可得 $\boldsymbol{A}\sim\boldsymbol{C}$.

相似的两个矩阵之间,还存在着许多共同的性质.

定理 5.2.1　设矩阵 $\boldsymbol{A} \sim \boldsymbol{B}$，则 $\boldsymbol{A},\boldsymbol{B}$ 具有相同的特征值.

证明　只需证明 $\boldsymbol{A},\boldsymbol{B}$ 具有相同的特征多项式. 实际上，由 $\boldsymbol{A} \sim \boldsymbol{B}$，必存在可逆矩阵 $\boldsymbol{P}$，有 $\boldsymbol{P}^{-1}\boldsymbol{AP}=\boldsymbol{B}$，于是

$$\begin{aligned}|\lambda \boldsymbol{E}-\boldsymbol{B}| &= |\lambda \boldsymbol{E}-\boldsymbol{P}^{-1}\boldsymbol{AP}| = |\boldsymbol{P}^{-1}(\lambda \boldsymbol{E}-\boldsymbol{A})\boldsymbol{P}| \\ &= |\boldsymbol{P}^{-1}|\,|\lambda \boldsymbol{E}-\boldsymbol{A}|\,|\boldsymbol{P}| = |\lambda \boldsymbol{E}-\boldsymbol{A}|\end{aligned}$$

所以 $\boldsymbol{A},\boldsymbol{B}$ 有相同的特征值.

定理 5.2.2　设矩阵 $\boldsymbol{A} \sim \boldsymbol{B}$，则 $\boldsymbol{A}^m \sim \boldsymbol{B}^m$，其中 m 为正整数.

证明　由 $\boldsymbol{A} \sim \boldsymbol{B}$，存在可逆矩阵 $\boldsymbol{P}$，有 $\boldsymbol{P}^{-1}\boldsymbol{AP}=\boldsymbol{B}$. 于是

$$\begin{aligned}\boldsymbol{B}^m &= (\boldsymbol{P}^{-1}\boldsymbol{AP})^m = (\boldsymbol{P}^{-1}\boldsymbol{AP})(\boldsymbol{P}^{-1}\boldsymbol{AP})\cdots(\boldsymbol{P}^{-1}\boldsymbol{AP}) \\ &= \boldsymbol{P}^{-1}\boldsymbol{APP}^{-1}\boldsymbol{AP}\cdots\boldsymbol{P}^{-1}\boldsymbol{AP} \\ &= \boldsymbol{P}^{-1}\boldsymbol{A}^m\boldsymbol{P}\end{aligned}$$

所以 $\boldsymbol{A}^m \sim \boldsymbol{B}^m$.

相似矩阵还具有下述性质(证明留给读者).

(1)相似矩阵的行列式相等. 即，如果 $\boldsymbol{A} \sim \boldsymbol{B}$，则 $|\boldsymbol{A}|=|\boldsymbol{B}|$.

(2)相似矩阵的秩相等. 即，如果 $\boldsymbol{A} \sim \boldsymbol{B}$，则 $r(\boldsymbol{A})=r(\boldsymbol{B})$.

(3)相似矩阵或都可逆或都不可逆，当它们都可逆时，它们的逆矩阵也相似. 即，如果 $\boldsymbol{A} \sim \boldsymbol{B}$，且 $\boldsymbol{A},\boldsymbol{B}$ 都可逆，则 $\boldsymbol{A}^{-1} \sim \boldsymbol{B}^{-1}$.

5.2.2　矩阵可对角化的条件

如果 n 阶矩阵 $\boldsymbol{A}$ 可以相似于一个 n 阶对角矩阵 $\boldsymbol{\Lambda}$，则称 $\boldsymbol{A}$ 可对角化，$\boldsymbol{\Lambda}$ 称为 $\boldsymbol{A}$ 的相似标准形(矩阵). 本节例 5.2.1 说明，如果适当选取可逆矩阵 $\boldsymbol{P}$，则可以使 $\boldsymbol{P}^{-1}\boldsymbol{AP}$ 成为对角矩阵. 然而，并非所有的 n 阶矩阵都能对角化. 下面我们将讨论矩阵可对角化的充分必要条件.

定理 5.2.3　n 阶矩阵 $\boldsymbol{A}$ 相似于 n 阶对角矩阵的充要条件是 $\boldsymbol{A}$ 有 n 个线性无关的特征向量.

证明　必要性：设 $\boldsymbol{A} \sim \boldsymbol{\Lambda}$. 其中

$$\boldsymbol{\Lambda}=\mathrm{diag}(\lambda_1,\lambda_2,\cdots,\lambda_n)$$

则存在可逆矩阵 $\boldsymbol{P}$，使得

$$\boldsymbol{P}^{-1}\boldsymbol{AP}=\boldsymbol{\Lambda} \text{ 或 } \boldsymbol{AP}=\boldsymbol{P\Lambda} \tag{5-2-2}$$

把矩阵 $\boldsymbol{P}$ 按列分块，记 $\boldsymbol{P}=(\boldsymbol{p}_1,\boldsymbol{p}_2,\cdots,\boldsymbol{p}_n)$，其中 $\boldsymbol{p}_i$ 是矩阵 $\boldsymbol{P}$ 的第 i 列($i=1$, 2, 3, …, n). 则式(5-2-2)可写成

$$A(p_1,p_2,\cdots,p_n)=(p_1,p_2,\cdots,p_n)\begin{bmatrix}\lambda_1 & & & \\ & \lambda_2 & & \\ & & \ddots & \\ & & & \lambda_n\end{bmatrix}$$

由此可得 $\boldsymbol{A}\boldsymbol{p}_i=\lambda_i\boldsymbol{p}_i(i=1, 2, 3, \cdots, n)$. 因为 $\boldsymbol{P}$ 可逆，$\boldsymbol{P}$ 必不含零列，即 $\boldsymbol{p}_i\neq\boldsymbol{0}(i=1, 2, 3, \cdots, n)$. 因此，$\boldsymbol{p}_i$ 是 $\boldsymbol{A}$ 的属于特征值 λ_i 的特征向量，并且 $\boldsymbol{p}_1,\boldsymbol{p}_2,\cdots,\boldsymbol{p}_n$ 线性无关.

充分性：设 $\boldsymbol{p}_1,\boldsymbol{p}_2,\cdots,\boldsymbol{p}_n$ 是 $\boldsymbol{A}$ 的 n 个线性无关向量，它们对应的特征值依次为 $\lambda_1, \lambda_2, \cdots, \lambda_n$. 记矩阵 $\boldsymbol{P}=(\boldsymbol{p}_1,\boldsymbol{p}_2,\cdots,\boldsymbol{p}_n)$，则 $\boldsymbol{P}$ 可逆. 而

$$\begin{aligned}\boldsymbol{AP}&=\boldsymbol{A}(\boldsymbol{p}_1,\boldsymbol{p}_2,\cdots,\boldsymbol{p}_n)=(\boldsymbol{A}\boldsymbol{p}_1,\boldsymbol{A}\boldsymbol{p}_2,\cdots,\boldsymbol{A}\boldsymbol{p}_n)\\&=(\lambda_1\boldsymbol{p}_1,\lambda_2\boldsymbol{p}_2,\cdots,\lambda_n\boldsymbol{p}_n)\\&=(\boldsymbol{p}_1,\boldsymbol{p}_2,\cdots,\boldsymbol{p}_n)\begin{bmatrix}\lambda_1 & & & \\ & \lambda_2 & & \\ & & \ddots & \\ & & & \lambda_n\end{bmatrix}\end{aligned}$$

两边左乘 $\boldsymbol{P}^{-1}$，得 $\boldsymbol{P}^{-1}\boldsymbol{AP}=\boldsymbol{\Lambda}$. 即矩阵 $\boldsymbol{A}$ 与对角矩阵 $\boldsymbol{\Lambda}$ 相似.

推论 如果 n 阶矩阵 $\boldsymbol{A}$ 有 n 个互不相同的特征值 $\lambda_1, \lambda_2, \cdots, \lambda_n$，则 $\boldsymbol{A}$ 与对角矩阵 $\boldsymbol{\Lambda}$ 相似，其中 $\boldsymbol{\Lambda}$ 的主对角线的元依次为 $\lambda_1, \lambda_2, \cdots, \lambda_n$.

应注意，由 n 阶矩阵 $\boldsymbol{A}$ 可对角化，并不能断定 $\boldsymbol{A}$ 必有 n 个互不相同的特征值. 例如，数量矩阵 $a\boldsymbol{E}$ 是可对角化的，但它只有特征值 a(n 重).

在矩阵 $\boldsymbol{A}$ 的特征值中有重根的情形，可设 $\boldsymbol{A}$ 的所有互不相同的特征值为 $\lambda_1, \lambda_2, \cdots, \lambda_m(m\leqslant n)$. 而 λ_i 是 $\boldsymbol{A}$ 的 n_i 重特征值. 于是 $n_1+n_2+\cdots+n_i=n$.

如果对于每一个相异特征值 $\lambda_i(i=1, 2, 3, \cdots, m)$，特征矩阵 $\lambda_i\boldsymbol{E}-\boldsymbol{A}$ 的秩等于 $n-n_i$，则齐次线性方程组 $(\lambda_i\boldsymbol{E}-\boldsymbol{A})\boldsymbol{x}=\boldsymbol{0}$ 的基础解系一定含有 n_i 个线性无关的特征向量. 根据定理 5.2.3，矩阵 $\boldsymbol{A}$ 就有 n 个线性无关的特征向量. 这时，矩阵 $\boldsymbol{A}$ 一定可对角化.

反之，如果矩阵 $\boldsymbol{A}$ 相似于对角矩阵 $\boldsymbol{\Lambda}$，则可以证明：对 $\boldsymbol{A}$ 的 n_i 重特征值 $\lambda_i(i=1, 2, 3, \cdots, m)$，矩阵 $\lambda_i\boldsymbol{E}-\boldsymbol{A}$ 的秩恰为 $n-n_i$. 总结后有如下定理.

定理 5.2.4 n 阶矩阵 $\boldsymbol{A}$ 与对角矩阵 $\boldsymbol{\Lambda}$ 相似的充分必要条件是对于 $\boldsymbol{A}$ 的每一个 n_i 重特征值 λ_i，特征矩阵 $\lambda_i\boldsymbol{E}-\boldsymbol{A}$ 的秩为 $n-n_i$.

定理 5.2.4 也可以叙述为：n 阶矩阵 $\boldsymbol{A}$ 与对角矩阵相似的充分必要条件是对于 $\boldsymbol{A}$ 的每一个 n_i 重特征值 λ_i，齐次线性方程组 $(\lambda_i\boldsymbol{E}-\boldsymbol{A})\boldsymbol{x}=\boldsymbol{0}$ 的基础解系中恰含 n_i 个向量.

例 5.2.2 利用上节的知识，我们可求得矩阵

$$\boldsymbol{A}=\begin{bmatrix}3&2&4\\2&0&2\\4&2&3\end{bmatrix}$$

的特征值 $\lambda_1=\lambda_2=-1$(二重)和 $\lambda_3=8$.

$\boldsymbol{A}$ 的属于特征值 -1 的线性无关特征向量为 $\boldsymbol{p}_1=(-1,2,0)^{\mathrm{T}}$，$\boldsymbol{p}_2=(-1,0,1)^{\mathrm{T}}$. $\boldsymbol{A}$ 的属于特征值 8 的特征向量为 $\boldsymbol{p}_3=(2,1,2)^{\mathrm{T}}$. 根据定理 5.2.3,$\boldsymbol{A}$ 可对角化. 实际上,设

$$\boldsymbol{P}=(\boldsymbol{p}_1,\boldsymbol{p}_2,\boldsymbol{p}_3)=\begin{bmatrix}-1&-1&2\\2&0&1\\0&1&2\end{bmatrix},\ \boldsymbol{\Lambda}=\begin{bmatrix}-1&&\\&-1&\\&&8\end{bmatrix}$$

则 $\boldsymbol{P}^{-1}\boldsymbol{A}\boldsymbol{P}=\boldsymbol{\Lambda}$.

例 5.2.3　利用上节的内容,我们可求得矩阵

$$\boldsymbol{A}=\begin{bmatrix}1&-1&1\\0&2&-3\\0&0&1\end{bmatrix}$$

的特征值 $\lambda_1=\lambda_2=1$，$\lambda_3=2$. 但是 $\boldsymbol{A}$ 的属于二重特征值 1 的线性无关的特征向量只有 $\boldsymbol{p}_1=(1,0,0)^{\mathrm{T}}$. 由定理 5.2.3 可知,$\boldsymbol{A}$ 不能对角化.

例 5.2.4　设矩阵 $\boldsymbol{A}=\begin{bmatrix}0&0&1\\x&1&y\\1&0&0\end{bmatrix}$ 可相似于一个对角矩阵,试讨论 x,y 应满足的条件.

解　矩阵 $\boldsymbol{A}$ 的特征多项式为

$$|\lambda\boldsymbol{E}-\boldsymbol{A}|=\begin{bmatrix}\lambda&0&-1\\-x&\lambda-1&-y\\-1&0&\lambda\end{bmatrix}=(\lambda-1)^2(\lambda+1)$$

所以,$\boldsymbol{A}$ 的特征值为 $\lambda_1=\lambda_2=1$，$\lambda_3=-1$. 根据定理 5.2.3,对于二重特征值 $\lambda_1=\lambda_2=1$,矩阵 $\boldsymbol{A}$ 应有两个线性无关的特征向量,故对应齐次线性方程组 $(\boldsymbol{E}-\boldsymbol{A})\boldsymbol{x}=\boldsymbol{0}$ 的系数矩阵 $E-A$ 的秩 $\boldsymbol{r}(\boldsymbol{E}-\boldsymbol{A})=1$. 又

$$\boldsymbol{E}-\boldsymbol{A}=\begin{bmatrix}1&0&-1\\-x&0&-y\\-1&0&1\end{bmatrix}\rightarrow\begin{bmatrix}1&0&-1\\0&0&x+y\\0&0&0\end{bmatrix}$$

由此可得:$\boldsymbol{A}$ 可对角化时,必有 $x+y=0$.

例 5.2.5　设矩阵

$$A=\begin{bmatrix}1 & 1 & -1\\ -2 & 4 & -2\\ -2 & 2 & 0\end{bmatrix}$$

判断 A 是否可相似于一个对角矩阵，并求 A^5.

解 A 的特征多项式为

$$|\lambda E-A|=\begin{vmatrix}\lambda-1 & -1 & 1\\ 2 & \lambda-4 & 2\\ 2 & -2 & \lambda\end{vmatrix}=(\lambda-1)(\lambda-2)^2$$

所以，A 的特征值为 $\lambda_1=1$，$\lambda_2=\lambda_3=2$.

对于 $\lambda_1=1$，解对应的齐次线性方程组 $(E-A)x=0$，可得基础解系 $p_1=(1,2,2)^T$.

对于 $\lambda_2=\lambda_3=2$，解对应的齐次线性方程组 $(2E-A)x=0$，可得基础解系 $p_2=(1,1,0)^T$，$p_3=(-1,0,1)^T$.

由于 A 有三个线性无关的特征向量，故 A 可与对角矩阵相似. 令

$$P=(p_1,p_2,p_3)=\begin{bmatrix}1 & 1 & -1\\ 2 & 1 & 0\\ 2 & 0 & 1\end{bmatrix},\ \Lambda=\begin{bmatrix}1 & & \\ & 2 & \\ & & 2\end{bmatrix}$$

则 $P^{-1}AP=\Lambda$，于是 $A=P\Lambda P^{-1}$. 所以

$$A^5=P\Lambda P^{-1}P\Lambda P^{-1}\cdots P\Lambda P^{-1}=P\Lambda^5P^{-1}$$

由于

$$P^{-1}=\begin{bmatrix}1 & -1 & 1\\ -2 & 3 & -2\\ -2 & 2 & -1\end{bmatrix},\ \Lambda^5=\begin{bmatrix}1 & & \\ & 2^5 & \\ & & 2^5\end{bmatrix}$$

所以

$$A^5=\begin{bmatrix}1 & 1 & -1\\ 2 & 1 & 0\\ 2 & 0 & 1\end{bmatrix}\begin{bmatrix}1 & & \\ & 2^5 & \\ & & 2^5\end{bmatrix}\begin{bmatrix}1 & -1 & 1\\ -2 & 3 & -2\\ -2 & 2 & -1\end{bmatrix}$$

$$=\begin{bmatrix}1 & 31 & -31\\ -62 & 94 & -62\\ -62 & 62 & -30\end{bmatrix}$$

习题 5.2

1. 证明相似矩阵的下述性质：

(1)如果矩阵 $\boldsymbol{A}$ 与 $\boldsymbol{B}$ 相似，则 $|\boldsymbol{A}|=|\boldsymbol{B}|$；

(2)如果矩阵 $\boldsymbol{A}$ 与 $\boldsymbol{B}$ 相似，则 $r(\boldsymbol{A})=r(\boldsymbol{B})$；

(3)如果矩阵 $\boldsymbol{A}$ 与 $\boldsymbol{B}$ 相似，则 $\boldsymbol{A}^{\mathrm{T}}\sim\boldsymbol{B}^{\mathrm{T}}$；

(4)如果矩阵 $\boldsymbol{A}$ 与 $\boldsymbol{B}$ 相似，且 $\boldsymbol{A},\boldsymbol{B}$ 都可逆，则 $\boldsymbol{A}^{-1}\sim\boldsymbol{B}^{-1}$.

2. 设 n 阶矩阵 $\boldsymbol{A}$ 与 $\boldsymbol{B}$ 相似，m 阶矩阵 $\boldsymbol{C}$ 与 $\boldsymbol{D}$ 相似，证明分块矩阵 $\begin{bmatrix}\boldsymbol{A} & \boldsymbol{0}\\ \boldsymbol{0} & \boldsymbol{C}\end{bmatrix}$ 与 $\begin{bmatrix}\boldsymbol{B} & \boldsymbol{0}\\ \boldsymbol{0} & \boldsymbol{D}\end{bmatrix}$ 相似.

3. 下列矩阵是否可对角化？若可对角化，试求可逆矩阵 $\boldsymbol{P}$，使 $\boldsymbol{P}^{-1}\boldsymbol{A}\boldsymbol{P}$ 为对角矩阵.

(1)$\boldsymbol{A}=\begin{bmatrix}1 & 1\\ -1 & 3\end{bmatrix}$；　(2)$\boldsymbol{A}=\begin{bmatrix}4 & 2 & 3\\ 2 & 1 & 2\\ -1 & -2 & 0\end{bmatrix}$；

(3)$\boldsymbol{A}=\begin{bmatrix}1 & -1 & 1\\ 2 & 4 & -2\\ -3 & -3 & 5\end{bmatrix}$；　(4)$\boldsymbol{A}=\begin{bmatrix}3 & -1 & 0 & 0\\ 1 & 1 & 0 & 0\\ -2 & 4 & 5 & -3\\ 7 & 5 & 3 & -1\end{bmatrix}$.

4. 设矩阵 $\boldsymbol{D}=\begin{bmatrix}2 & & \\ & 2 & \\ & & 3\end{bmatrix}$，判断下述矩阵是否与 $\boldsymbol{D}$ 相似.

(1)$\boldsymbol{A}_1=\begin{bmatrix}3 & & \\ & 2 & \\ & & 3\end{bmatrix}$；　(2)$\boldsymbol{A}_2=\begin{bmatrix}2 & 1 & 0\\ 0 & 2 & 0\\ 0 & 0 & 3\end{bmatrix}$；

(3)$\boldsymbol{A}_3=\begin{bmatrix}2 & 0 & 1\\ 0 & 2 & 0\\ 0 & 0 & 3\end{bmatrix}$；　(4)$\boldsymbol{A}_4=\begin{bmatrix}2 & 1 & 0\\ 0 & 2 & 1\\ 0 & 0 & 3\end{bmatrix}$.

5. 已知矩阵 $\boldsymbol{A}=\begin{bmatrix}2 & 0 & 0\\ 0 & 0 & 1\\ 0 & 1 & x\end{bmatrix}$ 与 $\boldsymbol{B}=\begin{bmatrix}2 & 0 & 0\\ 0 & y & 0\\ 0 & 0 & -1\end{bmatrix}$ 相似.

(1)求 x,y 的值；

(2)求矩阵 $\boldsymbol{P}$，使得 $\boldsymbol{P}^{-1}\boldsymbol{A}\boldsymbol{P}=\boldsymbol{B}$.

6. 设三阶矩阵 $\boldsymbol{A}=\begin{bmatrix}2 & 1 & 1\\ 0 & 2 & 0\\ 0 & -1 & 1\end{bmatrix}$，求 $\boldsymbol{A}^n$（n 为正整数）.

7. 设三阶矩阵 $\boldsymbol{A}$ 的特征值为 1,2,3. 对应的特征向量分别为 $\boldsymbol{\alpha}_1=(1,1,1)^{\mathrm{T}}$, $\boldsymbol{\alpha}_2=(1,0,1)^{\mathrm{T}}$, $\boldsymbol{\alpha}_3=(0,1,1)^{\mathrm{T}}$,求矩阵 $\boldsymbol{A}$ 和 $\boldsymbol{A}^5$.

8. 设 $\boldsymbol{A}$ 为三阶矩阵,$\boldsymbol{\alpha}_1,\boldsymbol{\alpha}_2,\boldsymbol{\alpha}_3$ 是线性无关的三维列向量,且满足 $\boldsymbol{A\alpha}_1=2\boldsymbol{\alpha}_1+\boldsymbol{\alpha}_2+\boldsymbol{\alpha}_3$, $\boldsymbol{A\alpha}_2=2\boldsymbol{\alpha}_2$, $\boldsymbol{A\alpha}_3=-\boldsymbol{\alpha}_2+\boldsymbol{\alpha}_1$.

(1)求矩阵 $\boldsymbol{B}$,使得 $\boldsymbol{A}(\boldsymbol{\alpha}_1,\boldsymbol{\alpha}_2,\boldsymbol{\alpha}_3)=(\boldsymbol{\alpha}_1,\boldsymbol{\alpha}_2,\boldsymbol{\alpha}_3)\boldsymbol{B}$.

(2)求 $\boldsymbol{A}$ 的特征值.

(3)求可逆矩阵 $\boldsymbol{P}$ 和对角矩阵 $\boldsymbol{\Lambda}$,使得 $\boldsymbol{P}^{-1}\boldsymbol{AP}=\boldsymbol{\Lambda}$.

5.3 向量的内积与正交矩阵

5.3.1 向量的内积

在解析几何中,曾定义两向量的数量积(内积)$\boldsymbol{a}\cdot\boldsymbol{b}=|\boldsymbol{a}||\boldsymbol{b}|\cos(\boldsymbol{a}\hat{\ }\boldsymbol{b})$,并在空间直角坐标系中用坐标计算两向量的数量积为$(x_1,y_1,z_1)\cdot(x_2,y_2,z_2)=x_1x_2+y_1y_2+z_1z_2$. 本节将在 R^n 中引入向量的内积、长度、夹角等概念,并讨论正交向量组和正交矩阵等内容。

定义 5.3.1 设 n 维向量 $\boldsymbol{a}=\begin{bmatrix}a_1\\a_2\\\vdots\\a_n\end{bmatrix}$, $\boldsymbol{b}=\begin{bmatrix}b_1\\b_2\\\vdots\\b_n\end{bmatrix}$,称数 $a_1b_1+a_2b_2+\cdots+a_nb_n$ 为向量 $\boldsymbol{a}$ 与 $\boldsymbol{b}$ 的内积,记为$[\boldsymbol{a},\boldsymbol{b}]$.

即

$$[\boldsymbol{a},\boldsymbol{b}]=a_1b_1+a_2b_2+\cdots+a_nb_n=\boldsymbol{a}^{\mathrm{T}}\boldsymbol{b}$$

若 $\boldsymbol{a},\boldsymbol{b},\boldsymbol{c}$ 均为 n 维向量,则由定义 5.3.1 可得下列性质:

(1)$[\boldsymbol{a},\boldsymbol{b}]=[\boldsymbol{b},\boldsymbol{a}]$;

(2)$[\lambda\boldsymbol{a},\boldsymbol{b}]=\lambda[\boldsymbol{a},\boldsymbol{b}]$ (λ 为常数);

(3)$[\boldsymbol{a}+\boldsymbol{b},\boldsymbol{c}]=[\boldsymbol{a},\boldsymbol{c}]+[\boldsymbol{b},\boldsymbol{c}]$;

(4) 当 $\boldsymbol{a}=\boldsymbol{0}$ 时,$[\boldsymbol{a},\boldsymbol{a}]=0$,当 $\boldsymbol{a}\neq\boldsymbol{0}$ 时,$[\boldsymbol{a},\boldsymbol{a}]>0$.

定理 5.3.1 (施瓦茨不等式)设 $\boldsymbol{a},\boldsymbol{b}$ 为任意的 n 维向量,则

$$[\boldsymbol{a},\boldsymbol{b}]^2\leqslant[\boldsymbol{a},\boldsymbol{a}]\cdot[\boldsymbol{b},\boldsymbol{b}]$$

证明 作辅助向量 $\boldsymbol{x}=[\boldsymbol{b},\boldsymbol{b}]\boldsymbol{a}-[\boldsymbol{a},\boldsymbol{b}]\boldsymbol{b}$,由上述性质(4)知$[\boldsymbol{x},\boldsymbol{x}]\geqslant0$, 即

$$[\boldsymbol{x},\boldsymbol{x}]=[[\boldsymbol{b},\boldsymbol{b}]\boldsymbol{a}-[\boldsymbol{a},\boldsymbol{b}]\boldsymbol{b},[\boldsymbol{b},\boldsymbol{b}]\boldsymbol{a}-[\boldsymbol{a},\boldsymbol{b}]\boldsymbol{b}]$$

$$=[\boldsymbol{b},\boldsymbol{b}]^2[\boldsymbol{a},\boldsymbol{a}]-[\boldsymbol{b},\boldsymbol{b}]\cdot[\boldsymbol{a},\boldsymbol{b}]^2-[\boldsymbol{a},\boldsymbol{b}]^2[\boldsymbol{b},\boldsymbol{b}]+[\boldsymbol{a},\boldsymbol{b}]^2[\boldsymbol{b},\boldsymbol{b}]$$
$$=[\boldsymbol{b},\boldsymbol{b}]^2[\boldsymbol{a},\boldsymbol{a}]-[\boldsymbol{b},\boldsymbol{b}]\cdot[\boldsymbol{a},\boldsymbol{b}]^2\geqslant 0,$$

所以当 $\boldsymbol{b}\neq\boldsymbol{0}$ 时，$[\boldsymbol{b},\boldsymbol{b}]>0$，则$[\boldsymbol{a},\boldsymbol{b}]^2\leqslant[\boldsymbol{a},\boldsymbol{a}]\cdot[\boldsymbol{b},\boldsymbol{b}]$，当 $\boldsymbol{b}=\boldsymbol{0}$ 时，取等号.

定义 5.3.2　设向量 $\boldsymbol{a}=(a_1,a_2,\cdots,a_n)^{\mathrm{T}}$，称 $\sqrt{[\boldsymbol{a},\boldsymbol{a}]}$ 为向量 $\boldsymbol{a}$ 的长度（或范数），记为 $\|\boldsymbol{a}\|$，即

$$\|\boldsymbol{a}\|=\sqrt{[\boldsymbol{a},\boldsymbol{a}]}=\sqrt{\boldsymbol{a}^{\mathrm{T}}\boldsymbol{a}}=\sqrt{\boldsymbol{a}_1^2+\boldsymbol{a}_2^2+\cdots+\boldsymbol{a}_n^2}.$$

向量的长度有下列性质（留给读者自己证明）：

(1) $\boldsymbol{a}\neq\boldsymbol{0}$ 时，$\|\boldsymbol{a}\|>0$，$\|\boldsymbol{a}\|=0$ 的充分必要条件是 $\boldsymbol{a}=\boldsymbol{0}$；

(2) $\|\lambda\boldsymbol{a}\|=|\lambda|\cdot\|\boldsymbol{a}\|$；

(3) $\|\boldsymbol{a}+\boldsymbol{b}\|\leqslant\|\boldsymbol{a}\|+\|\boldsymbol{b}\|$（称为三角不等式）.

若 $\|\boldsymbol{a}\|=1$，则称 $\boldsymbol{a}$ 为单位向量；一般地，若 $\boldsymbol{a}\neq\boldsymbol{0}$，则称 $\dfrac{\boldsymbol{a}}{\|\boldsymbol{a}\|}$ 为把向量 $\boldsymbol{a}$ 单位化（或标准化）。

根据定理 5.3.1，$[\boldsymbol{a},\boldsymbol{b}]^2\leqslant[\boldsymbol{a},\boldsymbol{a}]\cdot[\boldsymbol{b},\boldsymbol{b}]$，即$[\boldsymbol{a},\boldsymbol{b}]^2\leqslant\|\boldsymbol{a}\|^2\ \|\boldsymbol{b}\|^2$，若 $\boldsymbol{a},\boldsymbol{b}$ 均为非零向量，则得 $\left|\dfrac{[\boldsymbol{a},\boldsymbol{b}]}{\|\boldsymbol{a}\|\cdot\|\boldsymbol{b}\|}\right|\leqslant 1.$

5.3.2　向量组的正交化方法

下面先给出两向量夹角的定义.

定义 5.3.3　设 $\boldsymbol{a},\boldsymbol{b}$ 为两个非零的 n 维向量，称

$$\theta=\arccos\frac{[\boldsymbol{a},\boldsymbol{b}]}{\|\boldsymbol{a}\|\cdot\|\boldsymbol{b}\|}$$

为向量 $\boldsymbol{a}$ 与 $\boldsymbol{b}$ 的**夹角**.

例 5.3.1　设 $\boldsymbol{a}=\begin{bmatrix}1\\1\\0\\2\end{bmatrix}$，$\boldsymbol{b}=\begin{bmatrix}2\\1\\1\\0\end{bmatrix}$，则$[\boldsymbol{a},\boldsymbol{b}]=3$，$\|\boldsymbol{a}\|=\sqrt{6}$，$\|\boldsymbol{b}\|=\sqrt{6}$，所以 $\boldsymbol{a}$ 与 $\boldsymbol{b}$ 的夹角为

$$\theta=\arccos\frac{3}{\sqrt{6}\cdot\sqrt{6}}=\frac{\pi}{3}$$

定义 5.3.4　若$[\boldsymbol{a},\boldsymbol{b}]=0$，则称向量 $\boldsymbol{a}$ 与 $\boldsymbol{b}$ 正交.

显然，若 $\boldsymbol{a}=\boldsymbol{0}$，则 $\boldsymbol{a}$ 与任何向量都正交.

定义 5.3.5　由非零向量组成的两两正交的向量组称为**正交向量组**.

定理 5.3.2 若向量组 $\boldsymbol{a}_1,\boldsymbol{a}_2,\cdots,\boldsymbol{a}_r$ 是正交向量组，则 $\boldsymbol{a}_1,\boldsymbol{a}_2,\cdots,\boldsymbol{a}_r$ 线性无关.

证明 设有 $k_1,k_2,\cdots,k_r$ 使

$$k_1\boldsymbol{a}_1+k_2\boldsymbol{a}_2+\cdots+k_r\boldsymbol{a}_r=\boldsymbol{0}$$

把此式两边与 $\boldsymbol{a}_1$ 作内积，得

$$k_1[\boldsymbol{a}_1,\boldsymbol{a}_1]+k_2[\boldsymbol{a}_1,\boldsymbol{a}_2]+\cdots+k_r[\boldsymbol{a}_1,\boldsymbol{a}_r]=[\boldsymbol{a}_1,\boldsymbol{0}]=0$$

因为 $\boldsymbol{a}_1$ 与 $\boldsymbol{a}_2,\cdots,\boldsymbol{a}_r$ 正交，所以 $[\boldsymbol{a}_1,\boldsymbol{a}_i]=0\ (i=2,3,\cdots,r)$，因此

$$k_1[\boldsymbol{a}_1,\boldsymbol{a}_1]=k_1\|\boldsymbol{a}_1\|^2=0$$

又因 $\boldsymbol{a}_1\neq\boldsymbol{0}$，故得 $k_1=0$. 类似可得

$$k_2=k_3=\cdots=k_r=0$$

所以，$\boldsymbol{a}_1,\boldsymbol{a}_2,\cdots,\boldsymbol{a}_r$ 线性无关.

定义 5.3.6 若单位向量 $\boldsymbol{e}_1,\boldsymbol{e}_2,\cdots,\boldsymbol{e}_r$ 是向量空间 V 的一个基，且 $\boldsymbol{e}_1,\boldsymbol{e}_2,\cdots,\boldsymbol{e}_r$ 两两正交，则称 $\boldsymbol{e}_1,\boldsymbol{e}_2,\cdots,\boldsymbol{e}_r$ 是 V 的一个**规范正交基**(或**单位正交基**).

例如，$\boldsymbol{e}_1=\begin{bmatrix}1\\0\\0\\0\end{bmatrix},\boldsymbol{e}_2=\begin{bmatrix}0\\1\\0\\0\end{bmatrix},\boldsymbol{e}_3=\begin{bmatrix}0\\0\\1\\0\end{bmatrix},\boldsymbol{e}_4=\begin{bmatrix}0\\0\\0\\1\end{bmatrix}$ 是 R^4 的一个规范正交基. $\boldsymbol{\varepsilon}_1=\begin{bmatrix}\frac{1}{\sqrt{2}}\\0\\\frac{1}{\sqrt{2}}\\0\end{bmatrix},\boldsymbol{\varepsilon}_2=\begin{bmatrix}0\\\frac{1}{\sqrt{2}}\\0\\\frac{1}{\sqrt{2}}\end{bmatrix},\boldsymbol{\varepsilon}_3=\begin{bmatrix}\frac{1}{\sqrt{2}}\\0\\-\frac{1}{\sqrt{2}}\\0\end{bmatrix},\boldsymbol{\varepsilon}_4=\begin{bmatrix}0\\\frac{1}{\sqrt{2}}\\0\\-\frac{1}{\sqrt{2}}\end{bmatrix}$ 也是 R^4 的一个规范正交基.

定理 5.3.3 向量空间 V 中任何线性无关向量组 $\boldsymbol{\alpha}_1,\boldsymbol{\alpha}_2,\cdots,\boldsymbol{\alpha}_r$，都可以找到一个正交向量组 $\boldsymbol{\beta}_1,\boldsymbol{\beta}_2,\cdots,\boldsymbol{\beta}_r$ 与之等价，其中

$$\boldsymbol{\beta}_1=\boldsymbol{\alpha}_1$$

$$\boldsymbol{\beta}_2=\boldsymbol{\alpha}_2-\frac{(\boldsymbol{\alpha}_2,\boldsymbol{\beta}_1)}{(\boldsymbol{\beta}_1,\boldsymbol{\beta}_1)}\boldsymbol{\beta}_1$$

$$\boldsymbol{\beta}_3=\boldsymbol{\alpha}_3-\frac{(\boldsymbol{\alpha}_3,\boldsymbol{\beta}_1)}{(\boldsymbol{\beta}_1,\boldsymbol{\beta}_1)}\boldsymbol{\beta}_1-\frac{(\boldsymbol{\alpha}_3,\boldsymbol{\beta}_2)}{(\boldsymbol{\beta}_2,\boldsymbol{\beta}_2)}\boldsymbol{\beta}_2$$

……

$$\boldsymbol{\beta}_r=\boldsymbol{\alpha}_r-\frac{(\boldsymbol{\alpha}_r,\boldsymbol{\beta}_1)}{(\boldsymbol{\beta}_1,\boldsymbol{\beta}_1)}\boldsymbol{\beta}_1-\frac{(\boldsymbol{\alpha}_r,\boldsymbol{\beta}_2)}{(\boldsymbol{\beta}_2,\boldsymbol{\beta}_2)}\boldsymbol{\beta}_2-\cdots-\frac{(\boldsymbol{\alpha}_r,\boldsymbol{\beta}_{r-1})}{(\boldsymbol{\beta}_{r-1},\boldsymbol{\beta}_{r-1})}\boldsymbol{\beta}_{r-1}$$

证明 用数学归纳法证明 $\boldsymbol{\beta}_1,\boldsymbol{\beta}_2,\cdots,\boldsymbol{\beta}_{r-1}$ 两两正交.

由

$$[\boldsymbol{\beta}_1,\boldsymbol{\beta}_2]=\left[\boldsymbol{\beta}_1,\boldsymbol{\alpha}_2-\frac{[\boldsymbol{\alpha}_2,\boldsymbol{\beta}_1]}{[\boldsymbol{\beta}_1,\boldsymbol{\beta}_1]}\boldsymbol{\beta}_1\right]=[\boldsymbol{\alpha}_2,\boldsymbol{\beta}_1]-\frac{[\boldsymbol{\alpha}_2,\boldsymbol{\beta}_1]}{[\boldsymbol{\beta}_1,\boldsymbol{\beta}_1]}[\boldsymbol{\beta}_1,\boldsymbol{\beta}_1]=0$$

即得 $\boldsymbol{\beta}_1$ 与 $\boldsymbol{\beta}_2$ 正交.

假设 $\boldsymbol{\beta}_1,\boldsymbol{\beta}_2,\cdots,\boldsymbol{\beta}_{r-1}$ 两两正交. 下面只需验证 $\boldsymbol{\beta}_1,\boldsymbol{\beta}_2,\cdots,\boldsymbol{\beta}_{r-1}$ 均与 $\boldsymbol{\beta}_r$ 正交,即可得 $\boldsymbol{\beta}_1,\boldsymbol{\beta}_2,\cdots,\boldsymbol{\beta}_r$ 是正交向量组. 由

$$[\boldsymbol{\beta}_1,\boldsymbol{\beta}_r]=\left[\boldsymbol{\beta}_1,\boldsymbol{\alpha}_r-\frac{[\boldsymbol{\alpha}_r,\boldsymbol{\beta}_1]}{[\boldsymbol{\beta}_1,\boldsymbol{\beta}_1]}\boldsymbol{\beta}_1-\frac{[\boldsymbol{\alpha}_r,\boldsymbol{\beta}_2]}{[\boldsymbol{\beta}_2,\boldsymbol{\beta}_2]}\boldsymbol{\beta}_2-\cdots-\frac{[\boldsymbol{\alpha}_r,\boldsymbol{\beta}_{r-1}]}{[\boldsymbol{\beta}_{r-1},\boldsymbol{\beta}_{r-1}]}\boldsymbol{\beta}_{r-1}\right]$$

由归纳假设知 $\boldsymbol{\beta}_1$ 分别与 $\boldsymbol{\beta}_2,\boldsymbol{\beta}_3,\cdots,\boldsymbol{\beta}_{r-1}$ 正交，故

$$[\boldsymbol{\beta}_1,\boldsymbol{\beta}_r]=[\boldsymbol{\beta}_1,\boldsymbol{\alpha}_r]-\frac{[\boldsymbol{\alpha}_r,\boldsymbol{\beta}_1]}{[\boldsymbol{\beta}_1,\boldsymbol{\beta}_1]}[\boldsymbol{\beta}_1,\boldsymbol{\beta}_1]=0$$

即 $\boldsymbol{\beta}_1$ 与 $\boldsymbol{\beta}_r$ 正交.

类似可证 $\boldsymbol{\beta}_2,\boldsymbol{\beta}_3,\cdots,\boldsymbol{\beta}_{r-1}$ 均与 $\boldsymbol{\beta}_r$ 正交,所以 $\boldsymbol{\beta}_1,\boldsymbol{\beta}_2,\cdots,\boldsymbol{\beta}_r$ 是正交向量组.

由 $\boldsymbol{\beta}_1,\boldsymbol{\beta}_2,\cdots,\boldsymbol{\beta}_r$ 的表达式知,$\boldsymbol{\beta}_1,\boldsymbol{\beta}_2,\cdots,\boldsymbol{\beta}_r$ 可由 $\boldsymbol{\alpha}_1,\boldsymbol{\alpha}_2,\cdots,\boldsymbol{\alpha}_r$ 线性表示,同时也可导出

$$\begin{aligned}\boldsymbol{\alpha}_1&=\boldsymbol{\beta}_1\\\boldsymbol{\alpha}_2&=\boldsymbol{\beta}_2+\frac{[\boldsymbol{\alpha}_2,\boldsymbol{\beta}_1]}{[\boldsymbol{\beta}_1,\boldsymbol{\beta}_1]}\boldsymbol{\beta}_1\\&\cdots\cdots\\\boldsymbol{\alpha}_r&=\boldsymbol{\beta}_r+\frac{[\boldsymbol{\alpha}_r,\boldsymbol{\beta}_1]}{[\boldsymbol{\beta}_1,\boldsymbol{\beta}_1]}\boldsymbol{\beta}_1+\frac{[\boldsymbol{\alpha}_r,\boldsymbol{\beta}_2]}{[\boldsymbol{\beta}_2,\boldsymbol{\beta}_2]}\boldsymbol{\beta}_2+\cdots+\frac{[\boldsymbol{\alpha}_r,\boldsymbol{\beta}_{r-1}]}{[\boldsymbol{\beta}_{r-1},\boldsymbol{\beta}_{r-1}]}\boldsymbol{\beta}_{r-1}\end{aligned}$$

于是得 $\boldsymbol{\alpha}_1,\boldsymbol{\alpha}_2,\cdots,\boldsymbol{\alpha}_r$ 与 $\boldsymbol{\beta}_1,\boldsymbol{\beta}_2,\cdots,\boldsymbol{\beta}_r$ 等价.

若再将 $\boldsymbol{\beta}_1,\boldsymbol{\beta}_2,\cdots,\boldsymbol{\beta}_r$ 单位化,并记为

$$\boldsymbol{p}_i=\frac{\boldsymbol{\beta}_i}{\|\boldsymbol{\beta}_i\|}\ (i=1,2,\cdots,r)$$

则又可得 $\boldsymbol{\alpha}_1,\boldsymbol{\alpha}_2,\cdots,\boldsymbol{\alpha}_r$ 与 $\boldsymbol{\beta}_1,\boldsymbol{\beta}_2,\cdots,\boldsymbol{\beta}_r$ 等价.

定理 5.3.3 中,由线性无关组 $\boldsymbol{\alpha}_1,\boldsymbol{\alpha}_2,\cdots,\boldsymbol{\alpha}_r$ 确定正交向量组 $\boldsymbol{\beta}_1,\boldsymbol{\beta}_2,\cdots,\boldsymbol{\beta}_r$ 的方法,称为**施密特**(Schmidt)**正交化方法**.

定理 5.3.3 还告诉我们向量空间 V 的任何一个基均可用施密特正交化方法把它正交化,再单位化而得向量空间 V 的一个规范正交基.

例 5.3.2　已知 $\boldsymbol{\alpha}_1=\begin{bmatrix}-1\\0\\1\end{bmatrix},\boldsymbol{\alpha}_2=\begin{bmatrix}2\\1\\0\end{bmatrix},\boldsymbol{\alpha}_3=\begin{bmatrix}1\\-1\\0\end{bmatrix}$ 是 R^3 的一个基,求 R^3 的一个规范正交基.

解　正交化:令

$$\boldsymbol{\beta}_1=\boldsymbol{\alpha}_1=\begin{bmatrix}-1\\0\\1\end{bmatrix}$$

$$\boldsymbol{\beta}_2=\boldsymbol{\alpha}_2-\frac{(\boldsymbol{\alpha}_2,\boldsymbol{\beta}_1)}{(\boldsymbol{\beta}_1,\boldsymbol{\beta}_1)}\boldsymbol{\beta}_1=\begin{bmatrix}2\\1\\0\end{bmatrix}-\frac{-2}{2}\begin{bmatrix}-1\\0\\1\end{bmatrix}=\begin{bmatrix}1\\1\\1\end{bmatrix}$$

$$\boldsymbol{\beta}_3=\boldsymbol{\alpha}_3-\frac{(\boldsymbol{\alpha}_3,\boldsymbol{\beta}_1)}{(\boldsymbol{\beta}_1,\boldsymbol{\beta}_1)}\boldsymbol{\beta}_1-\frac{(\boldsymbol{\alpha}_3,\boldsymbol{\beta}_2)}{(\boldsymbol{\beta}_2,\boldsymbol{\beta}_2)}\boldsymbol{\beta}_2=\begin{bmatrix}1\\-1\\0\end{bmatrix}-\frac{-1}{2}\begin{bmatrix}-1\\0\\1\end{bmatrix}-\frac{0}{3}\begin{bmatrix}1\\1\\1\end{bmatrix}=\begin{bmatrix}\frac{1}{2}\\-1\\\frac{1}{2}\end{bmatrix}$$

单位化:记

$$\boldsymbol{p}_1=\frac{\boldsymbol{\beta}_1}{\|\boldsymbol{\beta}_1\|}=\frac{1}{\sqrt{2}}\begin{bmatrix}-1\\0\\1\end{bmatrix},\ \boldsymbol{p}_2=\frac{\boldsymbol{\beta}_2}{\|\boldsymbol{\beta}_2\|}=\frac{1}{\sqrt{3}}\begin{bmatrix}1\\1\\1\end{bmatrix},\ \boldsymbol{p}_3=\frac{\boldsymbol{\beta}_3}{\|\boldsymbol{\beta}_3\|}=\frac{1}{\sqrt{6}}\begin{bmatrix}1\\-2\\1\end{bmatrix}$$

则 $\boldsymbol{p}_1,\boldsymbol{p}_2,\boldsymbol{p}_3$ 为所求 R^3 的一个规范正交基.

例 5.3.3 设 $\boldsymbol{a}_1=\begin{bmatrix}1\\-1\\1\\-1\end{bmatrix},\boldsymbol{a}_2=\begin{bmatrix}1\\0\\0\\1\end{bmatrix}$,求 $\boldsymbol{a}_3,\boldsymbol{a}_4$ 使 $\boldsymbol{a}_1,\boldsymbol{a}_2,\boldsymbol{a}_3,\boldsymbol{a}_4$ 为正交向量组.

解 由$[\boldsymbol{a}_1,\boldsymbol{a}_2]=0$ 知,$\boldsymbol{a}_1$ 与 $\boldsymbol{a}_2$ 正交,设 $\boldsymbol{x}=\begin{bmatrix}x_1\\x_2\\x_3\\x_4\end{bmatrix}$与 $\boldsymbol{a}_1,\boldsymbol{a}_2$ 正交,则有

$$[\boldsymbol{x},\boldsymbol{a}_1]=0,[\boldsymbol{x},\boldsymbol{a}_2]=0$$

也即$\begin{cases}x_1-x_2+x_3-x_4=0\\x_1\qquad\qquad\quad+x_4=0\end{cases}$,所以欲求的 $\boldsymbol{a}_3,\boldsymbol{a}_4$ 应是该方程组的解,而方程组的基础系为

$$\boldsymbol{\xi}_1=\begin{bmatrix}0\\1\\1\\0\end{bmatrix},\ \boldsymbol{\xi}_2=\begin{bmatrix}-1\\-2\\0\\1\end{bmatrix}$$

将 $\boldsymbol{\xi}_1$ 与 $\boldsymbol{\xi}_2$ 正交化,得

$$\boldsymbol{a}_3=\boldsymbol{\xi}_1=\begin{bmatrix}0\\1\\1\\0\end{bmatrix},\boldsymbol{a}_4=\boldsymbol{\xi}_2-\frac{[\boldsymbol{a}_3,\boldsymbol{\xi}_2]}{[\boldsymbol{a}_3,\boldsymbol{a}_3]}\boldsymbol{a}_3=\begin{bmatrix}-1\\-2\\0\\1\end{bmatrix}-\frac{-2}{2}\begin{bmatrix}0\\1\\1\\0\end{bmatrix}=\begin{bmatrix}-1\\-1\\1\\1\end{bmatrix}$$

因为 $\boldsymbol{a}_3,\boldsymbol{a}_4$ 与 $\boldsymbol{\xi}_1,\boldsymbol{\xi}_2$ 等价，所以 $\boldsymbol{a}_3,\boldsymbol{a}_4$ 是上述方程组的解，且都与 $\boldsymbol{a}_1,\boldsymbol{a}_2$ 正交，故 $\boldsymbol{a}_1,\boldsymbol{a}_2,\boldsymbol{a}_3,\boldsymbol{a}_4$ 为正交向量组.

5.3.3　正交矩阵

定义 5.3.7　若 n 阶方阵 $\boldsymbol{A}$ 满足，则称 $\boldsymbol{A}$ 为正交矩阵. 简称正交阵.

例如，$\boldsymbol{A}=\begin{bmatrix}\frac{1}{\sqrt{2}}&-\frac{1}{\sqrt{2}}\\\frac{1}{\sqrt{2}}&\frac{1}{\sqrt{2}}\end{bmatrix}$，有 $\boldsymbol{A}^{\mathrm{T}}\boldsymbol{A}=\begin{bmatrix}\frac{1}{\sqrt{2}}&\frac{1}{\sqrt{2}}\\-\frac{1}{\sqrt{2}}&\frac{1}{\sqrt{2}}\end{bmatrix}\begin{bmatrix}\frac{1}{\sqrt{2}}&-\frac{1}{\sqrt{2}}\\\frac{1}{\sqrt{2}}&\frac{1}{\sqrt{2}}\end{bmatrix}=\begin{bmatrix}1&0\\0&1\end{bmatrix}=\boldsymbol{E}$

所以 $\boldsymbol{A}$ 为正交阵.

定理 5.3.4　正交阵具有下列性质：

(1)若 $\boldsymbol{A}$ 为正交阵，则 $\boldsymbol{A}^{-1},\boldsymbol{A}^{\mathrm{T}}$ 也都为正交阵；

(2)若 $\boldsymbol{A},\boldsymbol{B}$ 都为正交阵，$\boldsymbol{AB}$ 也为正交阵；

(3)若 $\boldsymbol{A}$ 为正交阵，则 $|\boldsymbol{A}|=1$ 或 -1；

(4)若 $\boldsymbol{A}$ 为正交阵，则 $\boldsymbol{A}$ 的列(行)向量都是单位向量，且两两正交，反之也成立.

例如，$\boldsymbol{A}=\begin{bmatrix}\frac{1}{\sqrt{2}}&-\frac{1}{\sqrt{2}}&0\\\frac{1}{\sqrt{2}}&\frac{1}{\sqrt{2}}&0\\0&0&1\end{bmatrix}$的列(行)向量都是单位向量，且两两正交，所以是正交阵.

定义 5.3.8　若 $\boldsymbol{P}$ 为正交阵，则称线性变换 $\boldsymbol{y}=\boldsymbol{Px}$ 为正交变换.

正交变换具有保持向量长度不变的特性. 事实上，若 $\boldsymbol{y}=\boldsymbol{Px}$ 为正交变换，则

$$\|\boldsymbol{y}\|=\sqrt{\boldsymbol{y}^{\mathrm{T}}\boldsymbol{y}}=\sqrt{\boldsymbol{x}^{\mathrm{T}}\boldsymbol{P}^{\mathrm{T}}\boldsymbol{Px}}=\sqrt{\boldsymbol{x}^{\mathrm{T}}\boldsymbol{x}}=\|\boldsymbol{x}\|$$

习题 5.3

1. 设 $\boldsymbol{\alpha}=(-1,1),\boldsymbol{\beta}=(4,2)$，求 $\left[(\boldsymbol{\alpha},\boldsymbol{\alpha})\boldsymbol{\beta}-\frac{1}{3}(\boldsymbol{\alpha},\boldsymbol{\beta})\boldsymbol{\alpha},6\boldsymbol{\alpha}\right]$.

2. 求出参数 k 的值使得 $\boldsymbol{\alpha}=(\frac{1}{3}k,\frac{1}{2}k,k)$ 是单位向量.

3. 设 $\boldsymbol{\alpha}$ 和 $\boldsymbol{\beta}$ 是两个 n 维向量,证明有向量长度公式:

$$\|\boldsymbol{\alpha}+\boldsymbol{\beta}\|^2+\|\boldsymbol{\alpha}-\boldsymbol{\beta}\|^2=2\|\boldsymbol{\alpha}\|^2+2\|\boldsymbol{\beta}\|^2$$

4. 求出 $\boldsymbol{\alpha}=(0,x,-\frac{1}{\sqrt{2}})$ 与 $\boldsymbol{\beta}=(y,\frac{1}{2},\frac{1}{2})$ 构成标准正交向量组的充分必要条件.

5. (1)在 R^3 中求出与 $\boldsymbol{\alpha}=(1,-1,0)$ 正交的向量组.

(2)在 R^3 中求出与 $\boldsymbol{\alpha}=(1,-1,0)$ 正交的向量组.

(3)在 R^n 中求出以原点为始点的单位向量的终点轨迹.

6. 在 R^4 中求出一个单位向量,使它与以下三个向量都正交:

$$\boldsymbol{\alpha}_1=(1,1,-1,1),\boldsymbol{\alpha}_2=(1,-1,-1,1),\boldsymbol{\alpha}_3=(2,1,1,3)$$

7. 已知有某个非零向量同时垂直于以下三个向量,试着求出其中参数 λ 的值.

$$\boldsymbol{\alpha}_1=(1,0,2),\boldsymbol{\alpha}_2=(-1,1,-3),\boldsymbol{\alpha}_3=(2,-1,\lambda)$$

8. 判定以下方阵是否为正交矩阵:

(1) $\frac{1}{\sqrt{2}}\begin{bmatrix}1&0&1\\-1&0&1\\0&\sqrt{2}&0\end{bmatrix}$; (2) $\frac{1}{9}\begin{bmatrix}1&-8&-4\\-8&1&-4\\-4&-4&7\end{bmatrix}$;

(3) $\begin{bmatrix}1&-\frac{1}{2}&\frac{1}{3}\\-\frac{1}{2}&1&\frac{1}{2}\\\frac{1}{3}&\frac{1}{2}&-1\end{bmatrix}$

9. 设 $\boldsymbol{A},\boldsymbol{B}$ 和 $\boldsymbol{A}+\boldsymbol{B}$ 都是 n 阶正交矩阵,证明:$(\boldsymbol{A}+\boldsymbol{B})^{-1}=\boldsymbol{A}^{-1}+\boldsymbol{B}^{-1}$.

5.4 实对称矩阵的相似标准形

在第 2 章中已经定义,n 阶实矩阵 $\boldsymbol{A}=(a_{ij})$ 是对称矩阵 $\Leftrightarrow \boldsymbol{A}^{\mathrm{T}}=\boldsymbol{A}$,即

$$a_{ij}=a_{ji},\ \forall i,j=1,2,\cdots,n$$

本节我们主要来讨论实对称矩阵的相似标准形问题.

定理 5.4.1 实对称矩阵的特征值一定是实数,其特征向量一定是实向量.

证明略.

定理 5.4.2 实对称矩阵 $\boldsymbol{A}$ 的属于不同特征值的特征向量一定是正交向量.

证明　设 $\boldsymbol{A}\boldsymbol{p}_1=\lambda_1\boldsymbol{p}_1$，$\boldsymbol{A}\boldsymbol{p}_2=\lambda_2\boldsymbol{p}_2$，$\lambda_1\neq\lambda_2$. 分别计算以下两个实数：

$$\boldsymbol{p}_1^{\mathrm{T}}(\boldsymbol{A}\boldsymbol{p}_2)=\boldsymbol{p}_1^{\mathrm{T}}(\lambda_2\boldsymbol{p}_2)=\lambda_2\boldsymbol{p}_1^{\mathrm{T}}\boldsymbol{p}_2$$

$$(\boldsymbol{p}_1^{\mathrm{T}}\boldsymbol{A})\boldsymbol{p}_2=(\boldsymbol{p}_1^{\mathrm{T}}\boldsymbol{A}^{\mathrm{T}})\boldsymbol{p}_2=(\boldsymbol{A}\boldsymbol{p}_1)^{\mathrm{T}}\boldsymbol{p}_2=(\lambda_1\boldsymbol{p}_1)^{\mathrm{T}}\boldsymbol{p}_2=\lambda_1\boldsymbol{p}_1^{\mathrm{T}}\boldsymbol{p}_2$$

因为 $\boldsymbol{p}_1^{\mathrm{T}}(\boldsymbol{A}\boldsymbol{p}_2)=(\boldsymbol{p}_1^{\mathrm{T}}\boldsymbol{A})\boldsymbol{p}_2=\boldsymbol{p}_1^{\mathrm{T}}\boldsymbol{A}\boldsymbol{p}_2$，所以 $\lambda_2\boldsymbol{p}_1^{\mathrm{T}}\boldsymbol{p}_2=\lambda_1\boldsymbol{p}_1^{\mathrm{T}}\boldsymbol{p}_2$，即

$$(\lambda_1-\lambda_2)\boldsymbol{p}_1^{\mathrm{T}}\boldsymbol{p}_2=0$$

再据 $\lambda_1\neq\lambda_2$，即可证得 $\boldsymbol{p}_1^{\mathrm{T}}\boldsymbol{p}_2=0$，$(\boldsymbol{p}_1,\boldsymbol{p}_2)=0$，故 $\boldsymbol{p}_1\perp\boldsymbol{p}_2$.

若存在正交矩阵 $\boldsymbol{P}$，使得 $\boldsymbol{P}^{-1}\boldsymbol{A}\boldsymbol{P}=\boldsymbol{B}$，则称**矩阵 $\boldsymbol{A}$ 正交相似于矩阵 $\boldsymbol{B}$**.

定理 5.4.3（对称矩阵基本定理）　对于任意一个 n 阶实对称矩阵 $\boldsymbol{A}$，一定存在 n 阶正交矩阵 $\boldsymbol{P}$，使得

$$\boldsymbol{P}^{-1}\boldsymbol{A}\boldsymbol{P}=\boldsymbol{P}^{\mathrm{T}}\boldsymbol{A}\boldsymbol{P}=\begin{bmatrix}\lambda_1 & & & \\ & \lambda_2 & & \\ & & \ddots & \\ & & & \lambda_n\end{bmatrix}=\boldsymbol{\Lambda}$$

对角矩阵 $\boldsymbol{\Lambda}$ 中的 n 个对角元 λ_1，λ_2，…，λ_n 就是 $\boldsymbol{A}$ 的 n 个特征值. 反之，凡是正交相似于对角矩阵的实方阵一定是对称矩阵.

定理 5.4.3 说明，n 阶矩阵 $\boldsymbol{A}$ 正交相似于对角矩阵当且仅当 $\boldsymbol{A}$ 是对称矩阵.

定理 5.4.3 中所得到的对角矩阵 $\boldsymbol{\Lambda}$ 称为对称矩阵 $\boldsymbol{A}$ 的**正交相似标准形**.

我们略去定理 5.4.3 的严格证明，而仅仅作以下说明.

(1)当 $\boldsymbol{P}$ 是可逆矩阵时，称 $\boldsymbol{B}=\boldsymbol{P}^{-1}\boldsymbol{A}\boldsymbol{P}$ 与 $\boldsymbol{A}$ 相似. 当 $\boldsymbol{P}$ 是正交矩阵时，称 $\boldsymbol{B}=\boldsymbol{P}^{-1}\boldsymbol{A}\boldsymbol{P}$ 与 $\boldsymbol{A}$ 正交相似.

(2)因为对角矩阵 $\boldsymbol{\Lambda}$ 必是对称矩阵，所以，当 $\boldsymbol{A}$ 正交相似于对角矩阵 $\boldsymbol{\Lambda}$ 时，根据 $\boldsymbol{P}^{\mathrm{T}}\boldsymbol{A}\boldsymbol{P}=\boldsymbol{\Lambda}$ 就可推出 $\boldsymbol{A}=(\boldsymbol{P}^{\mathrm{T}})^{-1}\boldsymbol{\Lambda}\boldsymbol{P}^{-1}=(\boldsymbol{P}^{-1})^{\mathrm{T}}\boldsymbol{\Lambda}\boldsymbol{P}^{-1}$，于是必有

$$\boldsymbol{A}^{\mathrm{T}}=(\boldsymbol{P}^{-1})^{\mathrm{T}}\boldsymbol{\Lambda}^{\mathrm{T}}(\boldsymbol{P}^{-1})=(\boldsymbol{P}^{-1})^{\mathrm{T}}\boldsymbol{\Lambda}(\boldsymbol{P}^{-1})=\boldsymbol{A}$$

这就证明了 $\boldsymbol{A}$ 必是对称矩阵.

(3)既然 n 阶实对称矩阵 $\boldsymbol{A}$ 一定相似于对角矩阵，这说明 $\boldsymbol{A}$ 一定有 n 个线性无关的特征向量，属于每一个特征值的线性无关的特征向量个数一定与此特征值的重数相等，它就是用来求特征向量的齐次线性方程组的自由未知量个数. 这一事实，在求线性无关的特征向量时，必须随时检查. 例如，当 λ 是 $\boldsymbol{A}$ 的三重特征值时，一定要找出三个线性无关的属于 λ 的特征向量.

我们知道两个相似的矩阵一定有相同的特征值，而有相同的特征值的两个同阶矩阵却未必相似. 可是，对于对称矩阵来说，有相同特征值的两个同阶矩阵一定相似，而且进一步可以证明它们一定正交相似.

定理 5.4.4　两个有相同特征值的同阶对称矩阵一定是正交相似矩阵.

证明　设 n 阶对称矩阵 $\boldsymbol{A}$，$\boldsymbol{B}$ 有相同的特征值 λ_1，λ_2，…，λ_n，则根据定理

5.4.3,一定存在 n 阶正交矩阵 $\boldsymbol{P}$ 和 $\boldsymbol{Q}$ 使

$$\boldsymbol{P}^{-1}\boldsymbol{A}\boldsymbol{P}=\begin{bmatrix}\lambda_1 & & & \\ & \lambda_2 & & \\ & & \ddots & \\ & & & \lambda_n\end{bmatrix},\ \boldsymbol{Q}^{-1}\boldsymbol{B}\boldsymbol{Q}=\begin{bmatrix}\lambda_1 & & & \\ & \lambda_2 & & \\ & & \ddots & \\ & & & \lambda_n\end{bmatrix}$$

于是必有

$$\boldsymbol{P}^{-1}\boldsymbol{A}\boldsymbol{P}=\boldsymbol{Q}^{-1}\boldsymbol{B}\boldsymbol{Q},\ \boldsymbol{B}=\boldsymbol{Q}\boldsymbol{P}^{-1}\boldsymbol{A}\boldsymbol{P}\boldsymbol{Q}^{-1}=(\boldsymbol{P}\boldsymbol{Q}^{-1})^{-1}\boldsymbol{A}(\boldsymbol{P}\boldsymbol{Q}^{-1})$$

因为 $\boldsymbol{P},\boldsymbol{Q},\boldsymbol{Q}^{-1}$ 都是正交矩阵,所以 $\boldsymbol{P}\boldsymbol{Q}^{-1}$ 是正交矩阵,这就证明了 $\boldsymbol{A}$ 与 $\boldsymbol{B}$ 正交相似.

以下,我们将用实例说明如何求出所需要的正交矩阵 $\boldsymbol{P}$.

例 5.4.1 求出 $\boldsymbol{A}=\begin{bmatrix}\frac{3}{2} & -\frac{1}{2} & 0\\ -\frac{1}{2} & \frac{3}{2} & 0\\ 0 & 0 & 3\end{bmatrix}$ 的正交相似标准形.

解 易见 $tr(\boldsymbol{A})=|\boldsymbol{A}|=6$,先简化特征方程:

$$|\lambda\boldsymbol{E}_n-\boldsymbol{A}|=\begin{vmatrix}\lambda-\frac{3}{2} & \frac{1}{2} & 0\\ \frac{1}{2} & \lambda-\frac{3}{2} & 0\\ 0 & 0 & \lambda-3\end{vmatrix}=(\lambda-1)(\lambda-2)(\lambda-3)=0$$

它的三个根为 $\lambda_1=1$, $\lambda_2=2$, $\lambda_3=3$.

属于 $\lambda_1=1$ 的特征向量满足

$$\begin{cases}-\frac{1}{2}x_1+\frac{1}{2}x_2=0\\ \frac{1}{2}x_1-\frac{1}{2}x_2=0\\ -2x_3=0\end{cases}$$

取单位解向量 $\boldsymbol{p}_1=\frac{1}{\sqrt{2}}\begin{bmatrix}1\\1\\0\end{bmatrix}$.

属于 $\lambda_2=2$ 的特征向量满足

$$\begin{cases}\frac{1}{2}x_1+\frac{1}{2}x_2=0\\ -x_3=0\end{cases}$$

取单位解向量 $\boldsymbol{p}_2=\frac{1}{\sqrt{2}}\begin{bmatrix}1\\-1\\0\end{bmatrix}$.

属于 $\lambda_3=3$ 的特征向量满足

$$\begin{cases}\frac{3}{2}x_1+\frac{1}{2}x_2=0\\ \frac{1}{2}x_1+\frac{3}{2}x_2=0\end{cases}$$

取单位解向量 $\boldsymbol{p}_3=\begin{bmatrix}0\\0\\1\end{bmatrix}$ 令

$$\boldsymbol{P}=(\boldsymbol{p}_1,\boldsymbol{p}_2,\boldsymbol{p}_3)=\begin{bmatrix}\frac{1}{\sqrt{2}} & \frac{1}{\sqrt{2}} & 0\\ \frac{1}{\sqrt{2}} & -\frac{1}{\sqrt{2}} & 0\\ 0 & 0 & 1\end{bmatrix}$$

因为三个特征值两两互异，所以根据定理 5.4.2 和 5.4.3 知道，$\boldsymbol{P}$ 必为正交矩阵，而且有

$$\boldsymbol{P}^{-1}\boldsymbol{AP}=\boldsymbol{P}^{\mathrm{T}}\boldsymbol{AP}=\begin{bmatrix}1 & & \\ & 2 & \\ & & 3\end{bmatrix}=\boldsymbol{\Lambda}$$

验证：

$$\boldsymbol{AP}=\begin{bmatrix}\frac{3}{2} & -\frac{1}{2} & 0\\ -\frac{1}{2} & \frac{3}{2} & 0\\ 0 & 0 & 3\end{bmatrix}\begin{bmatrix}\frac{1}{\sqrt{2}} & \frac{1}{\sqrt{2}} & 0\\ \frac{1}{\sqrt{2}} & -\frac{1}{\sqrt{2}} & 0\\ 0 & 0 & 1\end{bmatrix}$$

$$=\begin{bmatrix}\frac{1}{\sqrt{2}} & \frac{2}{\sqrt{2}} & 0\\ \frac{1}{\sqrt{2}} & -\frac{2}{\sqrt{2}} & 0\\ 0 & 0 & 3\end{bmatrix}=\boldsymbol{P\Lambda}$$

在求矩阵的正交相似标准形时，在正交矩阵 $\boldsymbol{P}$ 中的特征向量 $\boldsymbol{p}_i$ 的排列次序和对角矩阵 $\boldsymbol{\Lambda}$ 中的特征值 λ_i 的排列次序，其排列方法不是唯一的. 但是 $\boldsymbol{p}_i$ 必须与 λ_i 互相对应，即 $\boldsymbol{P}$ 的各列的排列次序与特征值的排列次序必须一致.

因为例 5.4.1 中给出的三阶对称矩阵的三个特征值都是单重根,所以分别求出的三个特征向量一定是正交向量组. 只要把它们逐个单位化,就可拼成所需的正交矩阵. 如果某个对称矩阵的特征值有一些是重根,那么,求出所需要的正交矩阵的方法就会稍许复杂一些. 不过容易求出可逆矩阵 $\boldsymbol{P}$ 使 $\boldsymbol{P}^{-1}\boldsymbol{A}\boldsymbol{P}$ 为对角矩阵.

例 5.4.2 求出 $\boldsymbol{A}=\begin{bmatrix}4&2&2\\2&4&2\\2&2&4\end{bmatrix}$的相似标准形.

解 先化简特征方程:

$$|\lambda\boldsymbol{E}_3-\boldsymbol{A}|=\begin{vmatrix}\lambda-4&-2&-2\\-2&\lambda-4&-2\\-2&-2&\lambda-4\end{vmatrix}=(\lambda-8)\begin{vmatrix}1&-2&-2\\1&\lambda-4&-2\\1&-2&\lambda-4\end{vmatrix}$$

$$=(\lambda-8)\begin{vmatrix}1&-2&-2\\0&\lambda-2&0\\0&0&\lambda-2\end{vmatrix}=(\lambda-2)^2(\lambda-8)=0$$

它的三个根为 $\lambda_1=8,\lambda_2=\lambda_3=2$.

属于 $\lambda_1=8$ 的特征向量满足

$$\begin{cases}4x_1-2x_2-2x_3=0\\-2x_1+4x_2-2x_3=0\\-2x_1-2x_2+4x_3=0\end{cases}$$

即 $x_1=x_2=x_3$,可取解 $\boldsymbol{p}_1=\begin{bmatrix}1\\1\\1\end{bmatrix}$. 属于 $\lambda_2=\lambda_3=2$ 的特征向量满足

$$x_1+x_2+x_3=0$$

可取两个线性无关解 $\boldsymbol{p}_2=\begin{bmatrix}1\\0\\-1\end{bmatrix}$, $\boldsymbol{p}_3=\begin{bmatrix}0\\1\\-1\end{bmatrix}$, 它们可拼成可逆矩阵

$$\boldsymbol{P}=(\boldsymbol{p}_1,\boldsymbol{p}_2,\boldsymbol{p}_3)=\begin{bmatrix}1&1&0\\1&0&1\\1&-1&-1\end{bmatrix}$$

满足 $\boldsymbol{P}^{-1}\boldsymbol{A}\boldsymbol{P}=\begin{bmatrix}8&&\\&2&\\&&2\end{bmatrix}$.

注:如此产生的 $\boldsymbol{P}$ 是可逆矩阵,但未必是正交矩阵,即未必有 $\boldsymbol{P}^{-1}\boldsymbol{A}\boldsymbol{P}=\boldsymbol{P}^{\mathrm{T}}\boldsymbol{A}\boldsymbol{P}$.

例 5.4.3　求出 $\boldsymbol{A}=\begin{bmatrix}4&2&2\\2&4&2\\2&2&4\end{bmatrix}$ 的正交相似标准形.

解　我们介绍以下两种方法求出所需要的正交矩阵.

[施密特正交化方法]　把在例 5.4.2 中已求出的三个线性无关的特征向量

$$\boldsymbol{p}_1=\begin{bmatrix}1\\1\\1\end{bmatrix},\ \boldsymbol{p}_2=\begin{bmatrix}1\\0\\-1\end{bmatrix},\ \boldsymbol{p}_3=\begin{bmatrix}0\\1\\-1\end{bmatrix}$$

标准正交化.

$$\boldsymbol{\beta}_1=\boldsymbol{p}_1=\begin{bmatrix}1\\1\\1\end{bmatrix}$$

单位化得 $\boldsymbol{\beta}_1=\frac{1}{\sqrt{3}}\begin{bmatrix}1\\1\\1\end{bmatrix}$.

$$\boldsymbol{\beta}_2=\boldsymbol{p}_2-\frac{(\boldsymbol{p}_2,\boldsymbol{\beta}_1)}{(\boldsymbol{\beta}_1,\boldsymbol{\beta}_1)}\boldsymbol{\beta}_1=\boldsymbol{p}_2=\begin{bmatrix}1\\0\\-1\end{bmatrix}$$

单位化得 $\boldsymbol{\beta}_2=\frac{1}{\sqrt{2}}\begin{bmatrix}1\\0\\-1\end{bmatrix}$.

$$\boldsymbol{\beta}_3=\boldsymbol{p}_3-\frac{(\boldsymbol{p}_3,\boldsymbol{\beta}_1)}{(\boldsymbol{\beta}_1,\boldsymbol{\beta}_1)}\boldsymbol{\beta}_1-\frac{(\boldsymbol{p}_3,\boldsymbol{\beta}_2)}{(\boldsymbol{\beta}_2,\boldsymbol{\beta}_2)}\boldsymbol{\beta}_2=\begin{bmatrix}0\\1\\-1\end{bmatrix}-\frac{1}{2}\begin{bmatrix}1\\0\\-1\end{bmatrix}=-\frac{1}{2}\begin{bmatrix}1\\-2\\1\end{bmatrix},$$

单位化得 $\boldsymbol{\beta}_3=\frac{1}{\sqrt{6}}\begin{bmatrix}1\\-2\\1\end{bmatrix}$.

于是找到正交矩阵 $\boldsymbol{P}=\begin{bmatrix}\frac{1}{\sqrt{3}}&\frac{1}{\sqrt{2}}&\frac{1}{\sqrt{6}}\\\frac{1}{\sqrt{3}}&0&-\frac{2}{\sqrt{6}}\\\frac{1}{\sqrt{3}}&-\frac{1}{\sqrt{2}}&\frac{1}{\sqrt{6}}\end{bmatrix}$，使得 $\boldsymbol{P}^{-1}\boldsymbol{A}\boldsymbol{P}=\boldsymbol{\Lambda}=\begin{bmatrix}8&&\\&2&\\&&2\end{bmatrix}$.

[直观方法]　在例 5.4.2 中，已求出属于 $\lambda_1=8$ 的特征向量

$$\boldsymbol{p}_1=\begin{bmatrix}1\\1\\1\end{bmatrix}$$

已求出属于 $\lambda_2=\lambda_3=2$ 的两个特征向量满足 $x_1+x_2+x_3=0$．可用直观法取正交解：

$$\boldsymbol{p}_2=\begin{bmatrix}1\\0\\-1\end{bmatrix},\ \boldsymbol{p}_3=\begin{bmatrix}1\\-2\\1\end{bmatrix}$$

其取法如下：先在 $\boldsymbol{p}_2$ 中任意取定一个分量为 0，例如取 $x_2=0$．再根据 $x_1+x_2+x_3=0$ 可以取 $x_1=1$，$x_3=-1$．现在要求出 $\boldsymbol{p}_3=(y_1,y_2,y_3)^{\mathrm{T}}$ 与 $\boldsymbol{p}_2$ 正交，由于在 $\boldsymbol{p}_2$ 中已经取成 $x_2=0$，$x_1=1$，$x_3=-1$，所以为了保证正交性，只需要取 $y_1=y_3=1$ 就可以了．再根据 $y_1+y_2+y_3=0$ 就可以确定 $y_2=-2$．而 0 是与任何数的乘积都为 0 的．

把这三个两两正交的特征向量 $\boldsymbol{p}_1,\boldsymbol{p}_2,\boldsymbol{p}_3$ 单位化，即可拼成所需的正交矩阵：

$$\boldsymbol{P}=\begin{bmatrix}\frac{1}{\sqrt{3}} & \frac{1}{\sqrt{2}} & \frac{1}{\sqrt{6}}\\ \frac{1}{\sqrt{3}} & 0 & -\frac{2}{\sqrt{6}}\\ \frac{1}{\sqrt{3}} & -\frac{1}{\sqrt{2}} & \frac{1}{\sqrt{6}}\end{bmatrix}$$

有

$$\boldsymbol{P}^{-1}\boldsymbol{A}\boldsymbol{P}=\boldsymbol{P}^{\mathrm{T}}\boldsymbol{A}\boldsymbol{P}=\begin{bmatrix}8 & & \\ & 2 & \\ & & 2\end{bmatrix}$$

当然，用同样的直观方法也可以取

$$\boldsymbol{p}_2=\begin{bmatrix}1\\-1\\0\end{bmatrix},\ \boldsymbol{p}_3=\begin{bmatrix}1\\1\\-2\end{bmatrix}\text{或 }\boldsymbol{p}_2=\begin{bmatrix}0\\1\\-1\end{bmatrix},\ \boldsymbol{p}_3=\begin{bmatrix}-2\\1\\1\end{bmatrix}$$

把它们单位化以后，连同属于 $\lambda_3=8$ 的特征向量 $\boldsymbol{p}_1$，就可以得到另外两个所需要的正交矩阵.

说明：(1)在不计对角矩阵中对角元排列次序的条件下，对称矩阵的正交相似标准形是唯一的，但是所用的正交矩阵却不是唯一的.

(2)用施密特正交化方法把属于 $\lambda_1=\lambda_2=2$ 的两个线性无关的特征向量 $\boldsymbol{p}_2$ 和 $\boldsymbol{p}_3$，改造成两个正交的向量 $\boldsymbol{\beta}_2$ 和 $\boldsymbol{\beta}_3$，由于 $\boldsymbol{\beta}_2$ 和 $\boldsymbol{\beta}_3$ 都是 $\boldsymbol{p}_2$ 和 $\boldsymbol{p}_3$ 的线性组合，而 $\boldsymbol{p}_2$

和 $\boldsymbol{p}_3$ 是属于同一个特征值的特征向量，所以 $\boldsymbol{\beta}_2$ 和 $\boldsymbol{\beta}_3$ 仍然是属于 $\lambda_1=\lambda_2=2$ 的特征向量.

(3)对于一般的齐次线性方程，很容易直接验证以下公式的正确性.

当 $abc\neq 0$ 时，$ax+by+cz=0$ 的两个正交解为

$$(-b,a,0)^{\mathrm{T}},\ (ac,bc,-a^2-b^2)^{\mathrm{T}}$$

当 $abcd\neq 0$ 时，$ax+by+cz+dw=0$ 的三个两两正交解为

$$(-b,a,0,0)^{\mathrm{T}},\ (0,0,-d,c)^{\mathrm{T}}$$

$$(a(c^2+d^2),b(c^2+d^2),-c(a^2+b^2),-d(a^2+b^2))^{\mathrm{T}}$$

例 5.4.4　求出 $x_1-x_2-x_3+x_4=0$ 的两两正交的非零解向量组.

解　[直观方法]　根据上面介绍的方法，可立即求出两两正交解：

$$\boldsymbol{p}_1=\begin{bmatrix}1\\1\\0\\0\end{bmatrix},\ \boldsymbol{p}_2=\begin{bmatrix}0\\0\\1\\1\end{bmatrix},\ \boldsymbol{p}_3=\begin{bmatrix}1\\-1\\1\\-1\end{bmatrix}$$

取法如下：在 $\boldsymbol{p}_1$ 中任意取定两个分量为 0，例如 $x_3=x_4=0, x_1=x_2=1$；在 $\boldsymbol{p}_2$ 中取定剩下的两个分量为 $0, x_1=x_2=0$ ，$x_3=x_4=1$；再根据向量的正交性和必须满足的方程式就很容易地求出第三个解向量 $\boldsymbol{p}_3$.

[施密特正交化方法]　取 x_2,x_3,x_4 为自由未知量，先求出三个线性无关解：

$$\boldsymbol{\alpha}_1=\begin{bmatrix}1\\1\\0\\0\end{bmatrix},\ \boldsymbol{\alpha}_2=\begin{bmatrix}1\\0\\1\\0\end{bmatrix},\ \boldsymbol{\alpha}_3=\begin{bmatrix}-1\\0\\0\\1\end{bmatrix}$$

再求出两两正交解：

$$\boldsymbol{\beta}_1=\boldsymbol{\alpha}_1=\begin{bmatrix}1\\1\\0\\0\end{bmatrix}$$

$$\boldsymbol{\beta}_2=\boldsymbol{\alpha}_2-\frac{(\boldsymbol{\alpha}_2,\boldsymbol{\beta}_1)}{(\boldsymbol{\beta}_1,\boldsymbol{\beta}_1)}\boldsymbol{\beta}_1=\begin{bmatrix}1\\0\\1\\0\end{bmatrix}-\frac{1}{2}\begin{bmatrix}1\\1\\0\\0\end{bmatrix}=\frac{1}{2}\begin{bmatrix}1\\-1\\2\\0\end{bmatrix}$$

$$\boldsymbol{\beta}_3=\boldsymbol{\alpha}_3-\frac{(\boldsymbol{\alpha}_3,\boldsymbol{\beta}_1)}{(\boldsymbol{\beta}_1,\boldsymbol{\beta}_1)}\boldsymbol{\beta}_1-\frac{(\boldsymbol{\alpha}_3,\boldsymbol{\beta}_2)}{(\boldsymbol{\beta}_2,\boldsymbol{\beta}_2)}\boldsymbol{\beta}_2$$

$$=\begin{bmatrix}-1\\0\\0\\1\end{bmatrix}-\frac{-1}{2}\begin{bmatrix}1\\1\\0\\0\end{bmatrix}-\frac{-\frac{1}{2}}{\frac{6}{4}}\times\frac{1}{2}\begin{bmatrix}1\\-1\\2\\0\end{bmatrix}=\frac{1}{3}\begin{bmatrix}-1\\1\\1\\3\end{bmatrix}$$

显然,用直观法简单多了.

这里所介绍的用直观方法求单个方程的两两正交解,毕竟有它的局限性,基本方法仍是施密特正交化方法.

例 5.4.5 设三阶实对称矩阵 $\boldsymbol{A}$ 的特征值为 $\lambda_1=-1,\lambda_2=\lambda_3=1$. 已知 $\boldsymbol{A}$ 的属于 $\lambda_1=-1$ 的特征向量为

$$\boldsymbol{p}_1=\begin{bmatrix}0\\1\\1\end{bmatrix}$$

求出 $\boldsymbol{A}$ 的属于特征值 $\lambda_2=\lambda_3=1$ 的特征向量,并求出对称矩阵 $\boldsymbol{A}$.

解 因为属于对称矩阵的不同特征值的特征向量必互相正交,所以,属于 $\lambda_2=\lambda_3=1$ 的特征向量

$$\boldsymbol{x}=\begin{bmatrix}x_1\\x_2\\x_3\end{bmatrix}$$

必定与 $\boldsymbol{p}_1$ 正交,即它们一定满足 $x_2+x_3=0$,x_1 可以取任何值.

对此可取线性无关解 $\boldsymbol{p}_2=\begin{bmatrix}1\\0\\0\end{bmatrix}$, $\boldsymbol{p}_3=\begin{bmatrix}0\\1\\-1\end{bmatrix}$. 令

$$\boldsymbol{P}=\begin{bmatrix}0&1&0\\1&0&1\\1&0&-1\end{bmatrix}$$

求出

$$\boldsymbol{P}^{-1}=\frac{1}{|\boldsymbol{P}|}\boldsymbol{P}^*=\frac{1}{2}\begin{bmatrix}0&1&1\\2&0&0\\0&1&-1\end{bmatrix}$$

于是

$$\boldsymbol{A}=\boldsymbol{P}\begin{bmatrix}-1&&\\&1&\\&&1\end{bmatrix}\boldsymbol{P}^{-1}=\begin{bmatrix}0&1&0\\-1&0&1\\-1&0&-1\end{bmatrix}\begin{bmatrix}0&1&1\\2&0&0\\0&1&-1\end{bmatrix}\frac{1}{2}=\begin{bmatrix}1&0&0\\0&0&-1\\0&-1&0\end{bmatrix}$$

注: 这里不要求变换矩阵 $\boldsymbol{P}$ 是正交矩阵,所以没有必要把求出的特征向量组

标准正交化.

习题 5.4

1. 设 $\boldsymbol{A}=\begin{bmatrix}2&0&0\\0&3&2\\0&2&3\end{bmatrix}$,求出正交矩阵 $\boldsymbol{P}$,使得 $\boldsymbol{P}^{-1}\boldsymbol{AP}$ 为对角矩阵.

2. 已知 $\boldsymbol{A}=\begin{bmatrix}1&-2&-4\\-2&x&-2\\-4&-2&1\end{bmatrix}$ 与 $\boldsymbol{\Lambda}=\begin{bmatrix}5&&\\&y&\\&&-4\end{bmatrix}$ 相似. 求出参数 x,y 的值,并求出可逆矩阵 $\boldsymbol{P}$ 使得 $\boldsymbol{P}^{-1}\boldsymbol{AP}=\boldsymbol{\Lambda}$.

3. 求出

$$\boldsymbol{A}=\begin{bmatrix}5&-2&0&0\\-2&2&0&0\\0&0&5&-2\\0&0&-2&2\end{bmatrix}$$

的正交相似标准形.

4. 用施密特正交化方法把下列向量组标准正交化:

(1) $\boldsymbol{\alpha}_1=\begin{bmatrix}2\\0\end{bmatrix}$, $\boldsymbol{\alpha}_2=\begin{bmatrix}1\\1\end{bmatrix}$;

(2) $\boldsymbol{\alpha}_1=\begin{bmatrix}2\\0\\0\end{bmatrix}$, $\boldsymbol{\alpha}_2=\begin{bmatrix}0\\1\\-1\end{bmatrix}$, $\boldsymbol{\alpha}_3=\begin{bmatrix}3\\4\\0\end{bmatrix}$.

5. 如果 n 阶实对称矩阵 $\boldsymbol{A}$ 满足 $\boldsymbol{A}^3=\boldsymbol{E}_n$,证明:$\boldsymbol{A}$ 一定是单位矩阵.

6. 设三阶实对称矩阵 $\boldsymbol{A}$ 的特征值为 $\lambda_1=1$,$\lambda_2=2$,$\lambda_3=3$. 已知 $\boldsymbol{A}$ 的属于 λ_1 和 λ_2 的特征向量分别为 $\boldsymbol{p}_1=\begin{bmatrix}-1\\-1\\1\end{bmatrix}$, $\boldsymbol{p}_2=\begin{bmatrix}1\\-2\\-1\end{bmatrix}$,求出 $\boldsymbol{A}$ 的属于 λ_3 的特征向量.

7. 设 $\boldsymbol{A}$ 是三阶实对称矩阵,其特征值为 $\lambda_1=\lambda_2=2$,$\lambda_3=1$. 已知属于 $\lambda_1=\lambda_2=2$ 的特征向量为 $\boldsymbol{p}_1=\begin{bmatrix}1\\-1\\1\end{bmatrix}$, $\boldsymbol{p}_2=\begin{bmatrix}1\\1\\1\end{bmatrix}$,求出属于 $\lambda_3=1$ 的特征向量 $\boldsymbol{p}_3$.

5.5 应用实例

很多应用问题都涉及将一个线性变换重复作用到一个向量上. 求解这类问题的关键是针对算子选择一个在某种意义下很自然的坐标系或基,并使得包含该算子的计算得以简化. 对应于这一组新的基向量(特征向量),我们关联一个缩放因子(特征值)表示该算子的自然频率,下面用一个简单的例子来说明.

5.5.1 期望问题

在某城镇中,每年 30%的已婚女性离婚,且 20%的单身女性结婚. 假定共有 8000 名已婚女性和 2000 名单身女性,并且总人口数保持不变. 我们研究结婚率和离婚率保持不变时将来长时间的期望问题.

为求得 1 年后结婚女性和单身女性的人数,我们将向量 $\boldsymbol{W}_0=\begin{bmatrix}8000\\2000\end{bmatrix}$ 乘以

$$\boldsymbol{A}=\begin{bmatrix}0.7 & 0.2\\0.3 & 0.8\end{bmatrix}$$

1 年后结婚女性和单身女性的人数为

$$\boldsymbol{W}_1=\boldsymbol{A}\boldsymbol{W}_0=\begin{bmatrix}0.7 & 0.2\\0.3 & 0.8\end{bmatrix}\begin{bmatrix}8000\\2000\end{bmatrix}=\begin{bmatrix}6000\\4000\end{bmatrix}$$

为求得第 2 年结婚女性和单身女性的人数,我们计算

$$\boldsymbol{W}_2=\boldsymbol{A}\boldsymbol{W}_1=\boldsymbol{A}^2\boldsymbol{W}_0$$

一般地,对 n 年来说,我们需要计算 $\boldsymbol{W}_n=\boldsymbol{A}^n\boldsymbol{W}_0$.

采用这种方法计算 $\boldsymbol{W}_{10}$,$\boldsymbol{W}_{20}$,$\boldsymbol{W}_{30}$,并将他们的元素四舍五入到最近的整数.

$$\boldsymbol{W}_{10}=\begin{bmatrix}4004\\5996\end{bmatrix},\ \boldsymbol{W}_{20}=\begin{bmatrix}4000\\6000\end{bmatrix},\ \boldsymbol{W}_{30}=\begin{bmatrix}4000\\6000\end{bmatrix}$$

过某一点以后,似乎总是会得到相同的答案,事实上,$\boldsymbol{W}_{12}=(4000,6000)^{\mathrm{T}}$, 又因为

$$\boldsymbol{A}\boldsymbol{W}_{12}=\begin{bmatrix}0.7 & 0.2\\0.3 & 0.8\end{bmatrix}\begin{bmatrix}4000\\6000\end{bmatrix}=\begin{bmatrix}4000\\6000\end{bmatrix}$$

可得该序列所有以后的向量保持不变. 向量 $\boldsymbol{W}_{12}=(4000,6000)^{\mathrm{T}}$ 称为该过程的稳态向量(steady-state vector).

假设初始时已婚女性和单身女性有不同的比例。例如,从有 10 000 名已婚女性和 0 名单身女性开始,则 $\boldsymbol{W}_0=(10000,0)^{\mathrm{T}}$,然后可以用前面的方法将 $\boldsymbol{W}_0$ 乘以 $\boldsymbol{A}^n$ 计算出 $\boldsymbol{W}_n$. 在这种情况下,可得 $\boldsymbol{W}_{14}=(4000,6000)^{\mathrm{T}}$,因此仍会终止于相同的

稳态向量.

为什么这个过程是收敛的,且为什么从不同的初始向量开始,看起来总是会得到相同的稳态向量呢?如果在 R^2 中选择一组使得线性变换 $\boldsymbol{A}$ 容易计算的基,则这些问题不难回答.特别地,如果选择稳态向量的一个倍数,比如说 $\boldsymbol{x}_1=(2,3)^{\mathrm{T}}$,作为第一个基向量,则

$$\boldsymbol{A}\boldsymbol{x}_1=\begin{bmatrix}0.7 & 0.2\\0.3 & 0.8\end{bmatrix}\begin{bmatrix}2\\3\end{bmatrix}=\begin{bmatrix}2\\3\end{bmatrix}=\boldsymbol{x}_1$$

因此 $\boldsymbol{x}_1$ 也是一个稳态向量.由于 $\boldsymbol{A}$ 在 $\boldsymbol{x}_1$ 上的作用已经不能再简单了,因此很自然它是一个基向量.尽管还可以使用另外一个稳态向量作为第二个基向量,然而,由于所有的稳态向量都是 $\boldsymbol{x}_1$ 的倍数,因此这样做是不可以的.但是,如果选择 $\boldsymbol{x}_2=(-1,1)^{\mathrm{T}}$,则 $\boldsymbol{A}$ 在 $\boldsymbol{x}_2$ 上的作用也非常简单.

$$\boldsymbol{A}\boldsymbol{x}_2=\begin{bmatrix}0.7 & 0.2\\0.3 & 0.8\end{bmatrix}\begin{bmatrix}-1\\1\end{bmatrix}=\begin{bmatrix}-\dfrac{1}{2}\\\dfrac{1}{2}\end{bmatrix}=\frac{1}{2}\boldsymbol{x}_2$$

下面分析使用 $\boldsymbol{x}_1$ 和 $\boldsymbol{x}_2$ 作为基向量的过程.若将初始向量 $\boldsymbol{W}_0=(8000,2000)^{\mathrm{T}}$ 表示为线性组合

$$\boldsymbol{W}_0=2000\begin{bmatrix}2\\3\end{bmatrix}-4000\begin{bmatrix}-1\\1\end{bmatrix}=2000\boldsymbol{x}_1-4000\boldsymbol{x}_2$$

则

$$\boldsymbol{W}_1=\boldsymbol{A}\boldsymbol{W}_0=2000\boldsymbol{A}\boldsymbol{x}_1-4000\boldsymbol{A}\boldsymbol{x}_2=2000\boldsymbol{x}_1-4000\left(\frac{1}{2}\right)\boldsymbol{x}_2$$

$$\boldsymbol{W}_2=\boldsymbol{A}^2\boldsymbol{W}_1=2000\boldsymbol{x}_1-4000\left(\frac{1}{2}\right)^2\boldsymbol{x}_2$$

一般地

$$\boldsymbol{W}_n=\boldsymbol{A}^n\boldsymbol{W}_0=2000\boldsymbol{x}_1-4000\left(\frac{1}{2}\right)^n\boldsymbol{x}_2$$

这个和的第一部分是稳态向量,第二部分收敛到零向量.

对任何 $\boldsymbol{W}_0$ 的选择,是否总是会终止于相同的稳态向量?假设初始时有 p 名已婚女性.由于总共有 10 000 个女性,单身女性的数量必为 10000 p.初始向量则为

$$\boldsymbol{W}_0=\begin{bmatrix}p\\10000-p\end{bmatrix}$$

若将 $\boldsymbol{W}_0$ 表示为一个线性组合 $C_1\boldsymbol{x}_1+C_2\boldsymbol{x}_2$,则根据前面结论可得

$$\boldsymbol{W}_n=\boldsymbol{A}^n\boldsymbol{W}_0=C_1\boldsymbol{x}_1+\left(\frac{1}{2}\right)^nC_2\boldsymbol{x}_2$$

稳态向量将为 C_1x_1. 为求 C_1,我们将方程

$$C_1\boldsymbol{x}_1+C_2\boldsymbol{x}_2=W_0$$

写为一个线性方程组

$$\begin{cases}2C_1-C_2=p\\3C_1+C_2=10000-p\end{cases}$$

将这两个方程相加,得到 $C_1=2000$. 因此,对任意在 $0\leqslant p\leqslant 10000$ 范围内的整数 p,稳态向量应为

$$2000\boldsymbol{x}_1=\begin{bmatrix}4000\\6000\end{bmatrix}$$

因为矩阵 $\boldsymbol{A}$ 在向量 x_1 和 x_2 上的作用非常简单,所以它们很自然地被用于

$$\boldsymbol{A}\boldsymbol{x}_1=\boldsymbol{x}_1=1\cdot\boldsymbol{x}_1\quad 且\quad \boldsymbol{A}\boldsymbol{x}_2=\frac{1}{2}\boldsymbol{x}_2$$

对其中的每一向量而言,$\boldsymbol{A}$ 的作用仅仅是将向量乘以一个标量,两个标量 1 和 $\frac{1}{2}$ 可看成是线性变换的自然频率.

5.5.2 结构学——梁的弯曲

作为物理中特征值问题的例子,考虑一个梁的问题. 如果在梁的一端施加一个外力或荷载,当我们增加荷载使得它达到临界值时,梁将会弯曲. 如果继续增加荷载,使得它超过这个临界值并达到第二个临界值,则梁将会再次弯曲,依此类推. 假设梁的长度为 L,且将它放置在一个左端固定在 $x=0$ 点的平面上. 令 $y(x)$ 表示梁上任意点 x 处的垂直位移,并假设梁仅受支撑力;也就是说,$y(0)=y(L)=0$.

这个梁的物理系统模型可以化为边值问题

$$R\frac{\mathrm{d}^2y}{\mathrm{d}x^2}=-Py,y(0)=y(L)=0\qquad(5-5-1)$$

其中,R 为梁的拱弯刚度;P 为梁上的荷载. 求解 $y(x)$ 的标准方法是,使用有限差分法逼近微分方程,特别地,将区间 $[0,L]$ 划分为 n 个相等的子区间

$$0=x_0<x_1<x_2\cdots<x_n=L,x_j=\frac{jL}{n}\ (j=0,1,2,\cdots,n)$$

且对每个 j,我们用差商近似 $y'(x_j)\approx\frac{y_{j+1}-2y_j+y_{j-1}}{h^2}$, $j=1, 2, \cdots, n$. 将它们代入方程(5-5-1),最终可以得到一个有 n 个线性方程的方程组. 若将每一方程乘以 $-\frac{h^2}{R}$,并令 $\lambda=\frac{Ph^2}{R}$,则方程组可以写为形如 $\boldsymbol{A}y=\lambda y$ 的矩阵方程,其中

$$A=\begin{bmatrix} 2 & -1 & 0 & \cdots & 0 & 0 & 0 \\ -1 & 2 & -1 & \cdots & 0 & 0 & 0 \\ 0 & -1 & 2 & \cdots & 0 & 0 & 0 \\ \vdots & \vdots & \vdots & & \vdots & \vdots & \vdots \\ 0 & 0 & 0 & \cdots & -1 & 2 & -1 \\ 0 & 0 & 0 & \cdots & 0 & -1 & 2 \end{bmatrix}$$

这个矩阵的特征值将为实的，且为正的. 对充分大的 n，$\boldsymbol{A}$ 的每一特征值 λ 可用于逼近出现弯曲的临界荷载 $P=\frac{\lambda R}{h^2}$. 对应于最小特征值的临界荷载是一个最重要的荷载，因为事实上当荷载超过这个值时，梁将折断.

5.5.3　伴性基因

伴性基因是一种位于 X 染色体上的基因。例如，红绿色盲基因是一种隐性的伴性基因. 为给出一个描述给定的人群中色盲的数学模型，需要将人群分为两类——男性和女性. 令 $x_1{}^{(0)}$ 为男性中有色盲基因的比例，并令 $x_2{}^{(0)}$ 为女性中有色盲基因的比例. [由于色盲是隐性的，女性中实际的色盲比例将小于 $x_2{}^{(0)}$.] 由于男性从母亲处获得一个 X 染色体，且不从父亲处获得 X 染色体，所以下一代的男性中色盲的比例 $x_1{}^{(1)}$ 将和上一代的女性中含有隐性色盲基因的比例相同. 由于女性从双亲处分别得到一个 X 染色体，所以下一代女性中含有隐性基因的比例 $x_2{}^{(1)}$ 将为 $x_1{}^{(0)}$ 和 $x_2{}^{(0)}$ 的平均值. 因此

$$x_2{}^{(0)}=x_1{}^{(1)}$$

$$\frac{1}{2}x_1{}^{(0)}+\frac{1}{2}x_2{}^{(0)}=x_2{}^{(1)}$$

若 $x_1{}^{(0)}=x_2{}^{(0)}$，则将来各代中的比例将保持不变。假设 $x_1{}^{(0)}\neq x_2{}^{(0)}$，且将方程组写为矩阵方程：

$$\begin{bmatrix} 0 & 1 \\ \frac{1}{2} & \frac{1}{2} \end{bmatrix}\begin{bmatrix} x_1{}^{(0)} \\ x_2{}^{(0)} \end{bmatrix}-\begin{bmatrix} x_1{}^{(1)} \\ x_2{}^{(1)} \end{bmatrix}$$

令 $\boldsymbol{A}$ 表示系数矩阵，并令 $x^{(n)}=(x_1{}^{(n)},x_1{}^{(n)})^{\mathrm{T}}$ 表示第 $n+1$ 代男性和女性中色盲的比例. 于是

$$\boldsymbol{x}^{(n)}=\boldsymbol{A}^n\boldsymbol{x}^{(0)}\,(x_1{}^{(n)},x_1{}^{(n)})^{\mathrm{T}}$$

为计算 $\boldsymbol{A}^n$，注意到 $\boldsymbol{A}$ 有特征值 1 和 $-\frac{1}{2}$，因此它可分解为乘积：

$$\boldsymbol{A}=\begin{bmatrix}1 & -2\\1 & 1\end{bmatrix}\begin{bmatrix}1 & 0\\0 & -\frac{1}{2}\end{bmatrix}\begin{bmatrix}\frac{1}{3} & \frac{2}{3}\\-\frac{1}{3} & \frac{1}{3}\end{bmatrix}$$

故

$$\boldsymbol{x}^{(n)}=\begin{bmatrix}1 & -2\\1 & 1\end{bmatrix}\begin{bmatrix}1 & 0\\0 & -\frac{1}{2}\end{bmatrix}^n\begin{bmatrix}\frac{1}{3} & \frac{2}{3}\\-\frac{1}{3} & \frac{1}{3}\end{bmatrix}\begin{bmatrix}x_1{}^{(0)}\\x_2{}^{(0)}\end{bmatrix}$$

$$=\frac{1}{3}\begin{bmatrix}1-\left(-\frac{1}{2}\right)^{n-1} & 2+\left(-\frac{1}{2}\right)^{n-1}\\1-\left(-\frac{1}{2}\right)^{n} & 2+\left(-\frac{1}{2}\right)^{n}\end{bmatrix}\begin{bmatrix}x_1{}^{(0)}\\x_2{}^{(0)}\end{bmatrix}$$

于是

$$\lim_{x\to\infty}\boldsymbol{x}^{(n)}=\frac{1}{3}\begin{bmatrix}1 & 2\\1 & 2\end{bmatrix}\begin{bmatrix}x_1{}^{(0)}\\x_2{}^{(0)}\end{bmatrix}$$

$$=\begin{bmatrix}\dfrac{x_1{}^{(0)}+2x_2{}^{(0)}}{3}\\\dfrac{x_1{}^{(0)}+2x_2{}^{(0)}}{3}\end{bmatrix}$$

当代数增加时，男性和女性中含有色盲基因的比例将趋向于相同的数值. 如果男性中色盲的比例是 p，且经过若干代没有外来人口加入到现有人口中，有理由认为女性中含有色盲基因的比例也为 p. 由于色盲基因是隐性的，所以可以认为女性中色盲的比例为 p^2. 因此，若 1%的男性是色盲，则可以认为 0.01%的女性是色盲.

本章小结

1. 特征值、特征向量的概念.

2. 特征值、特征向量的计算方法：

(1)求解特征方程 $|\boldsymbol{A}-\lambda\boldsymbol{E}|=0$，求出特征值 λ.

(2)求出齐次方程组 $(\boldsymbol{A}-\lambda\boldsymbol{E})\boldsymbol{x}=\boldsymbol{0}$ 的基础解系；$\boldsymbol{A}$ 对应于 λ 的全部的特征向量是这个基础解系的线性组合(线性组合系数不全为零).

3. 方阵 $\boldsymbol{A}$ 的不同特征值对应的特征向量线性无关.

4. 设 $\boldsymbol{A}$，$\boldsymbol{B}$ 均为 n 阶方阵，有以下知识点：

(1)相似矩阵的概念；

(2)$\boldsymbol{A}$ 可对角化：指 $\boldsymbol{A}$ 与对角阵相似.

5. 主要结论：

(1)若 $\boldsymbol{A}$ 与 $\boldsymbol{B}$ 相似，则 $\boldsymbol{A}^k$ 与 $\boldsymbol{B}^k$ 相似；$\boldsymbol{A}$ 与 $\boldsymbol{B}$ 有相同的特征值；

(2)若 $\boldsymbol{A}$ 与对角阵相似，则 $\boldsymbol{A}$ 的特征值就是对角阵的对角元；

(3)$\boldsymbol{A}$ 与对角阵相似的充分必要条件是 $\boldsymbol{A}$ 有 n 个线性无关的特征向量.

(4)若 $\boldsymbol{A}$ 有 n 个互不相同的特征值，则 $\boldsymbol{A}$ 必可对角化.

6. 向量的内积、正交矩阵的概念.

7. 向量的长度、单位向量、两向量的夹角等概念.

8. 正交向量组、规范正交基的定义.

9. 主要结论：

(1)正交向量组线性无关；

(2)任何线性无关向量组 $\boldsymbol{\alpha}_1,\boldsymbol{\alpha}_2,\cdots,\boldsymbol{\alpha}_r$，都有一个正交向量组 $\boldsymbol{\beta}_1,\boldsymbol{\beta}_2,\cdots,\boldsymbol{\beta}_r$ 与之等价，其中

$$\boldsymbol{\beta}_1=\boldsymbol{\alpha}_1$$

$$\boldsymbol{\beta}_2=\boldsymbol{\alpha}_2-\frac{(\boldsymbol{\alpha}_2,\boldsymbol{\beta}_1)}{(\boldsymbol{\beta}_1,\boldsymbol{\beta}_1)}\boldsymbol{\beta}_1$$

$$\boldsymbol{\beta}_3=\boldsymbol{\alpha}_3-\frac{(\boldsymbol{\alpha}_3,\boldsymbol{\beta}_1)}{(\boldsymbol{\beta}_1,\boldsymbol{\beta}_1)}\boldsymbol{\beta}_1-\frac{(\boldsymbol{\alpha}_3,\boldsymbol{\beta}_2)}{(\boldsymbol{\beta}_2,\boldsymbol{\beta}_2)}\boldsymbol{\beta}_2$$

$$\cdots\cdots$$

$$\boldsymbol{\beta}_r=\boldsymbol{\alpha}_r-\frac{(\boldsymbol{\alpha}_r,\boldsymbol{\beta}_1)}{(\boldsymbol{\beta}_1,\boldsymbol{\beta}_1)}\boldsymbol{\beta}_1-\frac{(\boldsymbol{\alpha}_r,\boldsymbol{\beta}_2)}{(\boldsymbol{\beta}_2,\boldsymbol{\beta}_2)}\boldsymbol{\beta}_2-\cdots-\frac{(\boldsymbol{\alpha}_r,\boldsymbol{\beta}_{r-1})}{(\boldsymbol{\beta}_{r-1},\boldsymbol{\beta}_{r-1})}\boldsymbol{\beta}_{r-1}$$

这一组式子就是把向量组 $\boldsymbol{\alpha}_1,\boldsymbol{\alpha}_2,\cdots,\boldsymbol{\alpha}_r$ 正交化的公式，又称为施密特正交化法；

(3)正交阵的性质(见 5.3 节中定理 5.3.4).

10. 实对称阵的对角化的主要结论($\boldsymbol{A},\boldsymbol{P}$ 均为 n 阶矩阵)：

(1)实对称阵的特征值的实数；

(2)对应于不同特征值的特征向量彼此正交；

(3)若 λ_{n_k} 是实对称阵 $\boldsymbol{A}$ 的特征方程 k 重根，则恰有 k 个与 λ_{n_k} 对应的线性无关的特征向量；

(4)若 $\boldsymbol{A}$ 为实对称矩阵，则必存在正交阵 $\boldsymbol{P}$，使

$$\boldsymbol{P}^{-1}\boldsymbol{A}\boldsymbol{P}=\boldsymbol{\Lambda}=\begin{bmatrix}\lambda_1 & & & \\ & \lambda_2 & & \\ & & \ddots & \\ & & & \lambda_n\end{bmatrix}$$

其中,λ_1, λ_2, …, λ_n 是 $\boldsymbol{A}$ 的 n 个特征值.

11. 把实对称阵 $\boldsymbol{A}$ 对角化的步骤:

(1)求特征值;

(2)求对应于特征值的特征向量;

(3)把特征向量正交化,单位化;

(4)得正交阵 $\boldsymbol{P}$,写 $\boldsymbol{P}^{-1}\boldsymbol{AP}=\boldsymbol{\Lambda}$.

总习题 5

1. 求下列矩阵的特征值和特征向量:

(1) $\boldsymbol{A}=\begin{bmatrix}2&-2&0\\-2&1&-2\\0&-2&0\end{bmatrix}$;　　(2) $\boldsymbol{A}=\begin{bmatrix}1&2&0\\0&2&0\\0&3&2\end{bmatrix}$;

(3) $\boldsymbol{A}=\begin{bmatrix}1&-2&0\\-2&2&-2\\0&-2&3\end{bmatrix}$;　　(4) $\boldsymbol{A}=\begin{bmatrix}-2&1&1\\0&2&0\\-4&1&3\end{bmatrix}$.

2. 已知 $\lambda_1=3$, $\lambda_2=\lambda_3=\lambda_4=-2$ 是 4 阶方阵 $\boldsymbol{A}=(a_{ij})$ 的特征值,求 $|\boldsymbol{A}|$ 及 $a_{11}+a_{22}+a_{33}+a_{44}$.

3. 设 $\boldsymbol{A}^2=\boldsymbol{A}$,试证 $\boldsymbol{A}$ 的特征值只能是 0 或 1.

4. 设 $\boldsymbol{A}^2-2\boldsymbol{A}-3\boldsymbol{E}=\boldsymbol{0}$,试证 $\boldsymbol{A}$ 的特征值只能是 -1 或 3.

5. 已知 3 阶矩阵 $\boldsymbol{A}$ 的特征值是 $\lambda_1=1$,$\lambda_2=-3$,$\lambda_3=3$:

(1)求 $2\boldsymbol{A}$ 的特征值;　　(2)求 $\boldsymbol{A}^{-1}$ 的特征值;

(3)求 $\boldsymbol{A}^*$ 的特征值;　　(4)求 $\boldsymbol{A}+\boldsymbol{E}$ 的特征值.

6. 设 λ_0 是 $\boldsymbol{A}$ 的特征值,试证明:

(1)λ_0^m 是 $\boldsymbol{A}^m$ 的特征值;

(2)设 $f(x)=a_0+a_1x+a_2x^2+\cdots+a_mx^m$,则 $f(\lambda_0)$ 是 $f(\boldsymbol{A})=a_0\boldsymbol{E}+a_1\boldsymbol{A}+a_2\boldsymbol{A}^2+\cdots+a_m\boldsymbol{A}^m$ 的特征值.

7. 已知 3 阶矩阵 $\boldsymbol{A}$ 的特征值为 $\lambda_1=1$,$\lambda_2=2$,$\lambda_3=3$,求 $|\boldsymbol{A}^3-5\boldsymbol{A}^2+7\boldsymbol{A}|$.

8. 设 $\boldsymbol{A}=\begin{bmatrix}1&a&1\\a&1&b\\1&b&1\end{bmatrix}$,$\boldsymbol{B}=\begin{bmatrix}0&0&0\\0&1&0\\0&0&2\end{bmatrix}$,当 a,b 满足什么条件时 $\boldsymbol{A}$ 与 $\boldsymbol{B}$ 相似?

9. 设 $\boldsymbol{A}$ 是非奇异的,证明 $\boldsymbol{AB}$ 与 $\boldsymbol{BA}$ 相似.

10. 下列矩阵中哪个矩阵可对角化?

(1) $\begin{bmatrix}-3 & 2 & -1\\-7 & 5 & -1\\-6 & 6 & -2\end{bmatrix}$；(2) $\begin{bmatrix}1 & 1 & -2\\4 & 0 & 4\\1 & -1 & 4\end{bmatrix}$；(3) $\begin{bmatrix}1 & -2 & 2\\-2 & -2 & 4\\2 & 4 & -2\end{bmatrix}$.

11. 试求 k 的值，使矩阵 $\boldsymbol{A}=\begin{bmatrix}2 & 0 & 1\\3 & 1 & k\\4 & 0 & 5\end{bmatrix}$ 可对角化.

12. 将下列各组向量正交化，单位化：

(1) $\begin{bmatrix}1\\1\\1\end{bmatrix},\begin{bmatrix}0\\1\\1\end{bmatrix},\begin{bmatrix}0\\0\\1\end{bmatrix}$；　(2) $\begin{bmatrix}1\\1\\0\\0\end{bmatrix},\begin{bmatrix}0\\1\\1\\0\end{bmatrix},\begin{bmatrix}1\\0\\1\\1\end{bmatrix}$.

13. 求与向量 $\boldsymbol{a}_1=(1,1,-1,1)^{\mathrm{T}}$，$\boldsymbol{a}_2=(1,-1,1,1)^{\mathrm{T}}$，$\boldsymbol{a}_3=(1,1,1,1)^{\mathrm{T}}$ 都正交的单位向量.

14. 求方程组 $\begin{cases}x_1-x_2+x_3=0\\-x_1+x_2-x_3=0\end{cases}$ 的解空间的一个规范交集.

15. 设 $\boldsymbol{a}_1=\begin{bmatrix}1\\2\\-1\end{bmatrix}$，求非零向量 $\boldsymbol{a}_2,\boldsymbol{a}_3$，使 $\boldsymbol{a}_1,\boldsymbol{a}_2,\boldsymbol{a}_3$ 两两相交.

16. 将矩阵 $\boldsymbol{A}=\begin{bmatrix}-1 & 0 & 2\\0 & 1 & 2\\2 & 2 & 0\end{bmatrix}$ 用两种方法对角化：

(1)求可逆矩阵 $\boldsymbol{P}$，使 $\boldsymbol{P}^{-1}\boldsymbol{A}\boldsymbol{P}=\boldsymbol{\Lambda}$；

(2)求正交阵 $\boldsymbol{Q}$，使 $\boldsymbol{Q}^{-1}\boldsymbol{A}\boldsymbol{Q}=\boldsymbol{\Lambda}$.

17. 求一个正交阵，将下列实对称矩阵化为对角阵：

(1) $\boldsymbol{A}=\begin{bmatrix}2 & 2 & -2\\2 & 5 & -4\\-2 & -4 & 8\end{bmatrix}$；　(2) $\boldsymbol{A}=\begin{bmatrix}1 & -2 & 2\\-2 & -2 & 4\\2 & 4 & -2\end{bmatrix}$；

(3) $\boldsymbol{A}=\begin{bmatrix}1 & 2 & 4\\2 & -2 & 2\\4 & 2 & 1\end{bmatrix}$.

18. 设矩阵 $\boldsymbol{A}=\begin{bmatrix}1 & -2 & -4\\-2 & x & -2\\-4 & -2 & 1\end{bmatrix}$ 与 $\boldsymbol{\Lambda}=\begin{bmatrix}5 & & \\ & -4 & \\ & & y\end{bmatrix}$ 相似，求 x,y；并求一个正交阵 $\boldsymbol{P}$ 使 $\boldsymbol{P}^{-1}\boldsymbol{A}\boldsymbol{P}=\boldsymbol{\Lambda}$.

19. 已知 3 阶实对称阵 $\boldsymbol{A}$ 的特征值为$\lambda_1=2,\lambda_2=-2,\lambda_3=1$,对应的特征向量分别为 $\boldsymbol{P}_1=\begin{bmatrix}0\\1\\1\end{bmatrix}$, $\boldsymbol{P}_2=\begin{bmatrix}1\\1\\1\end{bmatrix}$, $\boldsymbol{P}_3=\begin{bmatrix}1\\1\\0\end{bmatrix}$,求 $\boldsymbol{A}$.

20. 已知 3 阶实对称阵 $\boldsymbol{A}$ 的特征值为 $\lambda_1=-2,\lambda_2=1,\lambda_3=4$,向量 $\boldsymbol{P}_1=(0,-1,1)^{\mathrm{T}}$, $\boldsymbol{P}_2=(1,-1,1)^{\mathrm{T}}$,分别是对应于 $\lambda_1=-2,\lambda_2=1$ 的特征向量,试求出 $\boldsymbol{A}$.

21. (1)设 $\boldsymbol{A}=\begin{bmatrix}2&3\\3&2\end{bmatrix}$,求 $\boldsymbol{A}^{10}$;

(2)设 $\boldsymbol{A}=\begin{bmatrix}1&4&2\\0&-3&4\\0&4&3\end{bmatrix}$,求 $\boldsymbol{A}^{100}$.

22. 设 $\boldsymbol{A}=\begin{bmatrix}2&1&2\\1&2&2\\2&2&1\end{bmatrix}$,求 $\boldsymbol{A}^{10}-6\boldsymbol{A}^9+5\boldsymbol{A}^8$.

第6章　二次型

在解析几何中，为了便于研究二次曲线（中心在坐标原点）

$$ax^2+2bxy+cy^2=d$$

的几何性质，将坐标轴做旋转角为 θ 的旋转变换

$$\begin{cases} x=x'\cos\theta-y'\sin\theta \\ y=x'\sin\theta+y'\cos\theta \end{cases}$$

把方程化为标准形为

$$a'x'^2+b'y'^2=d$$

从代数学的观点看，化成标准形的过程是通过变量的线性变换化简一个二次多项式，使它只含有平方项．在许多理论和实际应用方面都会遇到，为此我们将上述问题扩充到 n 个未知量的情形加以讨论．

6.1　二次型及其标准形

6.1.1　二次型的基本概念

定义 6.1.1　含 n 个变量 $x_1,x_2,\cdots,x_n$ 的二次齐次多项式

$$\begin{aligned} f(x_1,x_2,\cdots,x_n) &= a_{11}x_1{}^2+2a_{12}x_1x_2+2a_{13}x_1x_3+\cdots+2a_{1n}x_1x_n \\ &\quad +a_{22}x_2{}^2+2a_{23}x_2x_3+\cdots+2a_{2n}x_2x_n+\cdots+a_{nn}x_n^2 \end{aligned} \qquad (6-1-1)$$

称为一个 n 元二次型，简称二次型，记为 f．

若式(6－1－1)中系数 α_{ij} 为复数，称 f 为复二次型；若 α_{ij} 全为实数，称 f 为实二次型．本章只讨论实二次型，也简称为二次型．

为了用矩阵表示二次型，若记 $\alpha_{ij}=\alpha_{ji}$，则 $2\alpha_{ij}x_ix_j=\alpha_{ij}x_ix_j+\alpha_{ij}x_jx_i$，式(6－1－1)可改写为

$$\begin{aligned} f &= \sum_{i,j=1}^{n}\alpha_{ij}x_ix_j = \sum_{i=1}^{n}\sum_{j=1}^{n}\alpha_{ij}x_ix_j \\ &= x_1[a_{11}x_1+a_{12}x_2+\cdots+a_{1n}x_n] \\ &\quad +x_2[a_{21}x_1+a_{22}x_2+a_{23}x_3+\cdots+a_{2n}x_n] \end{aligned}$$

$$
\begin{aligned}
&+\cdots \\
&+x_n[a_{n1}x_n+a_{n2}x_2+\cdots+a_{nn}x_n] \\
&=[x_1 \quad x_2 \quad \cdots \quad x_n]\begin{bmatrix} a_{11}x_1+a_{12}x_2+\cdots+a_{1n}x_n \\ a_{21}x_1+a_{22}x_2+\cdots+a_{2n}x_n \\ \vdots \\ a_{n1}x_n+a_{n2}x_2+\cdots+a_{nn}x_n \end{bmatrix} \\
&=[x_1 \quad x_2 \quad \cdots \quad x_n]\begin{bmatrix} a_{11} & a_{12} & \cdots & a_{1n} \\ a_{21} & a_{22} & \cdots & a_{2n} \\ \vdots & \vdots & & \vdots \\ a_{n1} & a_{n2} & \cdots & a_{nn} \end{bmatrix}\begin{bmatrix} x_1 \\ x_2 \\ \vdots \\ x_n \end{bmatrix}
\end{aligned}
$$

令 $\boldsymbol{A}=\begin{bmatrix} a_{11} & a_{12} & \cdots & a_{1n} \\ a_{21} & a_{22} & \cdots & a_{2n} \\ \vdots & \vdots & & \vdots \\ a_{n1} & a_{n2} & \cdots & a_{nn} \end{bmatrix}$，$\boldsymbol{x}=\begin{bmatrix} x_1 \\ x_2 \\ \vdots \\ x_n \end{bmatrix}$，其中 $\alpha_{ij}=\alpha_{ji}\ (i,j=1,2,\cdots,n)$，即 $\boldsymbol{A}$ 为实对称矩阵，二次型(6-1-1)用矩阵表示为

$$
f=\boldsymbol{x}^{\mathrm{T}}\boldsymbol{A}\boldsymbol{x} \tag{6-1-2}
$$

称 $\boldsymbol{A}$ 为二次型 f 的矩阵，对称阵 $\boldsymbol{A}$ 的秩称为二次型 f 的秩.

显然，二次型与对称阵之间存在一一对应关系. 一个二次型 f 由其对应的实对称矩阵 $\boldsymbol{A}$ 唯一确定. 当给定了二次型 f 时，就可确定其对应的实对称矩阵 $\boldsymbol{A}$，$\boldsymbol{A}$ 中对角线上的元素 α_{ii} 为 ${x_i}^2$ 的系数($i=1,2,\cdots,n$)；当 $i\neq j$ 时，$\alpha_{ij}=\alpha_{ji}$ 为 x_ix_j 系数的$\dfrac{1}{2}$，($i,j=1,2,\cdots,n$).

例 6.1.1 设二次型 $f=x_1^2-2x_2^2+6x_3^2-4x_1x_2+2x_1x_3$，求二次型的矩阵和秩，并写出其矩阵形式.

解 二次型的矩阵为

$$
\boldsymbol{A}=\begin{bmatrix} 1 & -2 & 1 \\ -2 & -2 & 0 \\ 1 & 0 & 6 \end{bmatrix}
$$

所以

$$
f=(x_1,x_2,x_3)\begin{bmatrix} 1 & -2 & 1 \\ -2 & -2 & 0 \\ 1 & 0 & 6 \end{bmatrix}\begin{bmatrix} x_1 \\ x_2 \\ x_3 \end{bmatrix}
$$

对 $\boldsymbol{A}$ 进行行变换可以得到 $\begin{bmatrix}1 & -2 & 1\\0 & 2 & 5\\0 & 0 & 17\end{bmatrix}$,所以二次型的秩为 3.

例 6.1.2　设 $\boldsymbol{A}=\begin{bmatrix}5 & -\frac{1}{2} & 0\\-\frac{1}{2} & 3 & 4\\0 & 4 & 2\end{bmatrix}$,写出矩阵 $\boldsymbol{A}$ 所对应的二次型.

解　$f(x_1,x_2,x_3)=5x_1^2+3x_2^2+2x_3^2-x_1x_2+8x_2x_3$

6.1.2　可逆变换

设由变量 $y_1,y_2,\cdots,y_n$ 到 $x_1,x_2,\cdots,x_n$ 的线性变换为

$$\begin{cases}x_1=c_{11}y_1+c_{12}y_2+\cdots+c_{1n}y_n\\x_2=c_{21}y_1+c_{22}y_2+\cdots+c_{2n}y_n\\\vdots\qquad\vdots\qquad\vdots\qquad\qquad\vdots\\x_n=c_{n1}y_1+c_{n2}y_2+\cdots+c_{nn}y_n\end{cases}\tag{6-1-3}$$

若记

$$\boldsymbol{C}=\begin{bmatrix}c_{11} & c_{12} & \cdots & c_{1n}\\c_{21} & c_{22} & \cdots & c_{2n}\\\vdots & \vdots & & \vdots\\c_{n1} & c_{n2} & \cdots & c_{nn}\end{bmatrix},\ \boldsymbol{x}=\begin{bmatrix}x_1\\x_2\\\vdots\\x_n\end{bmatrix},\ \boldsymbol{y}=\begin{bmatrix}y_1\\y_2\\\vdots\\y_n\end{bmatrix}$$

则式(6-1-3)可简记为 $\boldsymbol{x}=\boldsymbol{C}\boldsymbol{y}$.

若 $\boldsymbol{C}$ 是可逆矩阵,则称 $\boldsymbol{x}=\boldsymbol{C}\boldsymbol{y}$ 为可逆线性变换,简称可逆变换;若 $\boldsymbol{C}$ 为正交矩阵,则称 $\boldsymbol{x}=\boldsymbol{C}\boldsymbol{y}$ 为正交变换.

定义 6.1.2　设 $\boldsymbol{A},\boldsymbol{B}$ 均为 n 阶方阵,若存在可逆矩阵 $\boldsymbol{C}_{n\times n}$,使 $\boldsymbol{C}^{\mathrm{T}}\boldsymbol{A}\boldsymbol{C}=\boldsymbol{B}$,则称 $\boldsymbol{A}$ 与 $\boldsymbol{B}$ 合同,记为 $\boldsymbol{A}\approx\boldsymbol{B}$.

合同矩阵具有下列性质:

(1)设 $\boldsymbol{A}$ 为对称阵,若 $\boldsymbol{A}$ 与 $\boldsymbol{B}$ 合同,则 $\boldsymbol{B}$ 也为对称阵.

(2)若 $\boldsymbol{A}$ 与 $\boldsymbol{B}$ 合同,则 $r(\boldsymbol{A})=r(\boldsymbol{B})$.

(3)若 $\boldsymbol{A}$ 与 $\boldsymbol{B}$ 合同,$\boldsymbol{B}$ 与 $\boldsymbol{C}$ 合同,则 $\boldsymbol{A}$ 与 $\boldsymbol{C}$ 合同.

注:合同与相似是两个不同的概念. 例如:$\boldsymbol{A}=\begin{bmatrix}-1 & \\ & 2\end{bmatrix}$, $\boldsymbol{B}=\begin{bmatrix}-4 & \\ & 2\end{bmatrix}$, 取

$\boldsymbol{C}=\begin{bmatrix}2 & \\ & 1\end{bmatrix}$，则 $\boldsymbol{B}=\boldsymbol{C}^{\mathrm{T}}\boldsymbol{A}\boldsymbol{C}$，即 $\boldsymbol{A}$ 与 $\boldsymbol{B}$ 合同，但 $\boldsymbol{A}$ 与 $\boldsymbol{B}$ 不相似(它们的特征值不同).

6.1.3 二次型的标准形

定义 6.1.3 如果二次型 $f(x_1,x_2,\cdots,x_n)$ 经可逆变换 $\boldsymbol{x}=\boldsymbol{C}\boldsymbol{y}$，变为 $b_1y_1^2+b_2y_2^2+\cdots+b_ny_n^2$，则称这种只含平方项的二次型为二次型的标准形.

由上面讨论可知，二次型 $f=\boldsymbol{x}^{\mathrm{T}}\boldsymbol{A}\boldsymbol{x}$ 在线性变换 $\boldsymbol{x}=\boldsymbol{C}\boldsymbol{y}$ 下，变成 $\boldsymbol{y}^{\mathrm{T}}(\boldsymbol{C}^{\mathrm{T}}\boldsymbol{A}\boldsymbol{C})\boldsymbol{y}$. 可判断出 $\boldsymbol{C}^{\mathrm{T}}\boldsymbol{A}\boldsymbol{C}$ 应为对角阵.

因任一实对称矩阵 $\boldsymbol{A}$，一定存在正交矩阵 $\boldsymbol{P}$，使得

$$\boldsymbol{P}^{-1}\boldsymbol{A}\boldsymbol{P}=\boldsymbol{P}^{\mathrm{T}}\boldsymbol{A}\boldsymbol{P}=\boldsymbol{\Lambda}=\begin{bmatrix}\lambda_1 & & & \\ & \lambda_2 & & \\ & & \ddots & \\ & & & \lambda_n\end{bmatrix}$$

其中，$\lambda_1,\lambda_2,\cdots,\lambda_n$ 是 $\boldsymbol{A}$ 的全部特征值，所以对任意的二次型 $f=\boldsymbol{x}^{\mathrm{T}}\boldsymbol{A}\boldsymbol{x}$，必存在一个正交变换 $\boldsymbol{x}=\boldsymbol{P}\boldsymbol{y}$，将 f 标准化，即

$$f=\lambda_1y_1^2+\lambda_2y_2^2+\cdots+\lambda_ny_n^2 \tag{6-1-4}$$

其中，$\lambda_1,\lambda_2,\cdots\lambda_n$ 为 $\boldsymbol{A}$ 的特征值.

用正交变换法化二次型为标准形的步骤如下：

(1)写出二次型的矩阵 $\boldsymbol{A}$，求其特征值 $\lambda_1,\lambda_2,\cdots,\lambda_n$；

(2)求出所有特征值对应的特征向量，并将它们正交单位化；

(3)以正交单位化后的特征向量依次作为列向量构成正交矩阵 $\boldsymbol{P}$，则

$$\boldsymbol{P}^{\mathrm{T}}\boldsymbol{A}\boldsymbol{P}=\boldsymbol{\Lambda}=\begin{bmatrix}\lambda_1 & & & \\ & \lambda_2 & & \\ & & \ddots & \\ & & & \lambda_n\end{bmatrix}$$

(4)作正交变换 $\boldsymbol{x}=\boldsymbol{P}\boldsymbol{y}$，可得

$$\begin{aligned}f&=\boldsymbol{x}^{\mathrm{T}}\boldsymbol{A}\boldsymbol{x}=(\boldsymbol{P}\boldsymbol{y})^{\mathrm{T}}\boldsymbol{A}(\boldsymbol{P}\boldsymbol{y})=\boldsymbol{y}^{\mathrm{T}}(\boldsymbol{P}^{\mathrm{T}}\boldsymbol{A}\boldsymbol{P})\boldsymbol{y}\\&=\boldsymbol{y}^{\mathrm{T}}\boldsymbol{\Lambda}\boldsymbol{y}=\lambda_1{y_1}^2+\lambda_2{y_2}^2+\cdots+\lambda_n{y_n}^2\end{aligned}$$

例 6.1.3 用正交变换将 $f(x_1,x_2)={x_1}^2-8x_1x_2-5{x_2}^2$ 化为标准形.

解 二次型矩阵为 $\boldsymbol{A}=\begin{bmatrix}1 & -4\\ -4 & -5\end{bmatrix}$，由 $|\lambda\boldsymbol{E}-\boldsymbol{A}|=(\lambda-3)(\lambda+7)=0$，得 $\lambda_1=3,\lambda_2=-7$. $\lambda_1=3$ 对应的特征向量为 $\boldsymbol{\xi}_1=\begin{bmatrix}2\\ -1\end{bmatrix}$；$\boldsymbol{\lambda}_2=-7$ 对应的特征向量为 $\boldsymbol{\xi}_2$

$=\begin{bmatrix}1\\2\end{bmatrix}$. 因 $\boldsymbol{\xi}_1,\boldsymbol{\xi}_2$ 对应不同的特征值,所以它们正交,只需要将它们单位化. 将其单位化得

$$\boldsymbol{p}_1=\begin{bmatrix}\frac{2}{\sqrt{5}}\\-\frac{1}{\sqrt{5}}\end{bmatrix},\ \boldsymbol{p}_2=\begin{bmatrix}\frac{1}{\sqrt{5}}\\\frac{2}{\sqrt{5}}\end{bmatrix}$$

令

$$\boldsymbol{P}=(\boldsymbol{p}_1,\boldsymbol{p}_2)=\begin{bmatrix}2/\sqrt{5}&1/\sqrt{5}\\-1/\sqrt{5}&2/\sqrt{5}\end{bmatrix},\ \boldsymbol{\Lambda}=\begin{bmatrix}3&0\\0&-7\end{bmatrix}$$

得 $\boldsymbol{P}^{-1}\boldsymbol{AP}=\boldsymbol{P}^{\mathrm{T}}\boldsymbol{AP}=\boldsymbol{\Lambda}$,所求的正交变换 $\boldsymbol{x}=\boldsymbol{Py}$,有 $f=\boldsymbol{x}^{\mathrm{T}}\boldsymbol{Ax}=\boldsymbol{y}^{\mathrm{T}}\boldsymbol{\Lambda y}=3{y_1}^2-7{y_2}^2$.

例 6.1.4　求一个正交变换 $\boldsymbol{x}=\boldsymbol{Py}$,将二次型 $f=x_1^2-2x_2^2+x_3^2+2x_1x_2-4x_1x_3+2x_2x_3$ 化为标准形.

解　二次型矩阵为 $\boldsymbol{A}=\begin{bmatrix}1&1&-2\\1&-2&1\\-2&1&1\end{bmatrix}$,由 $|\lambda\boldsymbol{E}-\boldsymbol{A}|=\lambda(3-\lambda)(3+\lambda)=0$

得到 $\boldsymbol{A}$ 的特征值为 $\lambda_1=0,\lambda_2=3,\lambda_3=-3$. $\lambda_1=0$ 时对应的特征向量为 $\boldsymbol{\xi}_1=\begin{bmatrix}1\\1\\1\end{bmatrix}$;

$\lambda_2=3$ 对应的特征向量为 $\boldsymbol{\xi}_2=\begin{bmatrix}1\\0\\-1\end{bmatrix}$;$\lambda_2=-3$ 对应的特征向量为 $\boldsymbol{\xi}_3=\begin{bmatrix}1\\-2\\1\end{bmatrix}$.

因每一个特征值只有一个相应的特征向量,所以它们两两正交,只需要将它们单位化,得

$$\boldsymbol{p}_1=\frac{1}{\sqrt{3}}\begin{bmatrix}1\\1\\1\end{bmatrix},\ \boldsymbol{p}_2=\frac{1}{\sqrt{2}}\begin{bmatrix}1\\0\\-1\end{bmatrix},\ \boldsymbol{p}_3=\frac{1}{\sqrt{6}}\begin{bmatrix}1\\-2\\1\end{bmatrix}$$

令

$$\boldsymbol{P}=(\boldsymbol{p}_1,\boldsymbol{p}_2,\boldsymbol{p}_3)=\begin{bmatrix}\frac{1}{\sqrt{3}}&\frac{1}{\sqrt{2}}&\frac{1}{\sqrt{6}}\\\frac{1}{\sqrt{3}}&0&-\frac{2}{\sqrt{6}}\\\frac{1}{\sqrt{3}}&-\frac{1}{\sqrt{2}}&\frac{1}{\sqrt{6}}\end{bmatrix},使\ \boldsymbol{P}^{\mathrm{T}}\boldsymbol{AP}=\begin{bmatrix}0&&\\&3&\\&&-3\end{bmatrix}$$

于是，所求正交变换为 $\boldsymbol{x}=\boldsymbol{P}\boldsymbol{y}$，所化二次型的标准形为 $f=0y_1^2+3y_2^2-3y_3^2$.

例 6.1.5 求一个正交变换 $\boldsymbol{x}=\boldsymbol{P}\boldsymbol{y}$，将二次型 $f=\frac{1}{2}x_1{}^2-x_1x_2+2x_1x_3+\frac{1}{2}x_2{}^2+2x_2x_3-x_3{}^2$ 化为标准形.

解 二次型矩阵为 $\boldsymbol{A}=\begin{bmatrix}\frac{1}{2}&-\frac{1}{2}&1\\-\frac{1}{2}&\frac{1}{2}&1\\1&1&-1\end{bmatrix}$，由 $|\lambda\boldsymbol{E}-\boldsymbol{A}|=(1-\lambda)^2(2+\lambda)=0$，得特征值 $\lambda_1=\lambda_2=1,\lambda_3=-2$. $\lambda_1=\lambda_2=1$ 对应的特征向量为

$$\boldsymbol{\xi}_1=\begin{bmatrix}-1\\1\\0\end{bmatrix},\ \boldsymbol{\xi}_2=\begin{bmatrix}2\\0\\1\end{bmatrix}$$

将其正交化，取

$$\boldsymbol{q}_1=\boldsymbol{\xi}_1=\begin{bmatrix}-1\\1\\0\end{bmatrix},\ \boldsymbol{q}_2=\boldsymbol{\xi}_2-\frac{(\boldsymbol{\xi}_2,\boldsymbol{q}_1)}{(\boldsymbol{q}_1,\boldsymbol{q}_1)}=\begin{bmatrix}2\\0\\1\end{bmatrix}-\frac{-2}{2}\begin{bmatrix}-1\\1\\0\end{bmatrix}=\begin{bmatrix}1\\1\\1\end{bmatrix}$$

再单位化，得

$$\boldsymbol{p}_1=\begin{bmatrix}-\frac{1}{\sqrt{2}}\\\frac{1}{\sqrt{2}}\\0\end{bmatrix},\ \boldsymbol{p}_2=\begin{bmatrix}\frac{1}{\sqrt{3}}\\\frac{1}{\sqrt{3}}\\\frac{1}{\sqrt{3}}\end{bmatrix}$$

$\lambda_3=-2$ 对应的特征向量为 $\boldsymbol{\xi}_3=\begin{bmatrix}1\\1\\-2\end{bmatrix}$，单位化得

$$\boldsymbol{p}_3=\begin{bmatrix}\frac{1}{\sqrt{6}}\\\frac{1}{\sqrt{6}}\\-\frac{2}{\sqrt{6}}\end{bmatrix}$$

令

$$P=(p_1,p_2,p_3)=\begin{bmatrix} -\frac{1}{\sqrt{2}} & \frac{1}{\sqrt{3}} & \frac{1}{\sqrt{6}} \\ \frac{1}{\sqrt{2}} & \frac{1}{\sqrt{3}} & \frac{1}{\sqrt{6}} \\ 0 & \frac{1}{\sqrt{3}} & -\frac{2}{\sqrt{6}} \end{bmatrix}$$

故所求正交变换为 $\boldsymbol{x}=\boldsymbol{P}\boldsymbol{y}$，有 $f={y_1}^2+{y_2}^2-2{y_3}^2$.

习题 6.1

1. 用矩阵记号表示下列二次型：

(1) $-4x_1x_2+2x_1x_3+2x_2x_3$；

(2) $x_1^2+2x_1x_2-x_1x_3+2x_3^2$；

(3) $f(x_1,x_2,x_3)=4x_1x_2+6x_1x_3-8x_2x_3$；

(4) $f(x_1,x_2,x_3)=8{x_1}^2+7{x_2}^2-3{x_3}^2-6x_1x_2+4x_1x_3-2x_2x_3$.

2. 写出下列二次型的矩阵：

(1) $f=\boldsymbol{x}^{\mathrm{T}}\begin{bmatrix} 2 & 1 \\ 3 & 1 \end{bmatrix}\boldsymbol{x}$；　　(2) $f=\boldsymbol{x}^{\mathrm{T}}\begin{bmatrix} 1 & 2 & 3 \\ 4 & 5 & 6 \\ 7 & 8 & 9 \end{bmatrix}\boldsymbol{x}$.

3. 写出下列矩阵对应的二次型：

(1) $\boldsymbol{A}=\begin{bmatrix} 4 & 3 & 0 \\ 3 & 2 & 1 \\ 0 & 1 & 1 \end{bmatrix}$；　　(2) $\boldsymbol{A}=\begin{bmatrix} -2 & 2 & 2 \\ 2 & -6 & 0 \\ 2 & 0 & -9 \end{bmatrix}$；

(3) $\boldsymbol{A}=\begin{bmatrix} 1 & -1 & 2 & -1 \\ -1 & 1 & 3 & -2 \\ 2 & 3 & 1 & 0 \\ -1 & -2 & 0 & 1 \end{bmatrix}$.

4. 用正交变换化二次型为标准形，并求所用的正交矩阵.

(1) $f=6x_1^2+5x_2^2+7x_3^2-4x_1x_2+4x_1x_3$；

(2) $f=17x_1^2+14x_2^2+14x_3^2-4x_1x_2-4x_1x_3+8x_2x_3$.

6.2 用配方法及初等变换法化二次型为标准形

6.2.1 用配方法化二次型为标准形

配方法即将二次多项式配成完全平方的方法.类似于初等数学中的配完全平方.

例 6.2.1 化二次型 $f=x_1^2+2x_2^2+5x_3^2+2x_1x_2+2x_1x_3+6x_2x_3$ 为标准形,并求所用的变换矩阵.

解 由于 f 中含有 x_1 的平方项,因此我们先将 x_1 的项放在一起配成完全平方,

$f=x_1^2+2x_1x_2+2x_1x_3+2x_2^2+5x_3^2+6x_2x_3=(x_1+x_2+x_3)^2+x_2^2+4x_3^2+4x_2x_3$

上式除 $(x_1+x_2+x_3)^2$ 外已无 x_1,将含有 x_2 的项放在一起继续配方,得

$$f=(x_1+x_2+x_3)^2+(x_2+2x_3)^2$$

令 $\begin{cases} y_1=x_1+x_2+x_3 \\ y_2=x_2+2x_3 \\ y_3=x_3 \end{cases}$,即 $\begin{cases} x_1=y_1-y_2+y_3 \\ x_2=y_2-2y_3 \\ x_3=y_3 \end{cases}$.就把 f 化成标准形 $f=y_1^2+y_2^2$,所用的变换矩阵为 $\begin{bmatrix} 1 & -1 & 1 \\ 0 & 1 & -2 \\ 0 & 0 & 1 \end{bmatrix}$.

例 6.2.2 化二次型 $f=x_1{}^2-4x_1x_2+2x_1x_3+x_2{}^2+2x_2x_3-2x_3{}^2$ 为标准形,并求所用的变换矩阵.

解 $f=(x_1{}^2-4x_1x_2+2x_1x_3)+x_2{}^2+2x_2x_3-2x_3{}^2$

$=[(x_1-2x_2+x_3)^2-4x_2{}^2-x_3{}^2+4x_2x_3]+x_2{}^2+2x_2x_3-2x_3{}^2$

$=(x_1-2x_2+x_3)^2-3x_2{}^2+6x_2x_3-3x_3{}^2$

$=(x_1-2x_2+x_3)^2-3\ (x_2-x_3)^2$

令 $\begin{cases} y_1=x_1-2x_2+x_3 \\ y_2=x_2-x_3 \\ y_3=x_3 \end{cases}$,即 $\begin{cases} x_1=y_1+2y_2+y_3 \\ x_2=y_2+y_3 \\ x_3=y_3 \end{cases}$.将 f 化为标准形 $f=y_1{}^2-3y_2{}^2$,所用变换矩阵为 $\boldsymbol{P}=\begin{bmatrix} 1 & 2 & 1 \\ 0 & 1 & 1 \\ 0 & 0 & 1 \end{bmatrix}$.

例 6.2.3　用配方法求二次型 $f=x_1x_2-x_2x_3$ 的标准形，并写出相应的可逆线性变换.

解　因 f 中没有平方项，不能直接配方，又因为有 x_1x_2 项，所以为了出现平方项，一般令 $\begin{cases}x_1=y_1+y_2\\x_2=y_1-y_2\\x_3=y_3\end{cases}$，即 $\begin{bmatrix}x_1\\x_2\\x_3\end{bmatrix}=\begin{bmatrix}1&1&0\\1&-1&0\\0&0&1\end{bmatrix}\begin{bmatrix}y_1\\y_2\\y_3\end{bmatrix}$，得

$$\begin{aligned}f&=(y_1+y_2)(y_1-y_2)-(y_1-y_2)y_3=y_1{}^2-y_2{}^2-y_1y_3+y_2y_3\\&=\left(y_1-\frac{1}{2}y_3\right)^2-y_2{}^2-\frac{1}{4}y_3{}^2+y_2y_3=\left(y_1-\frac{1}{2}y_3\right)^2-\left(y_2-\frac{1}{2}y_3\right)^2\end{aligned}$$

令 $\begin{cases}z_1=y_1-\dfrac{1}{2}y_3\\z_2=y_2-\dfrac{1}{2}y_3\\z_3=\quad y_3\end{cases}$，即 $\begin{bmatrix}y_1\\y_2\\y_3\end{bmatrix}=\begin{bmatrix}1&0&\frac{1}{2}\\0&1&\frac{1}{2}\\0&0&1\end{bmatrix}\begin{bmatrix}z_1\\z_2\\z_3\end{bmatrix}$，得 f 的标准形为 $f=z_1{}^2-z_2{}^2$，所用的可逆线性变换为

$$\begin{bmatrix}x_1\\x_2\\x_3\end{bmatrix}=\begin{bmatrix}1&1&0\\1&-1&0\\0&0&1\end{bmatrix}\begin{bmatrix}1&0&\frac{1}{2}\\0&1&\frac{1}{2}\\0&0&1\end{bmatrix}\begin{bmatrix}z_1\\z_2\\z_3\end{bmatrix}=\begin{bmatrix}1&1&0\\1&-1&0\\0&0&1\end{bmatrix}\begin{bmatrix}z_1\\z_2\\z_3\end{bmatrix}$$

例 6.2.4　用配方法求二次型 $f=2x_1x_2+2x_1x_3-6x_2x_3$ 的标准形，并写出相应的可逆线性变换.

解　由于 f 不含平方项，但含 x_1x_2 的项，因此令

$$\begin{cases}x_1=y_1+y_2\\x_2=y_1-y_2\\x_3=y_3\end{cases}$$

代入原式，得

$$\begin{aligned}f&=2(y_1+y_2)(y_1-y_2)+2(y_1+y_2)y_3-6(y_1-y_2)y_3\\&=2y_1^2-2y_2^2-4y_1y_3+8y_2y_3\end{aligned}$$

再对上式配方得

$$\begin{aligned}f&=2(y_1^2-2y_1y_3+y_3^2)-2y_3^2-2y_2^2+8y_2y_3\\&=2(y_1-y_3)^2-2(y_2^2-4y_2y_3+4y_3^2)+6y_3^2\\&=2(y_1-y_3)^2-2(y_2-2y_3)^2+6y_3^2\end{aligned}$$

令$\begin{cases} z_1=y_1-y_3 \\ z_2=y_2-2y_3 \\ z_3=y_3 \end{cases}$，即$\begin{cases} y_1=z_1+z_3 \\ y_2=z_2+2z_3 \\ y_3=z_3 \end{cases}$，得 $f=2z_1^2-2z_2^2+6z_3^2$，故所用的线性变换是

$$\begin{bmatrix} x_1 \\ x_2 \\ x_3 \end{bmatrix}=\begin{bmatrix} 1 & 1 & 0 \\ 1 & -1 & 0 \\ 0 & 0 & 1 \end{bmatrix}\begin{bmatrix} 1 & 0 & 1 \\ 0 & 1 & 2 \\ 0 & 0 & 1 \end{bmatrix}\begin{bmatrix} z_1 \\ z_2 \\ z_3 \end{bmatrix}=\begin{bmatrix} 1 & 1 & 3 \\ 1 & -1 & -1 \\ 0 & 0 & 1 \end{bmatrix}\begin{bmatrix} z_1 \\ z_2 \\ z_3 \end{bmatrix}$$

此例还说明，若 f 中没有平方项，但有交叉项 $x_ix_j(i\neq j)$，可令 $x_i=y_i+y_j$，$x_j=y_i-y_j$，其余 $x_k=y_k(k\neq i,j)$，在此变换下出现平方项，之后再按照配方法即可化为标准形.

6.2.2 用初等变换法化二次型为标准形

二次型化为标准形的问题，实质上就是找一个可逆矩阵 $\boldsymbol{P}$，使 $\boldsymbol{A}$ 合同于对角 $\boldsymbol{B}$，于是有下面定理：

定理 6.2.1 对任何实对称阵 $\boldsymbol{A}$，一定存在初等矩阵 $\boldsymbol{P}_1,\boldsymbol{P}_2,\cdots,\boldsymbol{P}_s$ 使

$$\boldsymbol{P}_s^{\mathrm{T}}\cdots\boldsymbol{P}_2^{\mathrm{T}}\boldsymbol{P}_1^{\mathrm{T}}\boldsymbol{A}\boldsymbol{P}_1\boldsymbol{P}_2\cdots\boldsymbol{P}_s=\boldsymbol{B}$$

其中 $\boldsymbol{B}$ 为对角阵.

证明 因为 $\boldsymbol{A}$ 是对称阵，对二次型 $\boldsymbol{x}^{\mathrm{T}}\boldsymbol{A}\boldsymbol{x}$，一定存在可逆变换 $\boldsymbol{x}=\boldsymbol{P}\boldsymbol{y}$，使

$$\boldsymbol{x}^{\mathrm{T}}\boldsymbol{A}\boldsymbol{x}=\boldsymbol{y}^{\mathrm{T}}\boldsymbol{P}^{\mathrm{T}}\boldsymbol{A}\boldsymbol{P}\boldsymbol{y}=\boldsymbol{y}^{\mathrm{T}}\boldsymbol{B}\boldsymbol{y}\text{，其中 }\boldsymbol{B}=\boldsymbol{P}^{\mathrm{T}}\boldsymbol{A}\boldsymbol{P}\text{ 为对角阵.}$$

因为 $\boldsymbol{P}$ 可逆，所以可以写成初等矩阵 $\boldsymbol{P}_1,\boldsymbol{P}_2,\cdots,\boldsymbol{P}_s$ 的乘积，即 $\boldsymbol{P}=\boldsymbol{P}_1\boldsymbol{P}_2\cdots\boldsymbol{P}_s$. 所以

$$\begin{aligned}\boldsymbol{P}^{\mathrm{T}}\boldsymbol{A}\boldsymbol{P}&=(\boldsymbol{P}_1\boldsymbol{P}_2\cdots\boldsymbol{P}_s)^{\mathrm{T}}\boldsymbol{A}\boldsymbol{P}_1\boldsymbol{P}_2\cdots\boldsymbol{P}_s\\&=\boldsymbol{P}_s^{\mathrm{T}}\cdots\boldsymbol{P}_2^{\mathrm{T}}\boldsymbol{P}_1^{\mathrm{T}}\boldsymbol{A}\boldsymbol{P}_1\boldsymbol{P}_2\cdots\boldsymbol{P}_s\\&=\boldsymbol{P}_s^{\mathrm{T}}(\cdots(\boldsymbol{P}_2^{\mathrm{T}}(\boldsymbol{P}_1^{\mathrm{T}}\boldsymbol{A}\boldsymbol{P}_1)\boldsymbol{P}_2)\cdots)\boldsymbol{P}_s=\boldsymbol{B}\end{aligned}$$

为了在初等变换过程中获得可逆矩阵 $\boldsymbol{P}$，应构造一个 $n\times 2n$ 矩阵$[\boldsymbol{A}\vdots\boldsymbol{E}]$，$\boldsymbol{E}$ 为 n 阶单位矩阵，然后对$[\boldsymbol{A}\vdots\boldsymbol{E}]$作初等行变换，接着对 $\boldsymbol{A}$ 做相同的初等列变换，经过若干次这样的初等变换把 $\boldsymbol{A}$ 变成对角阵 $\boldsymbol{B}$ 时，$\boldsymbol{E}$ 就变成了使 $\boldsymbol{A}$ 化成对角阵的可逆矩阵 $\boldsymbol{P}^{\mathrm{T}}$，即

$$[\boldsymbol{A}\vdots\boldsymbol{E}]\xrightarrow{\text{作相同的初等行、列变换}}[\boldsymbol{B}\vdots\boldsymbol{P}^{\mathrm{T}}]$$

其中，$\boldsymbol{B}$ 为对角矩阵，从而得到 $\boldsymbol{P}=(\boldsymbol{P}^{\mathrm{T}})^{\mathrm{T}}$.

例 6.2.5 将例 6.2.2 中二次型用初等变换化为标准形.

解 $$[\boldsymbol{A}\vdots\boldsymbol{E}]=\left[\begin{array}{ccc:ccc} 1 & -2 & 1 & 1 & 0 & 0 \\ -2 & 1 & 1 & 0 & 1 & 0 \\ 1 & 1 & -2 & 0 & 0 & 1 \end{array}\right]\xrightarrow[r_3-r_1]{r_2+2r_1}\left[\begin{array}{ccc:ccc} 1 & -2 & 1 & 1 & 0 & 0 \\ 0 & -3 & 3 & 2 & 1 & 0 \\ 0 & 3 & -3 & -1 & 0 & 1 \end{array}\right]$$

$$\xrightarrow[c_3-c_1]{c_2+2c_1}\left[\begin{array}{ccc:ccc}1&0&0&1&0&0\\0&-3&3&2&1&0\\0&3&-3&-1&0&1\end{array}\right]\xrightarrow{r_3+r_2}\left[\begin{array}{ccc:ccc}1&0&0&1&0&0\\0&-3&3&2&1&0\\0&0&0&1&1&1\end{array}\right]$$

$$\xrightarrow{c_3+c_2}\left[\begin{array}{ccc:ccc}1&0&0&1&0&0\\0&-3&0&2&1&0\\0&0&0&1&1&1\end{array}\right]$$

得 $\boldsymbol{P}^{\mathrm{T}}=\begin{bmatrix}1&0&0\\2&1&0\\1&1&1\end{bmatrix}$，则 $\boldsymbol{P}=\begin{bmatrix}1&2&1\\0&1&1\\0&0&1\end{bmatrix}$，所用可逆变换为 $\boldsymbol{x}=\boldsymbol{P}\boldsymbol{y}$，即$\begin{cases}x_1=y_1+2y_2+y_3\\x_2=\qquad\ \ y_2+y_3\\x_3=\qquad\qquad\ \ y_3\end{cases}$，将 f 化为标准形 $f=y_1{}^2-3y_2{}^2$.

同理，也可按照 $\begin{bmatrix}\boldsymbol{A}\\\cdots\\\boldsymbol{E}\end{bmatrix}\xrightarrow{\text{作相同的初等行、列变换}}\begin{bmatrix}\boldsymbol{B}\\\cdots\\\boldsymbol{P}\end{bmatrix}$ 来进行.

6.2.3　标准二次型化为规范二次型

由上面的例子可以看到二次型的标准形与所做的可逆变换有关，一般二次型的标准形是不唯一的，但标准二次型中所含系数不为 0 的平方项的个数是唯一的.

例如例 6.2.5 中的 $f=y_1{}^2-3y_2{}^2$，令$\begin{cases}y_1=z_2\\y_2=z_1\\y_3=z_3\end{cases}$，$\boldsymbol{C}=\begin{bmatrix}0&1&0\\1&0&0\\0&0&1\end{bmatrix}$是可逆变换，将二次型化为 $f=-3z_1{}^2+z_2{}^2$.

若标准二次型中的平方项系数只有 0，-1 和 1，称为规范二次型.

$$f=d_1x_1{}^2+\cdots+d_px_p{}^2-d_{p+1}x_{p+1}{}^2-\cdots-d_rx_r{}^2 \qquad (6-2-1)$$

其中，$d_i>0(i=1,2,\cdots,r)$；r 是 f 的秩.

作可逆线性变换$\begin{cases}x_i=\dfrac{1}{\sqrt{d_i}}y_i(i=1,2,\cdots,r)\\x_j=y_j(j=r+1,\cdots,n)\end{cases}$，可将式(6-2-1)式化为规范二次型：

$$f=y_1{}^2+\cdots+y_p{}^2-y_{p+1}{}^2-\cdots-y_r{}^2 \qquad (6-2-2)$$

常称规范二次型(6-2-2)中的正项个数 p 为二次型的正惯性指数，负项个数 $r-p$ 称为负惯性指数，r 为 f 的秩.

下面不加证明地给出关于规范二次型的定理.

定理 6.2.2(惯性定理)　任意二次型 $f=\boldsymbol{x}^{\mathrm{T}}\boldsymbol{A}\boldsymbol{x}$ 都可经可逆变换化为规范形：

$$f=y_1{}^2+\cdots+y_p{}^2-y_{p+1}{}^2-\cdots-y_r{}^2$$

其中,r 为 f 的秩,且规范形是唯一的.

例 6.2.6 将 6.1 中例 6.1.4 中求得的标准二次型 $f=y_1{}^2+y_2{}^2-2y_3{}^2$ 化为规范形,并求其正惯性指数.

解 二次型 f 经线性变换

$$\boldsymbol{x}=\begin{bmatrix}\frac{1}{\sqrt{3}} & \frac{1}{\sqrt{2}} & \frac{1}{\sqrt{6}}\\ \frac{1}{\sqrt{3}} & 0 & -\frac{2}{\sqrt{6}}\\ \frac{1}{\sqrt{3}} & -\frac{1}{\sqrt{2}} & \frac{1}{\sqrt{6}}\end{bmatrix}\boldsymbol{y}$$

化为标准形为 $f=3y_2^2-3y_3^2$. 又可作可逆变换$\begin{cases}y_1=u_3\\ y_2=u_1\\ y_3=u_2\end{cases}$,即 $\boldsymbol{y}=\begin{bmatrix}0&0&1\\1&0&0\\0&1&0\end{bmatrix}\boldsymbol{u}$ 得

$f=3u_1^2-3u_2^2$,再做可逆变换$\begin{cases}u_1=\frac{1}{\sqrt{3}}z_1\\ u_2=\frac{1}{\sqrt{3}}z_2\\ u_3=z_3\end{cases}$,即 $\boldsymbol{u}=\begin{bmatrix}\frac{1}{\sqrt{3}} & & \\ & \frac{1}{\sqrt{3}} & \\ & & 1\end{bmatrix}\boldsymbol{z}$,则 $f=z_1^2-z_2^1$,其正惯性指数 $p=1$.

习题 6.2

1. 用配方法将下列二次型化为标准形:

(1) $f=x_1^2+4x_1x_2-3x_2x_3$;

(2) $f=x_1^2+2x_2^2+2x_1x_2-2x_1x_3$;

(3) $f=2x_1x_2+2x_1x_3-6x_2x_3$;

(4) $f=x_1x_2+x_1x_3-3x_2x_3$.

2. 分别用初等变换和配方法将下列二次型化成规范形,并指出其正惯性指数.

(1) $f=x_1^2-x_3^2+2x_1x_2+2x_2x_3$;

(2) $f=x_1^2+5x_2^2-4x_3^2+2x_1x_2-4x_1x_3$.

3. 设二次型 $f=5x_1{}^2+5x_2{}^2+cx_3{}^2-2x_1x_2+6x_1x_3-6x_2x_3$,其秩为 2.

(1)求 c;

(2)将 f 标准化；

(3)指出 $f=1$ 时表示何种二次曲面.

6.3　正定二次型和正定矩阵

在科学技术中用得较多的是正定二次型或负定二次型. 本节先给出它们的定义,在讨论其判别方法.

6.3.1　二次型的分类

定义 6.3.1　n 元实二次型可分成以下五类：

(1)若对任意的非零向量 $\boldsymbol{x}$,都有 $\boldsymbol{x}^{\mathrm{T}}\boldsymbol{A}\boldsymbol{x}>0$,则称 f 为正定二次型,对应的矩阵 $\boldsymbol{A}$ 称为正定矩阵；

(2)若对任意的非零向量 $\boldsymbol{x}$,都有 $\boldsymbol{x}^{\mathrm{T}}\boldsymbol{A}\boldsymbol{x}\geqslant 0$,则称 f 为半正定二次型,对应的矩阵 $\boldsymbol{A}$ 称为半正定矩阵；

(3)若对任意的非零向量 $\boldsymbol{x}$,都有 $\boldsymbol{x}^{\mathrm{T}}\boldsymbol{A}\boldsymbol{x}<0$,则称 f 为负定二次型,对应的矩阵 $\boldsymbol{A}$ 称为负定矩阵；

(4)若对任意的非零向量 $\boldsymbol{x}$,都有 $\boldsymbol{x}^{\mathrm{T}}\boldsymbol{A}\boldsymbol{x}\leqslant 0$,则称 f 为半负定二次型,对应的矩阵 $\boldsymbol{A}$ 称为半负定矩阵；

(5)其他的二次型称为不定二次型,对应的矩阵 $\boldsymbol{A}$ 称为不定矩阵.

由定义 6.3.1,容易得 $f(x_1,x_2,x_3)=x_1{}^2+x_2{}^2+x_3{}^2$ 是正定的,对应的 $\boldsymbol{A}=\boldsymbol{E}_3$ 为正定矩阵；而 $f(x_1,x_2,x_3)=-x_1{}^2-x_2{}^2-x_3{}^2$ 是负定的,对应的 $\boldsymbol{A}=-\boldsymbol{E}_3$ 为负定矩阵.

定理 6.3.1　n 元二次型 $f=\boldsymbol{x}^{\mathrm{T}}\boldsymbol{A}\boldsymbol{x}$ 正定的充要条件是 f 的标准形中正惯性指数为 n,即它的标准形的 n 个系数全为正,即它的正惯性指数等于 n.

证明　设 f 在可逆变换 $\boldsymbol{x}=\boldsymbol{P}\boldsymbol{y}$ 下的标准形为 $f=k_1y_1{}^2+k_2y_2{}^2+\cdots+k_ny_n{}^2$.

充分性：设 $k_i>0(i=1,2,\cdots,n)$,对任意的 $\boldsymbol{x}\neq\boldsymbol{0}$ 有,$\boldsymbol{y}=\boldsymbol{P}^{-1}\boldsymbol{x}\neq\boldsymbol{0}$, 故 $f=k_1y_1{}^2+k_2y_2{}^2+\cdots+k_ny_n{}^2>0$,即 f 正定.

必要性：设 f 正定. 假设存在某个 $k_i\leqslant 0(i=1,2,\cdots,n)$,取

$$\boldsymbol{y}=\boldsymbol{e}_i=(0,\cdots,0,1,0,\cdots,0)^{\mathrm{T}}\neq\boldsymbol{0}$$

代入 f 的标准形中,与 f 正定矛盾. 故有 $k_i>0(i=1,2,\cdots,n)$.

6.3.2　判别方法

一般可以由定义来判断一个二次型是否是正定的,但一般来说这是比较麻烦

的.由定理 6.3.1 很容易得到下面的结论.

推论 6.3.1 二次型 $f=\boldsymbol{x}^{\mathrm{T}}\boldsymbol{A}\boldsymbol{x}$ 正定的充要条件是它的矩阵 $\boldsymbol{A}$ 的特征值都是正数.

推论 6.3.2 对称阵 $\boldsymbol{A}$ 正定的充要条件是它的特征值都是正数.

例如:$f=2x_1^2+3x_2^2+5x_3^2$ 是正定的,因为其矩阵 $\boldsymbol{A}=\begin{bmatrix}2&0&0\\0&3&0\\0&0&5\end{bmatrix}$,特征值均为正数,所以 $\boldsymbol{A}$ 也是正定的.

下面介绍著名的霍尔维茨定理,它可以用来判别对称矩阵 $\boldsymbol{A}$ 的正定性.

定理 6.3.2 实对称矩阵 $\boldsymbol{A}=(a_{ij})_{n\times n}$ 正定的必要条件是 $\boldsymbol{A}$ 的各阶顺序主子式都大于 0,即

$$a_{11}>0,\begin{vmatrix}a_{11}&a_{12}\\a_{21}&a_{22}\end{vmatrix}>0,\cdots,\begin{vmatrix}a_{11}&a_{12}&\cdots&a_{1n}\\a_{21}&a_{22}&\cdots&a_{2n}\\\vdots&\vdots&&\vdots\\a_{n1}&a_{n2}&\cdots&a_{nn}\end{vmatrix}>0$$

对称矩阵 $\boldsymbol{A}$ 为负定的充要条件是奇数阶顺序主子式小于 0,而偶数阶顺序主子式大于 0.

例 6.3.1 判别二次型 $f=x_1^2+2x_1x_2+2x_2^2+4x_2x_3+x_3^2$ 是否正定.

解

$$\begin{aligned}f&=x_1^2+2x_1x_2+2x_2^2+4x_2x_3+x_3^2\\&=(x_1+x_2)^2+x_2^2+4x_2x_3+x_3^2\\&=(x_1+x_2)^2+(x_2+2x_3)^2-3x_3^2\end{aligned}$$

令 $\begin{cases}x_1+x_2=y_1\\x_2+2x_3=y_2\\x_3=y_3\end{cases}$,不难得出 $f=y_1^2+y_2^2-3y_3^2$,所以不是正定的.

例 6.3.2 判别二次型 $f=3x_1^2+4x_2^2+5x_3^2+4x_1x_2-4x_2x_3$ 是否正定.

解 二次型的矩阵为 $\boldsymbol{A}=\begin{bmatrix}3&2&0\\2&4&-2\\0&-2&5\end{bmatrix}$,$\boldsymbol{A}$ 的顺序主子式 $D_1=3>0$,$D_2=\begin{vmatrix}3&2\\2&4\end{vmatrix}=8>0$,$D_3=\begin{vmatrix}3&2&0\\2&4&-2\\0&-2&5\end{vmatrix}=28>0$,所以 $\boldsymbol{A}$ 是正定矩阵.

例 6.3.3 设 $\boldsymbol{A}=\begin{bmatrix}5&2&-2\\2&5&-1\\-2&-1&5\end{bmatrix}$,判定 $\boldsymbol{A}$ 是否正定.

解　求出 $\boldsymbol{A}$ 的三个顺序主子式：

$$D_1=5>0,D_2=\begin{vmatrix}5&2\\2&5\end{vmatrix}=21>0,D_3=\begin{vmatrix}5&2&-2\\2&5&-1\\-2&-1&5\end{vmatrix}=88>0$$

故 $\boldsymbol{A}$ 是正定矩阵.

此题也可求出 $\boldsymbol{A}$ 的全部特征值 $\lambda_1=4,\lambda_{2,3}=\dfrac{11\pm\sqrt{33}}{2}$，因 $\lambda_i>0(i=1,2,3)$，所以 $\boldsymbol{A}$ 是正定矩阵.

例 6.3.4　设二次型 $f(x_1,x_2,x_3)=x_1^2+x_2^2+x_3^2+2ax_1x_2+2bx_2x_3(a,b\in\mathbf{R})$，判断 f 的正定性.

解　二次型 f 的矩阵 $\boldsymbol{A}=\begin{bmatrix}1&a&0\\a&1&b\\0&b&1\end{bmatrix}$，它的各阶顺序主子式为

$$D_1=1,D_2=\begin{vmatrix}1&a\\a&1\end{vmatrix}=1-a^2,D_3=\begin{vmatrix}1&a&0\\a&1&b\\0&b&1\end{vmatrix}=1-(a^2+b^2)$$

当 $a^2+b^2<1$ 时，有 $D_i>0(i=1,2,3)$，此时 $\boldsymbol{A}$ 为正定矩阵，f 为正定二次型；当 $a^2+b^2\geqslant1$ 时，有 $D_1>0,D_3\leqslant0$，f 为不定二次型.

例 6.3.5　设二次型 $f=-5x^2-6y^2-4z^2+4xy+4xz$，判断 f 的正定性.

解　二次型 f 的矩阵 $\boldsymbol{A}=\begin{bmatrix}-5&2&2\\2&-6&0\\2&0&-4\end{bmatrix}$ 的各阶顺序主子式为

$$D_1=-5<0,D_2=26>0,D_3=|A|=-80<0$$

由定理 6.3.2 知，f 是负定二次型.

例 6.3.6　二次型 $f=x_1^2+2x_1x_2+x_2^2-4x_2x_3-4x_1x_3+4x_3^2=(x_1+x_2-2x_3)^2\geqslant0$，当 $x_1+x_2-2x_3=0$ 时，$f=0$，所以 f 是半正定的，对应的矩阵是半正定矩阵.

例 6.3.7　二次型 $f=x_1^2+4x_1x_2+3x_2^2-2x_2x_3-x_3^2$，因为 $f(1,1,0)=8>0$，$f(1,0,2)=-3<0$，所以 f 为不定的，其相应的矩阵也是不定的.

习题 6.3

1. 判断下列二次型是否为正定二次型：

(1) $f(x_1,x_2,x_3)=4{x_1}^2-6{x_2}^2+15{x_3}^2+10x_1x_2+x_1x_3+5x_2x_3$；

(2) $f(x_1,x_2,x_3)=5{x_1}^2+4{x_2}^2+{x_3}^2+4x_1x_2+6x_1x_3-2x_2x_3$；

(3) $f(x_1,x_2,x_3)=5x_1^2+6x_2^2+4x_3^2-4x_1x_2-4x_1x_3$；

(4) $f(x_1,x_2,x_3)=-2x_1^2-6x_2^2-4x_3^2+2x_1x_3+2x_2x_3$.

2. 设 $\boldsymbol{A}$ 为 n 阶正定矩阵，证明 $k\boldsymbol{A}(k>0)$，$\boldsymbol{A}^{-1}$，$\boldsymbol{A}^*$，$\boldsymbol{A}^2$ 均为正定矩阵.

3. 设二次型 $f(x,y,z)=5x^2+4xy+y^2-2xz+kz^2-2yz$，当 k 取何值时，f 为正定二次型？

本章小结

1. 二次型及其标准形.

(1)二次型定义及表示形式.

(2)二次型 $f=\boldsymbol{x}^{\mathrm{T}}\boldsymbol{A}\boldsymbol{x}$ 与对称阵 $\boldsymbol{A}$ 是一一对应的. $\boldsymbol{A}$ 为二次型的矩阵，$\boldsymbol{A}$ 的秩称为 f 的秩.

(3) 二次型的标准形和规范形.

(4)矩阵 $\boldsymbol{A}$ 与 $\boldsymbol{B}$ 合同，是指存在可逆矩阵 $\boldsymbol{C}$ 使得 $\boldsymbol{C}^{\mathrm{T}}\boldsymbol{A}\boldsymbol{C}=\boldsymbol{B}$.

2. 化二次型为标准形的具体方法：正交变换法、配方法、初等变换法.

3. 规范形及惯性定理

(1)规范形是指 $f={y_1}^2+\cdots+{y_p}^2-{y_{p+1}}^2-\cdots-{y_r}^2$ 其中 r 为 f 的秩，p 为正惯性指数，$r-p$ 为负惯性指数，且规范形是唯一的.

(2)规范二次型的正惯性指数及秩唯一确定.

4. 二次型是正定、负定等定义.

5. $\boldsymbol{A}$ 的顺序主子式 D_i 的定义.

6. 判别法：

(1)$\boldsymbol{A}$ 正定的充要条件是 $D_i>0$.

(2)$\boldsymbol{A}$ 负定的充要条件是奇数阶顺序主子式小于 0，而偶数阶顺序主子式大于 0.

(3)$f=\boldsymbol{x}^{\mathrm{T}}\boldsymbol{A}\boldsymbol{x}$ 正定的充要条件是 f 的标准形的 n 个系数全为正，即正惯性指数等于 n.

(4)$f=\boldsymbol{x}^{\mathrm{T}}\boldsymbol{A}\boldsymbol{x}$ 正定的充要条件是 $\boldsymbol{A}$ 的 n 个特征值全为正.

(5)$f=\boldsymbol{x}^{\mathrm{T}}\boldsymbol{A}\boldsymbol{x}$ 正(负)定的充要条件是 $\boldsymbol{A}$ 正(负)定的.

总习题 6

1. 用矩阵记号表示下列二次型：

(1) $f(x_1,x_2)=20{x_1}^2+14x_1x_2-10{x_2}^2$；

(2) $f(x_1,x_2,x_3)=x_1{}^2-x_2{}^2+6x_1x_2$；

(3) $f(x_1,x_2,x_3)=x_3{}^2-4x_1x_2+x_2x_3$.

(4) $f=-x_1{}^2+2x_1x_2-4x_2x_3+2x_3{}^2$；

(5) $f=x^2+4xy+4y^2+2xz+z^2+4yz$；

(6) $f=x_1{}^2+x_2{}^2+x_3{}^2+x_4{}^2-2x_1x_2+4x_1x_3-2x_1x_4+6x_2x_3-4x_2x_4$.

2. 选择题.

(1)下列各式中不等于 $x_1{}^2+6x_1x_2+x_2{}^2$ 的是(　　).

A. $(x_1,x_2)\begin{bmatrix}1&2\\4&3\end{bmatrix}\begin{bmatrix}x_1\\x_2\end{bmatrix}$　　B. $(x_1,x_2)\begin{bmatrix}1&3\\3&3\end{bmatrix}\begin{bmatrix}x_1\\x_2\end{bmatrix}$

C. $(x_1,x_2)\begin{bmatrix}1&-1\\-5&3\end{bmatrix}\begin{bmatrix}x_1\\x_2\end{bmatrix}$　　D. $(x_1,x_2)\begin{bmatrix}1&-1\\7&3\end{bmatrix}\begin{bmatrix}x_1\\x_2\end{bmatrix}$

(2)设 $\boldsymbol{A},\boldsymbol{B}$ 均为 n 阶矩阵,且 $\boldsymbol{A}$ 与 $\boldsymbol{B}$ 合同,则(　　).

A. $\boldsymbol{A}$ 与 $\boldsymbol{B}$ 相似　　B. $|\boldsymbol{A}|=|\boldsymbol{B}|$

C. $\boldsymbol{A}$ 与 $\boldsymbol{B}$ 有相同的特征值　　D. $r(\boldsymbol{A})=r(\boldsymbol{B})$

(3)若二次曲面的方程 $x^2+3y^2+z^2+2axy+2xz+2yz=4$ 经正交变换化为 $y_1^2+4z_1^2=4$,则 $a=$(　　).

A. -1　　B. 0　　C. 1　　D. 2

(4)设 $\boldsymbol{A}=\begin{bmatrix}1&2\\2&1\end{bmatrix}$,则在实数域上与 $\boldsymbol{A}$ 合同的矩阵为(　　).

A. $\begin{bmatrix}-2&1\\1&-2\end{bmatrix}$　　B. $\begin{bmatrix}2&-1\\-1&2\end{bmatrix}$

C. $\begin{bmatrix}2&1\\1&2\end{bmatrix}$　　D. $\begin{bmatrix}1&-2\\-2&1\end{bmatrix}$

(5)设 $\boldsymbol{A}=\begin{bmatrix}2&-1&-1\\-1&2&-1\\-1&-1&2\end{bmatrix}$,$\boldsymbol{B}=\begin{bmatrix}1&0&0\\0&1&0\\0&0&0\end{bmatrix}$,则 $\boldsymbol{A}$ 与 $\boldsymbol{B}$(　　).

A. 合同,且相似　　B. 合同,但不相似

C. 不合同,但相似　　D. 既不合同,也不相似

(6)二次型 $f(x_1,x_2,x_3)=(x_1+ax_2-2x_3)^2+(2x_2+3x_3)^2+(x_1+3x_2+ax_3)^2$ 是正定二次型的充要条件是(　　).

A. $a>1$　　B. $a<1$　　C. $a\neq1$　　D. $a=1$

3. 设 $f=5x_1{}^2+2x_2{}^2+2x_2x_3+2x_3{}^2$,求一个正交变换将其化为标准形.

4. 用配方法将 $f=2x_1{}^2+5x_2{}^2+5x_3{}^2+4x_1x_2-4x_1x_3-8x_2x_3$ 化为标准形,并写出相应的可逆变换和正惯性指数.

5. 设二次曲面方程为 $3x^2+5y^2+5z^2+4xy-4xz-10yz=1$，求一个正交变换将其化成标准方程.

6. 已知二次型 $f=2x_1^2+3x_2^2+3x_3^2+2ax_2x_3(a>0)$ 经过正交变换化成的标准形为 $f=y_1^2+2y_2^2+5y_3^2$，求 a 及所用的正交变换.

7. 判断下列二次型是否为正定二次型：

(1) $f(x_1,x_2,x_3)=2x_1^2+2x_1x_2+4x_1x_3+2x_2^2+2x_2x_3+3x_3^2$；

(2) $f(x_1,x_2,x_3)=x_1^2+4x_1x_2+2x_1x_3+4x_2^2+4x_2x_3+x_3^2$；

(3) $f(x_1,x_2,x_3)=5x_1^2+x_2^2+5x_3^2+4x_1x_2-8x_1x_3-4x_2x_3$；

(4) $f(x_1,x_2,x_3)=-5x_1^2-6x_2^2-4x_3^2+x_1x_2+4x_1x_3$.

附录Ⅰ　相关的几个概念

一、连加号与连乘号

1. 连加号$\sum_{i=1}^{n}a_i = a_1 + a_2 + \cdots + a_n$表示$n$个数$a_1, a_2, \cdots, a_n$之和. 对任意数$b$,有$\sum_{i=1}^{n}(ba_i) = b\sum_{i=1}^{n}a_i$. 这就是说,公因数可以从连加号中提出来.

2. 双重连加号.

$$\begin{aligned}\sum_{i=1}^{m}\sum_{j=1}^{n}a_{ij} &= \sum_{i=1}^{m}(a_{i1} + a_{i2} + \cdots + a_{in}) \\ &= (a_{11} + a_{12} + \cdots + a_{1n}) + (a_{21} + a_{22} + \cdots + a_{2n}) + \\ &\quad \cdots + (a_{m1} + a_{m2} + \cdots + a_{mn})\end{aligned}$$

显然,两个连加号可交换:

$$\sum_{i=1}^{m}\sum_{j=1}^{n}a_{ij} = \sum_{j=1}^{n}\sum_{i=1}^{m}a_{ij}$$

3. 连乘号$\prod_{i=1}^{n}a_i = a_1 \cdot x_2 \cdot \cdots \cdot a_n$表示$n$个数$a_1, a_2, \cdots, a_n$之积. 特别,

$$\prod_{k=1}^{n}k = 1 \cdot 2 \cdot \cdots \cdot n = n!$$

读作n的阶乘或n阶乘. 对任意数b,有

$$\sum_{i=1}^{n}ba_i = b^n\prod_{i=1}^{n}a_i$$

这说明,公因数从连乘号中提出来后要乘n次.

二、充分必要条件

设A表示“下大雨”,B表示“地湿”. 因为“下大雨”能充分保证“地湿”,所以我们就说,“下大雨”是“地湿”的充分条件;因为一旦“下大雨”,必定会“地湿”,我们就说,“地湿”是“下大雨”的必要条件. 但“地湿”不一定是“下大雨”造成的(可能是洒

水车洒的)，所以，“下大雨”不是“地湿”的必要条件，“地湿”也不是“下大雨”的充分条件.

一般地，设 A 和 B 表示两个命题，如果当 A 正确时，B 一定正确，我们就说，A 是 B 的充分条件，B 是 A 的必要条件. 如果 A 即是 B 的充分条件，又是 B 的必要条件，则称 A 是 B 的充分必要条件，简称 A 是 B 的充要条件. 此时，B 也是 A 的充要条件，有时也称 A 与 B 是等价命题，用记号“$\Leftrightarrow$”表示. 它的另一种常用说法是：命题 A 成立当且仅当命题 B 成立. 它的含义是：当 B 成立时，A 必成立；且只有当 B 成立是，A 才成立.

如果要证明 A 与 B 是等价命题，则由 A 成立推出 B 成立，称为必要性证明；由 B 成立推出 A 成立，称为充分性证明.

例如，两个三角形全等，两个角对应相等且对应的两条夹边相等，两条边对应相等且对应的两个夹角相等. 但三角对应相等仅是两个三角形全等的必要条件而不是充分条件. 又如，一个四边形中 4 个角相等是它是平行四边形的充分条件而不是必要条件.

因此，在命题 A 与 B 之间存在 4 种可能性：A 是 B 的充分非必要条件，A 是 B 的必要非充分条件，A 是 B 的充要条件，以及 A 是 B 的无关条件.

三、数学归纳法

我们先举一个例子. 证明：对于任意正整数 n，都有如下求和公式：

$$1+2+\cdots+n=\frac{n(n+1)}{2}$$

首先，当 $n=1$ 时，此公式显然正确(我们把这一步称为归纳基础).

其次，假设此公式对 $n=k$ 正确(我们把这一步称为归纳证明)，即假设有

$$1+2+\cdots+k=\frac{k(k+1)}{2}$$

最后，要证明此公式对 $n=k+1$ 也正确(我们把这一步称为归纳证明). 证明如下：

$$1+2+\cdots+k+(k+1)=\frac{k(k+1)}{2}+(k+1)=(k+1)(\frac{k+2}{2})$$

$$=\frac{(k+1)(k+2)}{2}$$

我们把上述过程总结一下. 若把这个公式记为 $P(n)$，那么，$P(1)$ 正确就是归纳基础. 归纳假设就是“如果 $P(k)$ 正确”，如果从这个“假设”出发，能证明 $P(k+1)$ 也正确，那么就完成了归纳证明. 证出的结论是：对于任何正整数 n，公式 $P(n)$ 都

正确.

我们可以把这些命题 $P(n)$，$n=1,2\cdots$ 看成无穷多张多米诺骨牌. 证明“归纳基础”就是推到第一张骨牌.“归纳假设与归纳证明”相当于要精确放置所有骨牌，确保在任意一张骨牌倒下后，它后面的那一张骨牌必须倒下，所以，归纳法就是多米诺效应.

不过，归纳基础不一定要求从 $n=1$ 开始，实际上，可以从任意一个正整数 n_0 开始. 如果归纳基础 $P(k+1)$ 正确，只要从归纳假设“正确”可以证出“$P(k+1)$ 也正确”，那么，同样可以说，对任意正整数 $n>n_0$，$p(n)$ 都正确.

例如，要证明的命题是：对于正整数 $n>3$，都有 $2^n>2n$. 首先，当 $n=3$ 时，显然有 $2^3=8>2\times3=6$，如果 $2^k>2k$ 是正确的，那么，$2^{k+1}=2^k\cdot2>2k\cdot2>2(k+1)$，这说明当 $n=k+1$ 时，公式也正确. 所以，所述命题是正确的.

附录Ⅱ　数域

线性代数的许多问题在不同的数的范围内讨论会得到不同的结论. 例如,一元一次方程 $2x=1$ 在有理数范围内是有解的,为 $x=\frac{1}{2}$. 但在整数范围内 $2x=1$ 是无解的. 为了深入讨论线性代数中的某些问题,需要介绍数域的概念.

定义　如果数集 P 满足: $0\in P, 1\in P$, 数集 P 对于数的四则运算是封闭的, 即 P 中的任意两个数的和、差、积、商(除数不为零)仍然在 P 中,则称数集 P 是一个数域.

用上述定义容易验证,有理数集 **Q**、实数集 **R**、复数集 **C** 都是数域,今后称它们为有理数域 **Q**、实数域 **R**、复数域 **C**.

另外还有一些其他的数域,例如

$$a+b\sqrt{2}\ (a,\ b\ \text{为任意有理数})$$

的数构成的数集是一个数域.

整数集不是数域,数集 $\{a+b\sqrt{2} \mid a,\ b\ \text{为任意整数}\}$ 也不是数域.

可以证明:最小的数域是有理数域.

我们约定本书中所讨论的问题都是在任何一个数域里进行的.

附录Ⅲ　部分习题参考答案与提示

习题 1.1

1. 略.

2. (1)$\tau(586924317)=0+0+1+0+4+4+5+7+2=23$.

(2) 前 n 个元素:1, 3, 5, …, $2n-1$ 不构成逆序;2 前面有 $n-1$ 个数比它大,故有 $n-1$ 个逆序;4 前面有 $n-2$ 个数比它大,故有 $n-2$ 个逆序;依次下去,$2n$ 前面没有数比它大,故没有逆序.将所有元素的逆序相加,得逆序数:

$$1+2+\cdots+(n-2)+(n-1)=\frac{1}{2}n(n-1)$$

3. 略.

4. $\frac{1}{2}n(n-1)$

习题 1.2

1. 略.

2. (1)$x_1=-\frac{5}{2}, x_2=\frac{3}{2}$;　　(2)略.

3. 略.

4. $x_1=\frac{13}{28}, x_2=\frac{47}{28}, x_3=\frac{3}{4}$.

5. 略.

6. 行列式的值为 0.

7. 略.

8. $(-1)^{\frac{(n-1)(n-2)}{2}}n!$.

9. 略.

10. $-a_{11}a_{23}a_{32}a_{44}$.

11. 略.

习题 1.3

1. 提示:利用行列式性质 1.3.4.

2. (1)a^2b^2; (2)0; (3)$4a_1a_2a_3$; (4)$(a+3b)(a-b)^3$.

3. $(a_0-\frac{1}{a_1}-\cdots-\frac{1}{a_n})a_1a_2\cdots a_n$(提示:$c_1-\frac{1}{a_{i-1}}c_i,i=2,3,\cdots,n$).

4. $(x-2a)^{n-1}[x+(n-2)a]$(提示:各行加到第 1 行,再化为上三角行列式).

习题 1.4

1. 略.

2. x^2y^2.

3. 略.

4. $(x+\sum_{i=1}^{n}a_i)(x-a_1)(x-a_2)\cdots(x-a_n)$.

提示:$C_1+C_2+\cdots+C_{n+1}$;从第 1 列提取公因子;$r_i+(-a_{i-1})r_1$,$(i=2,3,\cdots n+1)$

5. 略.

6. $x_1=a_1$, $x_2=a_2$, $\cdots$, $x_{n-2}=a_{n-2}$, $x_{n-1}=a_{n-1}$.

习题 1.5

1. (1)略;(2)$x_1=-2$, $x_2=0$, $x_3=1$, $x_4=5$(提示:$D=17$).

2. 当 $\lambda=2,\lambda=5,\lambda=8$ 时,$D=0$,方程有非零解.

(提示:$D=(5-\lambda)(2-\lambda)(8-\lambda)$)

3. 略.

4. $x_1=4,x_2=-6,x_3=4,x_4=-1$.(提示:各行列式均为范德蒙行列式,$D=12,D_1=48,D_2=-72,D_3=48,D_4=-12$)

5. 略.

总习题 1

一、填空题

1. $-\frac{15}{7}$; 2. 2,3,4; 3. 8,−14,−2; 4. 24.

5. $x=a_1+a_2+a_3+a_4$ 或 0.

(提示:各列加到第一列后提取公因子;每列减第 1 列的倍数)

二、选择题

1～3. 略

三、解答题

1. (1)～(4)略;(5)-14;(6)4;(7) -120(提示:$r_1\leftrightarrow r_2$,$r_3\leftrightarrow r_5$,$c_1\leftrightarrow c_5$).

2. 略.

3. $(1+\sum_{i=1}^{n}\frac{1}{a_i})a_1a_2\cdots a_n$.

4. $(x-a_1)(x-a_2)\cdots(x-a_n)(1+\sum_{i=1}^{n}\frac{a_i}{x-a_i})$.

(提示:将第 1 行乘以-1分别加到第 2,3,…,n 行上;从第一列提出 $x-a_1$,从第二列提出 $x-a_2$,……从第 n 列提出 $x-a_n$;把第 2,3,…,n 列都加到第 1 列上,且$\frac{x}{x-a_1}=1+\frac{a_1}{x-a_1}$)

5. $D_{2n}=(ad-bc)^n$.

四、证明题

1. 提示:本题不需要算出行列式的值.因 $f(x)$为多项式,必在[0,1]上可导,利用罗尔定理条件即可得证.

2. 略.

五、解答题

1～8. 略.

9. $x_1=0$,$x_2=1$,…,$x_{n-1}=n-2$.

(提示:利用行列式性质,若行列式有两行的元素相同,则行列式等于零)

习题 2.1

1. 矩阵和行列式虽然在形式上有些类似,但他们是两个完全不同的概念,一方面行列式的值是一个数,而矩阵只是一个数表;另一方面行列式的行数与列数必须相等,而矩阵的行数与列数可以不等.

2. $x=2$, $y=1$.

3. 略.

4. $a=1$, $b=0$, $c=3$, $d=0$.

习题 2.2

1～4. 略.

5. $A^2-AB-BA+B^2$.

6. $X=\begin{bmatrix}-\frac{2}{3} & 2 & -4\\ 4 & -2 & \frac{2}{3}\end{bmatrix}$.

7～9. 略.

10. $[AB]^{\mathrm{T}}=\begin{bmatrix}0 & 17\\ 14 & 13\\ -3 & 10\end{bmatrix}$.

11～12. 略.

13. (1) $\begin{bmatrix}1 & n\\ 0 & 1\end{bmatrix}$; (2) $\begin{bmatrix}\lambda_1^n & 0 & 0\\ 0 & \lambda_2^n & 0\\ 0 & 0 & \lambda_3^n\end{bmatrix}$; (3) $\begin{bmatrix}\lambda^n & n\lambda^{n-1} & \frac{n(n-1)}{2}\lambda^{n-2}\\ 0 & \lambda^n & n\lambda^{n-1}\\ 0 & 0 & \lambda^n\end{bmatrix}$

习题 2.3

1. $|A|=\begin{vmatrix}a & b\\ c & d\end{vmatrix}=ad-bc\neq 0$ 时，A 可逆. $A^{-1}=\frac{1}{ad-bc}\begin{pmatrix}d & -b\\ -c & a\end{pmatrix}$.

2～3. 略.

4. $A^{-1}=\begin{bmatrix}\frac{1}{a_1} & 0 & \cdots & 0\\ 0 & \frac{1}{a_2} & \cdots & 0\\ \vdots & \vdots & & \vdots\\ 0 & 0 & \cdots & \frac{1}{a_n}\end{bmatrix}$

5. 提示：$|A|\neq 0\Rightarrow A^*=|A|A^{-1}$，$(A^*)^{-1}=(|A|A^{-1})^{-1}=\frac{1}{|A|}A$.

6～10. 略.

11. $\frac{1}{8}(A+E)$.

习题 2.4

1. 提示：$[\boldsymbol{A}^{-1} \vdots \boldsymbol{E}] \xrightarrow{\text{初等行变换}} [\boldsymbol{E} \vdots \boldsymbol{A}]$.

2. (1) 略；　(2) 略；　(3) $\begin{bmatrix} -1 & -2 & 1 \\ 2 & 4 & -1 \\ 2 & 3 & -1 \end{bmatrix}$.

3. $\begin{bmatrix} 1 & 0 & 0 & 0 \\ 0 & 1 & 0 & 0 \\ 0 & 0 & 0 & 0 \end{bmatrix}$.

4～5. 略.

习题 2.5

1. 略.

2. $r(\boldsymbol{A})=3$

3. 略.

4. $r(\boldsymbol{A}^2+2\boldsymbol{A})=2$.

5. 秩为 1 时 $k=2$，秩为 3 时 $k=-6$.

习题 2.6

1. $|\boldsymbol{D}| \neq 0$ 且 $\boldsymbol{D}^{-1}=\begin{bmatrix} \boldsymbol{0} & \boldsymbol{B}^{-1} \\ \boldsymbol{A}^{-1} & \boldsymbol{0} \end{bmatrix}$.

2～3. 略.

4. $\boldsymbol{A}^{-1}=\begin{bmatrix} 4 & -\frac{3}{2} & -5 & \frac{1}{2} \\ -1 & \frac{1}{2} & \frac{4}{3} & -\frac{1}{6} \\ 0 & 0 & 1 & 0 \\ 0 & 0 & -\frac{2}{3} & \frac{1}{3} \end{bmatrix}$.

总习题 2

一、填空题

1. $\begin{bmatrix}0 & 1\\3 & 1\end{bmatrix}$.　2. 6.　3. -16.

4. $\boldsymbol{AB}=\boldsymbol{BA}$.　5. $\dfrac{1}{4}(\boldsymbol{A}+2\boldsymbol{E})$.　6. $-\dfrac{1}{6}$.

二、选择题

1～4. D；　C；　B；　A.

三、解答题

1. 略.

2.(1)略；　(2)$r(\boldsymbol{A})=3$.

3. $-\dfrac{1}{2}$

4～5. 略.

6. $\begin{bmatrix}1 & 2\\1 & 5\\-1 & 1\end{bmatrix}$.

7. $\boldsymbol{X}=\boldsymbol{A}^{-1}\boldsymbol{B}=\begin{bmatrix}-4 & 2\\0 & 1\\-3 & 2\end{bmatrix}$.

8. (1)略；(2)$\boldsymbol{A}^{-1}=\begin{bmatrix}1 & 3 & -2\\-\dfrac{3}{2} & -3 & \dfrac{5}{2}\\1 & 1 & 1\end{bmatrix}$.

9. $\boldsymbol{B}=\begin{bmatrix}\dfrac{7}{2} & -1 & -\dfrac{1}{2}\\-1 & 2 & 0\\-\dfrac{1}{2} & 0 & \dfrac{3}{2}\end{bmatrix}$.

10. 当 $k\neq 0$ 时，矩阵 $\boldsymbol{A}$ 可逆，且 $\boldsymbol{A}^{-1}=\begin{bmatrix}1 & 0 & 0\\0 & \dfrac{1}{k} & 0\\-1 & \dfrac{1}{k} & 1\end{bmatrix}$.

11. $x\neq 1$ 且 $x\neq -2$ 时，$r(\boldsymbol{A})=3$；$x=1$ 时，$r(\boldsymbol{A})=1$；$x=-2$ 时，$r(\boldsymbol{A})=2$.

12. 略.

13. 提示：将矩阵分块成 $\boldsymbol{A}=\begin{pmatrix}\boldsymbol{A}_1 & & \\ & \boldsymbol{A}_2 & \\ & & \boldsymbol{A}_3\end{pmatrix}$，再求逆矩阵.

四～五、略.

习题 3.1

1～3. 略.

习题 3.2

1. 向量组 $\boldsymbol{\alpha}_1,\boldsymbol{\alpha}_2$ 线性相关即 $\boldsymbol{\alpha}_1=k\boldsymbol{\alpha}_2$ 或者 $\boldsymbol{\alpha}_2=k\boldsymbol{\alpha}_1$，所以 $\boldsymbol{\alpha}_1$ 与 $\boldsymbol{\alpha}_2$ 共线；向量组 $\boldsymbol{\alpha}_1,\boldsymbol{\alpha}_2,\boldsymbol{\alpha}_3$ 线性相关，根据定义，其中一个向量是另外两个向量的线性组合，比如 $\boldsymbol{\alpha}_1=k\boldsymbol{\alpha}_2+l\boldsymbol{\alpha}_3$，即 $\boldsymbol{\alpha}_1$ 在 $\boldsymbol{\alpha}_2$ 与 $\boldsymbol{\alpha}_3$ 所确定的平面上，所以共面.

2. $\boldsymbol{\beta}$ 不能由 $\boldsymbol{\alpha}_1,\boldsymbol{\alpha}_2$ 线性表示.

3. (1)线性相关；(2)线性相关.

4. $t=1$

5～6. 略.

习题 3.3

1. $a=1$ 或 $a=\frac{1}{2}$.

2. $k=5$.

3. 秩为 3，$\boldsymbol{\alpha}_1,\boldsymbol{\alpha}_2,\boldsymbol{\alpha}_4$ 是一个极大线性无关组，$\boldsymbol{\alpha}_3=3\boldsymbol{\alpha}_1+\boldsymbol{\alpha}_2$，$\boldsymbol{\alpha}_5=2\boldsymbol{\alpha}_1+\boldsymbol{\alpha}_2-3\boldsymbol{\alpha}_4$.

4. (1)2；(2)2.

5. (1)$\boldsymbol{\alpha}_1,\boldsymbol{\alpha}_2,\boldsymbol{\alpha}_3,\boldsymbol{\alpha}_4$ 线性相关，$-2\boldsymbol{\alpha}_1-\boldsymbol{\alpha}_2+\boldsymbol{\alpha}_3+\boldsymbol{\alpha}_4=\boldsymbol{0}$；

(2)$\boldsymbol{\alpha}_1,\boldsymbol{\alpha}_2,\boldsymbol{\alpha}_3$ 线性无关.

6. (1)极大无关组 $\{\boldsymbol{\alpha}_1,\boldsymbol{\alpha}_2,\boldsymbol{\alpha}_4\}$，$\boldsymbol{\alpha}_3=3\boldsymbol{\alpha}_1+\boldsymbol{\alpha}_2$；

(2)极大无关组 $\{\boldsymbol{\alpha}_1,\boldsymbol{\alpha}_2,\boldsymbol{\alpha}_3\}$，$\boldsymbol{\alpha}_4=-3\boldsymbol{\alpha}_1+\boldsymbol{\alpha}_2+3\boldsymbol{\alpha}_3$.

习题 3.4

1～2. 略.

3. 证:若 $x_1=\lambda_1\boldsymbol{\alpha}+\mu_1\boldsymbol{\beta}$, $x_1\in V$, $x_2=\lambda_2\boldsymbol{\alpha}+\mu_2\boldsymbol{\beta}$, $x_2\in V$, $k\in\mathbf{R}$,则

$$x_1+x_2=(\lambda_1+\lambda_2)\boldsymbol{\alpha}+(\mu_1+\mu_2)\boldsymbol{\beta},\ x_1+x_2\in V$$
$$kx_1=(k\lambda_1)\boldsymbol{\alpha}+(k\mu_1)\boldsymbol{\beta}, kx_1\in V$$

4. 略.

5. $\boldsymbol{\alpha}_1,\boldsymbol{\alpha}_2,\boldsymbol{\alpha}_3$ 线性无关,坐标向量为$(5,-\frac{7}{3},\frac{4}{3})$.

总习题 3

一、填空题

1. $k\neq2$.　　　2. 1.

二、解答题

1. $k=3$.

2. (1) 3; (2)4.

3. 当 $a\neq-1$ 且 $b\neq1$ 时,$r(\mathbf{A})=4$;当 $a\neq-1$ 且 $b=1$ 或 $a=-1$ 且 $b\neq1$ 时,$r(\mathbf{A})=3$;当 $a\neq-1$ 且 $b=1$ 时,$r(\mathbf{A})=2$.

4. $a=15,b=5$.

5. (1)线性无关; (2)相性相关; (3)线性相关.

6. (1)线性无关; (2)相性相关.

7. $\boldsymbol{\beta}$ 是向量组 $\boldsymbol{\alpha}_1,\boldsymbol{\alpha}_2,\boldsymbol{\alpha}_3$ 的线性组合, $\boldsymbol{\beta}=2\boldsymbol{\alpha}_1-\boldsymbol{\alpha}_2+\boldsymbol{\alpha}_3$.

8. (1)V_1 是;(2)V_2 不是.

三、证明题

1～3. 略.

习题 4.1

1. (1)略;(2)$\begin{cases}x_1=-3-5x_3\\x_2=-4-3x_3\end{cases}$;(3)无解.

习题 4.2

1. 无解.

2. 略.

3. 当 $a\neq1$ 且 $b\neq2$ 时,原方程组有唯一解;当 $a\neq1$ 且 $b=2$ 时,原方程组有无穷多解;当 $a=1$ 时,无论 b 为何值,原方程组无解.

4.(1)无解;　(2)无穷多解;　(3)有非零解;　(4)有非零解.

5. $\lambda=-1$ 或 $\lambda=4$.

习题 4.3

1. 只有零解.

2. $\begin{bmatrix}x_1\\x_2\\x_3\\x_4\end{bmatrix}=k_1\begin{bmatrix}\frac{2}{7}\\\frac{5}{7}\\1\\0\end{bmatrix}+k_2\begin{bmatrix}\frac{3}{7}\\\frac{4}{7}\\0\\1\end{bmatrix}$,其中 k_1,k_2 为任意常数.

3. 略.

4. 提示:基础解系为 $\boldsymbol{\xi}_1=(-\frac{1}{2},-\frac{1}{2},\frac{1}{2},1,0)^{\mathrm{T}}$, $\boldsymbol{\xi}_2=(\frac{7}{8},\frac{5}{8},-\frac{5}{8},0,1)^{\mathrm{T}}$.

5. (1) 是;　(2)不是.

习题 4.4

1. (1)$x_1=-10,x_2=4,x_3=2$;

(2)$x_1=-\frac{187}{74},{}_2=\frac{211}{74},x_3=\frac{72}{37},x_4=\frac{25}{74}$.

2. $\boldsymbol{x}=\boldsymbol{\eta}+k_1\boldsymbol{\xi}_1+k_2\boldsymbol{\xi}_2=\begin{bmatrix}3\\0\\0\\-1\\2\end{bmatrix}+k_1\begin{bmatrix}-2\\1\\0\\0\\0\end{bmatrix}+k_2\begin{bmatrix}1\\0\\1\\0\\0\end{bmatrix}$,其中 k_1,k_2 是任意常数.

3. (1) $(-\frac{1}{3},0,0,\frac{3}{4})^{\mathrm{T}}+k(2,1,0,-1)^{\mathrm{T}}+k(-\frac{1}{3},0,1,-\frac{2}{3})^{\mathrm{T}}$；

(2) $(-2,-4,-5,0)^{\mathrm{T}}+k(1,1,2,1)^{\mathrm{T}}$；

(3) $(-16,23,0,0,0)^{\mathrm{T}}+k_1(1,-2,1,0,0)^{\mathrm{T}}+k_2(1,-2,0,1,0)^{\mathrm{T}}+k_3(5,-6,0,0,1)^{\mathrm{T}}$；

(4) $(3,-8,0,6)^{\mathrm{T}}+k(-1,2,1,0)^{\mathrm{T}}$.

总习题 4

一、选择题

1～3. C；B；A.

二、填空题

1. $r(\boldsymbol{A})<n$.

2. $t=0$.

3. $\sum_{i=1}^{5}a_i=0$.

三、解答题

1. 略.

2. $\boldsymbol{B}=\begin{bmatrix}-1 & -2 & 0\\ 1 & 0 & 0\\ 0 & 1 & 0\end{bmatrix}$（答案不唯一）.

3. (1) $\boldsymbol{\xi}_1=(0,1,0,4)^{\mathrm{T}}$，$\boldsymbol{\xi}_2=(-4,0,1,-3)^{\mathrm{T}}$；

(2) $\boldsymbol{\xi}_1=(1,7,0,19)^{\mathrm{T}}$，$\boldsymbol{\xi}_2=(0,0,1,2)^{\mathrm{T}}$；

(3) $\boldsymbol{\xi}_1=(-1,-1,0,1,0)^{\mathrm{T}}$，$\boldsymbol{\xi}_2=(-2,0,1,0,0)^{\mathrm{T}}$；

(4) $\boldsymbol{\xi}=(0,2,1,0)^{\mathrm{T}}$.

4. (1) $\lambda\neq1$ 且 $\lambda\neq-2$ 时，有唯一解；(2) $\lambda=-2$ 时，无解；(3) $\lambda=1$ 时，有无穷多解.

5. $a=1,b=-1$. 通解为：$(0,1,0,0)^{\mathrm{T}}+k_1(0,1,1,0)^{\mathrm{T}}+k_2(-4,1,0,1)^{\mathrm{T}}$.

6. $(0,-1,0,-1,0)^{\mathrm{T}}+k(-\frac{1}{2},-\frac{1}{2},0,-\frac{1}{2},1)^{\mathrm{T}}$.

四～五、略.

习题 5.1

1. 提示：用 $|\boldsymbol{A}|=\prod_{i=1}^{n}\lambda_i$ 或者 λ 是 $\boldsymbol{A}$ 的特征值 $\Leftrightarrow|\lambda\boldsymbol{E}_n-\boldsymbol{A}|=|-\boldsymbol{A}|=0\Leftrightarrow$

$|\boldsymbol{A}|=0$.

2. 三个行列式的值都是零.（提示：$|\boldsymbol{A}^2+3\boldsymbol{A}-4\boldsymbol{E}_3|=|(\boldsymbol{A}+4\boldsymbol{E}_3)(\boldsymbol{A}-\boldsymbol{E}_3)|$）.

3. 提示：先求出 $\boldsymbol{A}$ 的特征值 $-1,-2,1$，以及 $|E_3+\boldsymbol{A}+\boldsymbol{A}^2|=9$.

4. $\boldsymbol{A}$ 的特征值必须满足 $x=4$，$y=5$. 于是必有 $\lambda=0,1$.

5. 提示：$\boldsymbol{Ap}=\lambda_i\boldsymbol{p}\Leftrightarrow\boldsymbol{A}^{-1}\boldsymbol{p}$，$\boldsymbol{A}^{-1}$ 的特征值为 λ_1^{-1}，λ_2^{-1}，…，λ_n^{-1}.

6. (1)属于 $\lambda_1=\lambda_2=-2$ 的特征向量满足：$x_1-x_2+x_3=0$，可取 $\boldsymbol{p}_1=\begin{bmatrix}1\\1\\0\end{bmatrix}$，$\boldsymbol{p}_2=\begin{bmatrix}0\\1\\1\end{bmatrix}$；属于 $\lambda_3=4$ 的特征向量满足 $2x_1=2x_2=x_3$，可取 $\boldsymbol{p}_2=\begin{bmatrix}1\\1\\2\end{bmatrix}$.

(2)属于 $\lambda_1=\lambda_2=\lambda_3=2$ 的特征向量满足：$x_1-x_2-x_3-x_4=0$，可取线性无关解 $\boldsymbol{p}_1=\begin{bmatrix}1\\1\\0\\0\end{bmatrix}$，$\boldsymbol{p}_2=\begin{bmatrix}1\\0\\1\\0\end{bmatrix}$，$\boldsymbol{p}_3=\begin{bmatrix}1\\0\\0\\1\end{bmatrix}$；属于 $\lambda_4=-2$ 的特征向量满足：$x_1=-x_2=-x_3=-x_4$，可取 $\boldsymbol{p}_4=\begin{bmatrix}-1\\1\\1\\1\end{bmatrix}$.

7. 单重特征值 n 和 $n-1$ 重特征值 0. $\boldsymbol{p}=\begin{bmatrix}1\\1\\\vdots\\1\end{bmatrix}$.

8. $\lambda=-2$.

9. 提示：由 $\boldsymbol{Ap}=\left[\dfrac{1}{\lambda}\right]\boldsymbol{p}$ 可求出 $k^2+k-2=0$，可解出 $k=1$ 或 -2.

10. 由 $\boldsymbol{Ap}=\lambda\boldsymbol{p}$ 可求出 $a=-2,b=6,\lambda=-4$.

11. 用 $|12\boldsymbol{E}_3-\boldsymbol{A}|=0$ 可定出 $a=-4$. 另外两个特征值满足 $tr(\boldsymbol{A})=18=12+x+y$，$|\boldsymbol{A}|=108=12xy$，可定出 $\lambda_2=\lambda_3=3$.

习题 5.2

1. 提示：利用相似矩阵定义.

2. 提示:同题 1.

3. (1)可对角化，$\boldsymbol{P}=\begin{bmatrix}4 & -1\\3 & 1\end{bmatrix}$，　$\boldsymbol{P}^{-1}\boldsymbol{AP}=\begin{bmatrix}-1 & 0\\0 & 6\end{bmatrix}$；

(2)可对角化，$\boldsymbol{P}=\begin{bmatrix}-1 & 1 & 0\\0 & 0 & -1\\1 & 0 & 1\end{bmatrix}$，　$\boldsymbol{P}^{-1}\boldsymbol{AP}=\begin{bmatrix}1 & & \\ & 2 & \\ & & 2\end{bmatrix}$；

(3)可对角化，$\boldsymbol{P}=\begin{bmatrix}1 & 0 & 1\\1 & 1 & 1\\0 & 1 & 2\end{bmatrix}$，　$\boldsymbol{P}^{-1}\boldsymbol{AP}=\begin{bmatrix}-2 & & \\ & -2 & \\ & & 4\end{bmatrix}$；

(4)可对角化，$\boldsymbol{P}=\begin{bmatrix}-1 & 0 & 1\\0 & 1 & 0\\1 & 0 & 1\end{bmatrix}$，　$\boldsymbol{P}^{-1}\boldsymbol{AP}=\begin{bmatrix}-1 & & \\ & 1 & \\ & & 1\end{bmatrix}$.

4. (1) 不能对角化；

(2)不能对角化；

(3) 可对角化，$\boldsymbol{P}=\begin{bmatrix}1 & 1 & 1\\-1 & 0 & -2\\0 & 1 & 3\end{bmatrix}$，$\boldsymbol{P}^{-1}\boldsymbol{AP}=\begin{bmatrix}2 & & \\ & 2 & \\ & & 6\end{bmatrix}$；

(4) 不能对角化.

5. (1)可；(2)否；(3)可；(4)否.

6. (1)$x=0,y=1$；　(2)$\boldsymbol{P}=\begin{bmatrix}1 & 0 & 0\\0 & 1 & 1\\0 & 1 & -1\end{bmatrix}$.

7. 提示:利用练习 3.1 第 1 题中(2)的结果.

$$\boldsymbol{A}^n=\begin{bmatrix}2^n & 2^n-1 & 2^n-1\\0 & 2^n & 0\\0 & 1-2^n & 1\end{bmatrix}.$$

8. $\boldsymbol{A}=\begin{bmatrix}1 & -1 & 1\\-2 & 1 & 2\\-2 & -1 & 4\end{bmatrix}$，$\boldsymbol{A}^3=\begin{bmatrix}1 & -7 & 7\\-26 & 1 & 26\\-26 & -7 & 34\end{bmatrix}$.(可以证明的 $\boldsymbol{A}$ 唯一性)

9. (1)$\boldsymbol{B}=\begin{bmatrix}2 & 0 & 1\\1 & 2 & 0\\1 & 0 & 1\end{bmatrix}$；　(2)1,2,2；

(3)$\boldsymbol{P}=(\alpha_2+\alpha_3,\alpha_2,\alpha_1+\alpha_3)$,$\boldsymbol{\Lambda}=\mathrm{diag}(1,2,2)$.

提示:(2)记 $\boldsymbol{C}=(\alpha_1,\alpha_2,\alpha_3)$. 由(1)得 $\boldsymbol{C}^{-1}\boldsymbol{AC}=\boldsymbol{B}$. 即 $\boldsymbol{A}$ 与 $\boldsymbol{B}$ 相似,只需求 $\boldsymbol{B}$ 的

特征值.

(3)将矩阵 $\boldsymbol{B}$ 对角化. 可求出 $\boldsymbol{Q}=\begin{bmatrix}0&0&1\\1&1&0\\1&0&1\end{bmatrix}$，有 $\boldsymbol{Q}^{-1}\boldsymbol{BQ}=\begin{bmatrix}1&0&0\\0&2&0\\0&0&2\end{bmatrix}$. 即 $(\boldsymbol{QC})^{-1}\boldsymbol{A}(\boldsymbol{QC})=\mathrm{diag}(1,2,2)$，可求出 $\boldsymbol{P}=\boldsymbol{QC}$.

习题 5.3

1. -48.

2. $k=\pm\dfrac{6}{7}$.

3. 提示：直接用向量长度的定义证明. 这个等式的含义是：平行四边形的两条对角线的长度的平方和等于四条边的长度的平方和.

4. $x=\dfrac{1}{\sqrt{2}}, y=\pm\dfrac{1}{\sqrt{2}}$.

5. (1)$\boldsymbol{x}=(a,a,a)$，a 为任意实数；
   (2)$\boldsymbol{x}=(a,a,b)$，a,b 为任意实数；
   (3)$x_1^2+x_2^2+\cdots+x_n^2=1$.

6. 提示：利用正交性建立齐次线性方程组，求出单位解向量 $\widetilde{\boldsymbol{\beta}}=\pm\dfrac{1}{\sqrt{26}}(4,0,1,-3)$.

7. 提示：利用正交性建立齐次线性方程组，它有非零解当且仅当 $\lambda=5$.

8. (1)是；　(2)是；　(3)不是.

9. 提示：验证 $(\boldsymbol{A}+\boldsymbol{B})(\boldsymbol{A}^{-1}+\boldsymbol{B}^{-1})=\boldsymbol{E}_n$. 或者，求出 $(\boldsymbol{A}+\boldsymbol{B})^{-1}=(\boldsymbol{A}+\boldsymbol{B})^{\mathrm{T}}=\boldsymbol{A}^{-1}+\boldsymbol{B}^{-4}$.

习题 5.4

1. 属于 λ_1-1 的特征向量满足：$x_1=0$，$x_2=-x_3$；
   属于 $\lambda_2=2$ 的特征向量满足：$x_3=-2x_2$，$x_2=-2x_3$；
   属于 $\lambda_3=5$ 的特征向量满足：$x_1=0$，$x_2=x_3$.

可取正交矩阵 $P=\begin{bmatrix} 0 & 1 & 0 \\ \frac{1}{\sqrt{2}} & 0 & \frac{1}{\sqrt{2}} \\ -\frac{1}{\sqrt{2}} & 0 & \frac{1}{\sqrt{2}} \end{bmatrix}$，使得 $P^{-1}AP=\begin{bmatrix} 1 & & \\ & 2 & \\ & & 5 \end{bmatrix}$.

2. 首先，利用矩阵的迹和行列式定出 $x=4, y=5$.

属于 $\lambda_1=\lambda_2=5$ 的特征向量满足：$2x_1+x_2+2x_3=0$.

属于 $\lambda_3=-4$ 的特征向量满足：$\begin{cases} -5x_1+2x_2+4x_3=0 \\ 2x_1-8x_2+2x_3=0 \\ 4x_1+2x_2-5x_3=0 \end{cases}$，即 $x_1=x_3=2x_2$.

可取可逆矩阵 $P=\begin{bmatrix} 1 & 0 & 2 \\ -2 & -2 & 1 \\ 0 & 1 & 2 \end{bmatrix}$，使得 $P^{-1}AP=\begin{bmatrix} 5 & & \\ & 5 & \\ & & -4 \end{bmatrix}$.

3. 令 $A_1=\begin{bmatrix} 5 & -2 \\ -2 & 2 \end{bmatrix}$，找到 $Q=\frac{1}{\sqrt{5}}\begin{bmatrix} 1 & -2 \\ 2 & 1 \end{bmatrix}$，有 $Q^{-1}AQ=\begin{bmatrix} 1 & \\ & 6 \end{bmatrix}$. 取 $P=\begin{bmatrix} Q & \\ & Q \end{bmatrix}$，有

$$P^{-1}AP=\begin{bmatrix} Q & O \\ O & Q \end{bmatrix}^{-1}\begin{bmatrix} A_1 & O \\ O & A_1 \end{bmatrix}\begin{bmatrix} Q & O \\ O & Q \end{bmatrix}=\begin{bmatrix} 1 & & & \\ & 6 & & \\ & & 1 & \\ & & & 6 \end{bmatrix}.$$

4. (1) $\tilde{\beta}_1=\begin{bmatrix} 1 \\ 0 \end{bmatrix}$，$\tilde{\beta}_2=\begin{bmatrix} 0 \\ 1 \end{bmatrix}$.

(2) $\tilde{\beta}_1=\begin{bmatrix} 1 \\ 0 \\ 0 \end{bmatrix}$，$\tilde{\beta}_2=\frac{1}{\sqrt{2}}\begin{bmatrix} 0 \\ 1 \\ -1 \end{bmatrix}$，$\tilde{\beta}_3=\frac{1}{\sqrt{2}}\begin{bmatrix} 0 \\ 1 \\ 1 \end{bmatrix}$.

5. 提示：A 的特征值一定是 $x^3=1$ 的实根，即 $\lambda=1$ 是三重特征值，因而 A 相似于单位矩阵，必有 $A=E_n$.

6. 提示：属于对称矩阵的不同特征值的特征向量必互相正交. 用正交性求出 $p_3=\begin{bmatrix} 1 \\ 0 \\ 1 \end{bmatrix}$.

7. 用正交性求出 $p_3=\begin{bmatrix} 1 \\ 0 \\ -1 \end{bmatrix}$，再求出

$$A=\begin{bmatrix}1&1&1\\-1&1&0\\1&1&-1\end{bmatrix}\begin{bmatrix}2&&\\&2&\\&&1\end{bmatrix}\begin{bmatrix}1&1&1\\-1&1&0\\1&1&-1\end{bmatrix}^{-1}=\frac{1}{4}\begin{bmatrix}6&0&2\\0&8&0\\2&0&6\end{bmatrix}$$

总习题5

1. (1) $\lambda_1=-2,\ \boldsymbol{\xi}_1=\begin{bmatrix}1\\2\\2\end{bmatrix},\lambda_2=1,\boldsymbol{\xi}_2=\begin{bmatrix}2\\1\\-2\end{bmatrix},\lambda_3=4,\boldsymbol{\xi}_3=\begin{bmatrix}2\\-2\\1\end{bmatrix}$;

(2) $\lambda_1=1,\boldsymbol{\xi}_1=\begin{bmatrix}1\\0\\0\end{bmatrix},\lambda_2=\lambda_3=2,\boldsymbol{\xi}_2=\begin{bmatrix}0\\0\\1\end{bmatrix}$;

(3) $\lambda_1=-1,\boldsymbol{\xi}_1=\begin{bmatrix}2\\2\\1\end{bmatrix},\lambda_2=2,\boldsymbol{\xi}_2=\begin{bmatrix}2\\-1\\-2\end{bmatrix},\lambda_3=5,\boldsymbol{\xi}_3=\begin{bmatrix}1\\-2\\2\end{bmatrix}$;

(4) $\lambda_1=-1,\boldsymbol{\xi}_1=\begin{bmatrix}1\\0\\1\end{bmatrix},\lambda_2=\lambda_3=2,\boldsymbol{\xi}_2=\begin{bmatrix}0\\1\\-1\end{bmatrix},\boldsymbol{\xi}_3=\begin{bmatrix}1\\0\\4\end{bmatrix}$.

2. $-24,-3$.

3～4. 略.

5. (1) $2,-6,4$; (2) $1,-\frac{1}{3},\frac{1}{2}$; (3) $-6,2,-3$; (4) $2,-2,3$.

6. 提示：可用特征值定义证.

7. 18.

8. $a=b=0$.

9. 略.

10. (1)不能；(2) $A=\begin{bmatrix}0&&\\&2&\\&&3\end{bmatrix},\ \boldsymbol{p}=\begin{bmatrix}-1&0&-1\\3&2&0\\1&1&1\end{bmatrix}$;

(3) $A=\begin{bmatrix}2&&\\&2&\\&&-7\end{bmatrix},\ \boldsymbol{p}=\begin{bmatrix}-2&2&1\\1&0&2\\0&1&-2\end{bmatrix}$.

11. $k=3$.

12. (1) $\frac{1}{\sqrt{3}}(1,1,1)^{\mathrm{T}},\frac{1}{\sqrt{6}}(-2,1,1)^{\mathrm{T}},\frac{1}{\sqrt{3}}(0,-1,1)^{\mathrm{T}}$;

(2) $\frac{1}{\sqrt{2}}(1,1,0,0)^{T}$, $\frac{1}{\sqrt{6}}(-1,1,2,0)^{T}$, $\frac{1}{\sqrt{21}}(2,-2,2,3)^{T}$.

13. $\pm\frac{1}{\sqrt{2}}(1,0,0,-1)^{T}$

14. $\frac{1}{\sqrt{2}}(1,1,0)^{T}$, $\frac{\sqrt{6}}{3}(-\frac{1}{2},\frac{1}{2},1)^{T}$.

15. $\boldsymbol{a}_2=(-2,1,0)^{T}$, $\boldsymbol{a}_3=\frac{1}{5}(1,2,5)^{T}$;

16. (1) $\boldsymbol{A}=\begin{bmatrix}3 & & \\ & 0 & \\ & & -3\end{bmatrix}$, $\boldsymbol{P}=\begin{bmatrix}1 & 2 & 2\\ 2 & -2 & 1\\ 2 & 1 & -1\end{bmatrix}$;

(2) $\boldsymbol{Q}=\begin{bmatrix}\frac{1}{3} & \frac{2}{3} & \frac{2}{3}\\ \frac{2}{3} & -\frac{2}{3} & \frac{1}{3}\\ \frac{2}{3} & \frac{1}{3} & -\frac{2}{3}\end{bmatrix}$.

17. (1) $\begin{bmatrix}\frac{1}{3} & 0 & \frac{4}{3\sqrt{2}}\\ \frac{2}{3} & \frac{1}{\sqrt{2}} & -\frac{1}{3\sqrt{2}}\\ -\frac{2}{3} & \frac{1}{\sqrt{2}} & \frac{1}{3\sqrt{2}}\end{bmatrix}$, $\boldsymbol{A}=\begin{bmatrix}10 & & \\ & 1 & \\ & & 1\end{bmatrix}$;

(2) $\begin{bmatrix}-\frac{2}{\sqrt{5}} & \frac{2}{3\sqrt{5}} & \frac{1}{3}\\ \frac{1}{\sqrt{5}} & \frac{4}{3\sqrt{5}} & \frac{2}{3}\\ 0 & \frac{5}{3\sqrt{5}} & -\frac{2}{3}\end{bmatrix}$, $\boldsymbol{A}=\begin{bmatrix}2 & & \\ & 2 & \\ & & -7\end{bmatrix}$;

(3) $\frac{1}{3}\begin{bmatrix}2 & 1 & -2\\ 1 & 2 & 2\\ 2 & -2 & 1\end{bmatrix}$, $\boldsymbol{A}=\begin{bmatrix}6 & & \\ & -3 & \\ & & -3\end{bmatrix}$.

18. $x=4,y=5,\boldsymbol{P}=\begin{bmatrix}\frac{1}{\sqrt{2}} & \frac{2}{3} & \frac{1}{3\sqrt{2}}\\ 0 & \frac{1}{3} & -\frac{4}{3\sqrt{2}}\\ -\frac{1}{\sqrt{2}} & \frac{2}{3} & \frac{1}{3\sqrt{2}.}\end{bmatrix}$.

19. $\boldsymbol{A}=\begin{bmatrix}-2 & 3 & -3\\ -4 & 5 & -3\\ -4 & 4 & -2\end{bmatrix}$.

20. $\boldsymbol{A}=\begin{bmatrix}1 & 0 & 0\\ -3 & 1 & 3\\ 3 & 3 & 1\end{bmatrix}$.

21. (1)$\boldsymbol{A}^{10}=\frac{1}{2}\begin{bmatrix}5^{10}+1 & 5^{10}-1\\ 5^{10}-1 & 5^{10}+1\end{bmatrix}$；(2) $\boldsymbol{A}^{100}=\begin{bmatrix}1 & 0 & 5^{100}-1\\ 0 & 5^{100} & 0\\ 0 & 0 & 5^{100}\end{bmatrix}$.

22. $\begin{bmatrix}2 & 2 & -4\\ 2 & 2 & -4\\ -4 & -4 & 8\end{bmatrix}$.

习题 6.1

1. (1)$\boldsymbol{A}=\begin{bmatrix}0 & -2 & 1\\ -2 & 0 & 1\\ 1 & 1 & 0\end{bmatrix}$；(2)$\boldsymbol{A}=\begin{bmatrix}1 & 1 & -\frac{1}{2}\\ 1 & 0 & 0\\ -\frac{1}{2} & 0 & 2\end{bmatrix}$；

(3)$\boldsymbol{A}=\begin{bmatrix}0 & 2 & 3\\ 2 & 0 & -4\\ 3 & -4 & 0\end{bmatrix}$；(4)$\boldsymbol{A}=\begin{bmatrix}8 & -3 & 2\\ -3 & 7 & -1\\ 2 & -1 & -3\end{bmatrix}$.

2. (1)$\begin{bmatrix}2 & 2\\ 2 & 1\end{bmatrix}$；(2) $\begin{bmatrix}1 & 3 & 5\\ 3 & 5 & 7\\ 5 & 7 & 9\end{bmatrix}$.

3. (1)$f(x_1,x_2,x_3)=4x_1^2+2x_2^2+x_3^2+6x_1x_2+2x_2x_3$；

(2)$f(x_1,x_2,x_3)=-2x_1^2-6x_2^2-9x_3^2+4x_1x_2+4x_1x_3$；

(3)$f(x_1,x_2,x_3,x_4)=x_1^2+x_2^2+x_3^2+x_4^2-2x_1x_2+4x_1x_3-2x_1x_4+6x_2x_3$

$-4x_2x_4$.

4. (1) $f=3y_1^2+6y_2^2+9y_3^2$, $\boldsymbol{P}=\begin{bmatrix}\frac{2}{3} & -\frac{1}{3} & \frac{2}{3}\\ \frac{2}{3} & \frac{2}{3} & -\frac{1}{3}\\ -\frac{1}{3} & \frac{2}{3} & \frac{2}{3}\end{bmatrix}$;

(2) $f=9y_1^2+18y_2^2+18y_3^2$, $\boldsymbol{P}=\begin{bmatrix}\frac{1}{3} & 0 & \frac{4}{3\sqrt{2}}\\ \frac{2}{3} & \frac{1}{\sqrt{2}} & -\frac{1}{3\sqrt{2}}\\ \frac{2}{3} & -\frac{1}{\sqrt{2}} & -\frac{1}{3\sqrt{2}}\end{bmatrix}$.

习题 6.2

1. (1) $f=y_1^2-4y_2^2+\frac{9}{16}y_3^2$,正交变换为 $\boldsymbol{x}=\boldsymbol{P}\boldsymbol{y}$,其中 $\boldsymbol{P}=\begin{bmatrix}1 & -2 & \frac{3}{4}\\ 0 & 1 & -\frac{3}{8}\\ 0 & 0 & 1\end{bmatrix}$;

(2) $f=y_1^2+y_2^2-2y_3^2$,正交变换为 $\boldsymbol{x}=\boldsymbol{P}\boldsymbol{y}$,其中 $\boldsymbol{P}=\begin{bmatrix}1 & -1 & 2\\ 0 & 1 & -1\\ 0 & 0 & 1\end{bmatrix}$;

(3) $f=y_1^2+3y_2^2+5y_3^2$,正交变换为 $\boldsymbol{x}=\boldsymbol{P}\boldsymbol{y}$,其中 $\boldsymbol{P}=\begin{bmatrix}0 & 0 & 1\\ -\frac{1}{\sqrt{2}} & \frac{1}{\sqrt{2}} & 0\\ \frac{1}{\sqrt{2}} & \frac{1}{\sqrt{2}} & 0\end{bmatrix}$;

(4) $f=y_1^2-y_2^2+3y_3^2$,正交变换为 $\boldsymbol{x}=\boldsymbol{P}\boldsymbol{y}$,其中 $\boldsymbol{P}=\begin{bmatrix}1 & 1 & 3\\ 1 & -1 & -1\\ 0 & 0 & 1\end{bmatrix}$.

2. (1) $\begin{bmatrix}x_1\\ x_2\\ x_3\end{bmatrix}=\begin{bmatrix}1 & -1 & -1\\ 0 & 1 & 1\\ 0 & 0 & 1\end{bmatrix}\begin{bmatrix}y_1\\ y_2\\ y_3\end{bmatrix}$, $f=y_1^2-y_2^2$, $p=1$;

(2) $\begin{bmatrix}x_1\\x_2\\x_3\end{bmatrix}=\begin{bmatrix}1 & -\frac{1}{2} & \frac{5}{6}\\0 & \frac{1}{2} & -\frac{1}{6}\\0 & 0 & \frac{1}{3}\end{bmatrix}\begin{bmatrix}y_1\\y_2\\y_3\end{bmatrix}$，$f=y_1^2+y_2^2-y_3^2$，$p=2$.

3. (1)二次型 f 的矩阵 $\boldsymbol{A}=\begin{bmatrix}5 & -1 & 3\\-1 & 5 & -3\\3 & -3 & c\end{bmatrix}$，$\boldsymbol{A}\to\begin{bmatrix}-1 & 5 & -3\\0 & 2 & -1\\0 & 0 & c-3\end{bmatrix}$，因为 $r(\boldsymbol{A})=2$，所以 $c=3$；

(2) $|\boldsymbol{A}-\lambda\boldsymbol{E}|=-\lambda(\lambda-4)(\lambda-9)=0$，$\boldsymbol{A}$ 的特征值为 0，4，9，所以 $f=4y_2^2+9y_3^2$；

(3)当 $f=1$ 时，为椭圆柱面.

习题 6.3

1. (1) 不是，因 f 对应的矩阵 $\boldsymbol{A}$ 中，$a_{22}=-6<0$，由推论 6.3.3 知，f 不是正定二次型；

(2) 不是，因 f 对应的矩阵 $\boldsymbol{A}$ 中三阶顺序主子式 $D_3=-40<0$；

(3) f 是正定二次型；

(4)不是，f 是负定二次型.

2. 提示：因 $\boldsymbol{A}$ 是 n 阶正定矩阵，所以 $\boldsymbol{A}$ 的 n 个特征值 $\lambda_1,\lambda_2,\cdots,\lambda_n$ 全大于 0，则 $|\boldsymbol{A}|=\prod_{i=1}^{n}\lambda_i>0$，即 $\boldsymbol{A}$ 可逆. 由第 5 章特征值的性质知，若 $\boldsymbol{A}$ 的特征值为 λ，则 $k\boldsymbol{A}(k>0)$，$\boldsymbol{A}^{-1}$，$\boldsymbol{A}^*$，$\boldsymbol{A}^2$ 的特征值依次为 $k\lambda$，$\frac{1}{\lambda}$，$\frac{1}{\lambda}|A|$，λ^2. 故 $k\boldsymbol{A}(k>0)$，$\boldsymbol{A}^{-1}$，$\boldsymbol{A}^*$，$\boldsymbol{A}^2$ 的特征值全部大于 0，所以它们均为正定矩阵.

3. $k>2$ 时，f 为正定二次型.

总习题 6

1. (1) $\boldsymbol{A}=\begin{bmatrix}20 & 7\\7 & -10\end{bmatrix}$；　(2) $\boldsymbol{A}=\begin{bmatrix}1 & 3 & 0\\3 & -1 & 0\\0 & 0 & 0\end{bmatrix}$；　(3) $\boldsymbol{A}=\begin{bmatrix}0 & -2 & 0\\-2 & 0 & 2\\0 & 2 & 1\end{bmatrix}$.

(4) $f(x_1,x_2,x_3)\begin{bmatrix}-1&1&0\\1&0&-2\\0&-2&2\end{bmatrix}\begin{bmatrix}x_1\\x_2\\x_3\end{bmatrix}$;

(5) $f(x,y,z)\begin{bmatrix}1&2&1\\2&4&2\\1&2&1\end{bmatrix}\begin{bmatrix}x\\y\\z\end{bmatrix}$;

(6) $f(x_1,x_2,x_3,x_4)\begin{bmatrix}1&-1&2&-1\\-1&1&3&-2\\2&3&1&0\\-1&-2&0&1\end{bmatrix}\begin{bmatrix}x_1\\x_2\\x_3\\x_4\end{bmatrix}$.

2. 选择题.

(1)C；(2)D；(3)C；(4)D；(5) B；(6)A.

3. $f=y_1^2+3y_2^2+5y_3^2$，正交变换为 $\boldsymbol{x}=\boldsymbol{P}\boldsymbol{y}$，其中 $\boldsymbol{P}=\begin{bmatrix}0&0&1\\-\frac{1}{\sqrt{2}}&\frac{1}{\sqrt{2}}&0\\\frac{1}{\sqrt{2}}&\frac{1}{\sqrt{2}}&0\end{bmatrix}$.

4. 提示：$f=2(x_1+x_2-x_3)^2-3\left(x_2-\frac{2}{3}x_3\right)^2+\frac{5}{3}x_3^2$.

令 $\begin{cases}y_1=x_1+x_2-x_3\\y_2=\quad x_2-\frac{2}{3}x_3\\y_3=\qquad x_3\end{cases}$，即 $\boldsymbol{x}=\begin{bmatrix}1&-1&\frac{1}{3}\\0&1&\frac{2}{3}\\0&0&1\end{bmatrix}\begin{bmatrix}y_1\\y_2\\y_3\end{bmatrix}$，使 $f=2y_1^2-3y_2^2+\frac{5}{3}y_3^2$，正惯性指数为 2.

5. 提示：二次曲面方程，左边为二次型，其矩阵为 $\boldsymbol{A}=\begin{bmatrix}3&2&-2\\2&5&-5\\-2&-5&5\end{bmatrix}$，可求出正交变换 $\begin{bmatrix}x\\y\\z\end{bmatrix}=\begin{bmatrix}\frac{4}{3\sqrt{2}}&\frac{1}{3}&0\\-\frac{1}{3\sqrt{2}}&\frac{2}{3}&\frac{1}{\sqrt{2}}\\\frac{1}{3\sqrt{2}}&-\frac{2}{3}&\frac{1}{\sqrt{2}}\end{bmatrix}\begin{bmatrix}x'\\y'\\z'\end{bmatrix}$ 标准方程为 $2x'^2+11x'^2=1$，它表示一个椭圆柱面.

6. 提示:二次型 f 的矩阵 $\boldsymbol{A}=\begin{bmatrix}2&0&0\\0&3&a\\0&a&3\end{bmatrix}$,由 f 标准形知 $\boldsymbol{A}$ 的特征值为 1,2,5,因 $|\boldsymbol{A}-\lambda\boldsymbol{E}|=-(\lambda-2)(\lambda^2-6\lambda+a^2-9)=0$,故可求出 $a=2$(-2 舍去).求出 $\lambda=1,2,5$ 对应的特征向量(两两正交),将其单位化,得正交变换矩阵

$$\boldsymbol{p}=\begin{bmatrix}0&1&0\\\frac{1}{\sqrt{2}}&0&\frac{1}{\sqrt{2}}\\-\frac{1}{\sqrt{2}}&0&\frac{1}{\sqrt{2}}\end{bmatrix}.$$

7.(1)是,f 对应的矩阵的顺序主子式依次为 $D_1=2,D_2=3,D_3=3$,全大于 0;

(2)不是,f 对应的矩阵中二阶顺序主子式 $D_2=0$;

(3)f 是正定二次型;

(4)不是,f 是负定二次型.

参考文献

[1] (美)David C. Lay. 线性代数及其应用. 3 版. 刘深泉，等译. 北京：机械工业出版社，2005.
[2] (美)Steven J. Leon. 线性代数. 8 版. 张文博，等译. 北京：机械工业出版社，2010.
[3] 陈建华. 线性代数. 3 版. 北京：机械工业出版社，2011.
[4] 彭玉芳. 线性代数. 2 版. 北京：高等教育出版社，1999.
[5] 卢刚. 线性代数. 3 版. 北京：高等教育出版社，2009.
[6] 王远清. 线性代数. 武汉：华中师范大学出版社，2006.
[7] 侯秀梅. 线性代数. 北京：北京交通大学出版社，2013.
[8] 刘吉佑. 线性代数. 武汉：武汉大学出版社，2006.